MySQL
数据库案例教程

张　青　王　雷　主　编

张丹丹　谢妞妞　副主编

北京理工大学出版社
BEIJING INSTITUTE OF TECHNOLOGY PRESS

内容简介

本书主讲数据库基本概念，MySQL 的安装与配置，数据库与表基本操作，记录的增加、修改、删除和查询，视图管理与应用，存储过程与触发器，备份与恢复，用户与权限管理等。整个课程以学生管理数据库为基础，精心设计教学案例，深入浅出地介绍 MySQL 整个知识体系。本书以一个数据库实例贯穿整个课程，精心设计各个知识点案例，知识体系完整，课程按照内容设计不同教学单元；课程设计上采用“一课一测，一课一练”的方法，每个小节都是一个完整、独立的教学单元，每个小节都录制了讲解视频，课后都有测试题和实训题，能有效加强学生对知识和技能的掌握。

本书可作为计算机应用技术、计算机网络技术、人工智能、大数据技术等相关专业的教材。

图书在版编目(CIP)数据

MySQL 数据库案例教程 / 张青，王雷主编. -- 北京：北京理工大学出版社，2022.3(2023.12 重印)

ISBN 978-7-5763-1139-6

Ⅰ. ①M… Ⅱ. ①张… ②王… Ⅲ. ①SQL 语言-程序设计-教材 Ⅳ. ①TP311.138

中国版本图书馆 CIP 数据核字(2022)第 042416 号

出版发行 / 北京理工大学出版社有限责任公司
社　　址 / 北京市海淀区中关村南大街 5 号
邮　　编 / 100081
电　　话 / (010) 68914775（总编室）
　　　　　(010) 82562903（教材售后服务热线）
　　　　　(010) 68944723（其他图书服务热线）
网　　址 / http://www.bitpress.com.cn
经　　销 / 全国各地新华书店
印　　刷 / 涿州市新华印刷有限公司
开　　本 / 787 毫米×1092 毫米　1/16
印　　张 / 15.25
字　　数 / 356 千字
版　　次 / 2022 年 3 月第 1 版　2023 年 12 月第 3 次印刷
定　　价 / 49.80 元

责任编辑 / 王玲玲
文案编辑 / 王玲玲
责任校对 / 刘亚男
责任印制 / 施胜娟

图书出现印装质量问题，请拨打售后服务热线，本社负责调换

Foreword 前言

MySQL 是关系型数据库管理系统，由瑞典 MySQL AB 公司开发，属于 Oracle 公司旗下产品。在 Web 应用方面，MySQL 是当前最流行的关系型数据库管理系统之一。MySQL 软件采用了双授权政策，分为社区版和商业版，由于其体积小、速度快、总体拥有成本低，尤其是开放源码这一特点，使得一般中小型网站的开发都选择 MySQL 作为网站数据库。

本书可作为计算机应用技术、计算机网络技术、人工智能、大数据技术等相关专业的教材。作者有多年的数据库应用开发和教学经验，积累了大量资料。本课程已建成省级开放课程，目前已在智慧职教平台（https://www.icve.com.cn/，MOOC 学院）上线，所有资源可在线查阅。整个教材以学生管理数据库实例贯穿整个课程，针对各个知识点精心设计教学案例，知识体系完整。课程按照内容设计不同教学单元，第一单元介绍数据库基本概念与数据库设计方法，MySQL 下载、安装与配置；第二单元介绍数据库创建、修改和删除，表的创建、修改和删除的基本操作；第三单元介绍记录的增加、修改、删除操作；第四单元讲解 SELECT 语句、单表查询、多表查询、子查询的基本操作，外键管理，视图管理与应用；第五单元介绍函数的创建与调用，存储过程的创建与调用，触发器的类型与创建；第六单元介绍备份与恢复的操作；第七单元介绍用户管理、角色管理与权限管理等内容。

课程设计上采用“一课一测，一课一练”的方法，每个小节都是一个完整、独立的教学单元，教学内容全部录制了讲解视频，学生可扫码观看，每小节课后都有测试题和实训题目，能有效帮助学生掌握知识点、培养操作技能。测试题和实训项目都配备了答案和实训指导，是教师教学的好帮手。每个单元都设置了知识拓展的模块，便于学生了解行业发展现状、与所学知识有关的岗位职责、相关的法律法规。每一单元最后还设置了考评表，包含知识评价、能力评价、素质评价标准，使学生能对本单元的学习进行评价和反思。

本书由张青、王雷主编，张丹丹、谢妞妞副主编，其中谢妞妞编写了第一单元和第二单元，张青编写第三单元和第四单元，王雷编写第五单元，张丹丹编写第六单元和第七单元。教材编写过程中还得到了企业导师贾梦楠、赵伟、惠艳的指导，在此表示感谢。

本教材教学资源完善，配备了 PPT 课件、案例代码、实训任务书与指导、测试题与答案、例题数据库和实训数据库等教学资源，可在出版社网站（http://www.bitpress.com.cn/）下载或与编者联系。

由于编者水平有限，书中难免存在不足之处，敬请读者提出宝贵意见和建议，我们将不胜感激。您在阅读时有任何建议和意见，请发送至邮箱 359032744@QQ.COM。

编者

目录 Contents

单元 1

数据库基础知识

【学习导读】

本单元将学习数据库的发展阶段、基本概念、数据库的基本术语;数据模型和关系数据库的理论;数据库的设计步骤;数据库系统的组成;结构化查询语言;常见的数据库产品。

【学习目标】

1. 了解数据库的发展历程,熟悉数据库的概念;
2. 熟悉数据库模型、数据库设计的六个阶段,熟练掌握 E－R 图的绘制;
3. 熟练掌握数据库系统组成;
4. 了解常用的数据库产品;
5. 熟练掌握 MySQL 8 的安装方式、启动方式及数据库的登录方式。

【思维导图】

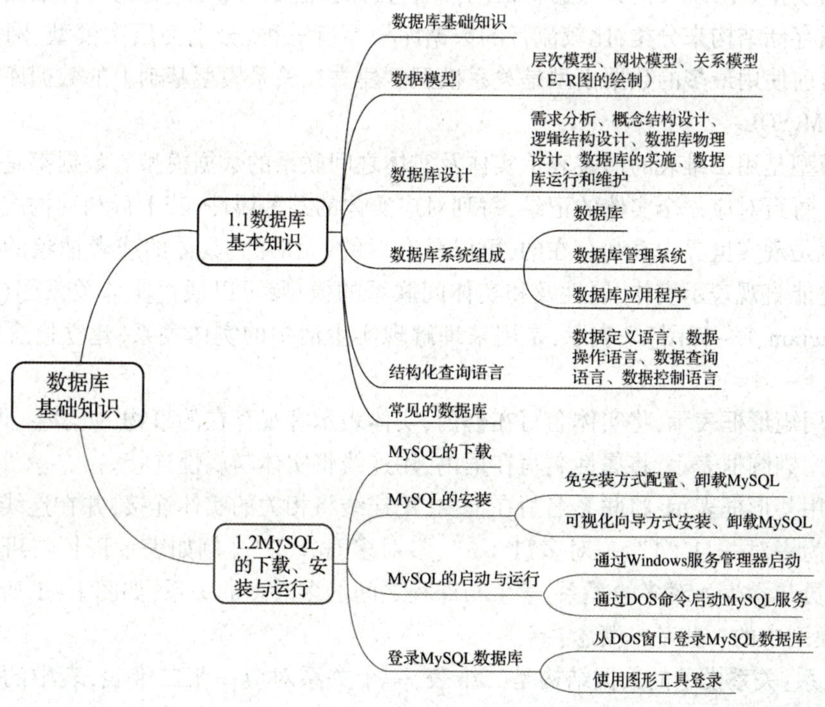

1.1 数据库基础

数据库基础知识

1.1.1 数据库概论

1. 数据库概念

数据库的概念诞生于1960年，随着信息技术和市场的快速发展，数据库技术层出不穷，数据库的数量和规模越来越大。从数据管理的角度看，数据库的发展大致划分为以下三个阶段：人工管理阶段、文件系统阶段、数据库系统阶段。

人工管理阶段没有专门的数据管理软件，数据需要由应用程序自己管理，不同应用程序之间无法共享数据，数据不具有独立性，完全依赖于应用程序。文件系统阶段，数据在计算机外存设备上长期保存，可对数据反复进行操作，在一定程度上实现了数据独立性和共享性，但都非常薄弱。数据库系统阶段实现了数据的结构化，这是数据库主要的特征之一。数据只需保存一份，其他软件都通过数据库系统存取数据。数据可独立存在，统一管理与控制。

长久以来，对于数据库的概念，没有一个固定的定义，常见的一种定义为：数据库是指长期保存在计算机存储设备上，按照一定规则组织起来，可以被各种用户或应用共享的数据集合。其本身可以看作电子化的文件柜，用户可以对文件中的数据进行增加、删除、修改、查找等操作。

2. 数据模型

数据库的类型通常按照数据模型(Data Model)来划分。数据模型是数据库系统的核心和基础。数据模型是对现实世界数据特征的抽象，用来描述数据，可理解为一种数据结构。

按数据存储结构来分类，比较流行的数据库模型有三种，分别为层次模型、网状模型和关系模型。目前使用最多的数据模型是关系模型。建立在关系模型基础上的数据库称为关系型数据库，如MySQL。

关系模型是用二维表的形式表示实体及实体之间联系的数据模型。数据都是以表格的形式存在的。每行对应一个实体的记录，每列对应实体的某种属性，若干行和列构成了整个表数据。实体就是现实世界中客观存在的，可以是有形的、无形的、具体的或者抽象的事物。实体关系模型是能直观表示实体、属性及和实体间联系的模型，可以通过实体关系图(Entity Relationship Diagram，E－R图)来表示，是用来理解现实生活中的实体关系、建立概念模型非常有效的工具。

实体：用矩形框表示，将实体名写在框内，实体表示客观存在的事物，如学生、课程等。

属性：用椭圆框表示，将属性名写在框内，用连线将实体与属性连接。

联系：用菱形框表示，将联系名写在框内，用连线将相关的实体连接，并在连线旁标注联系类型，一般为一对一“1∶1”、一对多“1∶n”、多对多“n∶m”。例如表示班长与班级一对一的关系、辅导员与学生一对多的关系、学生与课程之间的多对多的关系，如图1－1所示。

关系模型中的一些基本概念：

(1)关系：关系模型的数据结构是二维表，一个关系对应一张二维表，表中的数据包括实体本身的数据和实体间的联系。

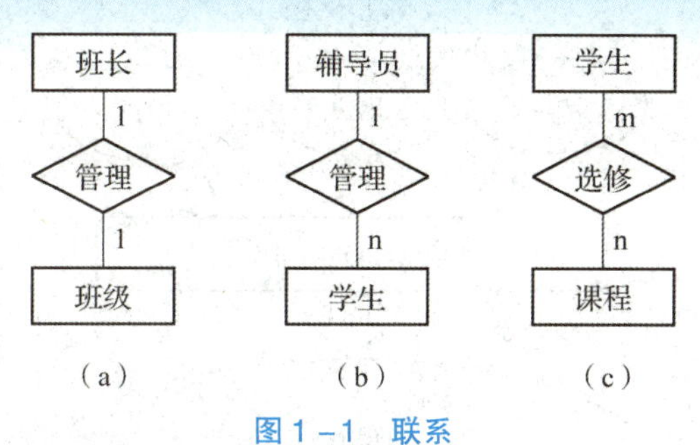

图 1－1 联系

(a)一对一关系;(b)一对多关系;(c)多对多关系

(2)属性:二维表中的列称为属性,每个属性都有名字。

(3)元组:二维表中的一行称为一个元组。

(4)域:属性的取值范围,如成绩为 0～100。

(5)关系模式:通常用关系名(属性 1,属性 2,…)来表示,如表示学生信息的关系模式为:

学生(学号,姓名,性别,出生日期,年级,院系,家庭住址)

(6)键:在二维表中能唯一表示一条记录的值,如学生表中的学号。

3. 数据库设计

按照规范的设计方法,一个完整的数据库设计一般分为以下六个阶段:

(1)需求分析:分析用户的需求,包括数据、功能和性能需求。

(2)概念结构设计:通过对用户需求进行综合、归纳与抽象,形成一个独立于具体数据库管理系统的概念模型。

(3)逻辑结构设计:将概念结构转换为某个数据库管理系统所支持的数据模型,并对其进行优化。

(4)数据库物理设计:主要是为所设计的数据库选择合适的存储结构和存储路径。

(5)数据库的实施:根据逻辑设计和物理设计的结果构建数据库,编写与调试应用程序,组织数据入库并进行试运行。

(6)数据库运行和维护:系统的运行和数据库的日常维护。

4. 数据库系统组成

对于初学者来说,很容易认为数据库就是数据库系统,其实数据库系统的范围比数据库大很多,主要由数据库、数据库管理系统、数据库应用程序等组成,如图 1－2 所示。

数据库是按照数据结构来组织、存储和管理数据的仓库。数据库管理系统是专门用于创建和管理数据库的一套软件,介于应用程序和操作系统之间,如 MySQL、Oracle 等。在很多情况下,数据库管理系统无法满足用户对数据库的管理,此时就需要使用数据库应用程序与数据库管理系统进行通信、访问和管理数据。

5. 结构化查询语言

数据库管理系统提供了许多功能,可以通过结构化查询语言(Structured Query Language, SQL)来定义和操作数据,维护数据的完整性和安全性。由于 SQL 简单易学、功能丰富和使用灵活,因此受到众多人的喜爱。它由 4 部分组成:

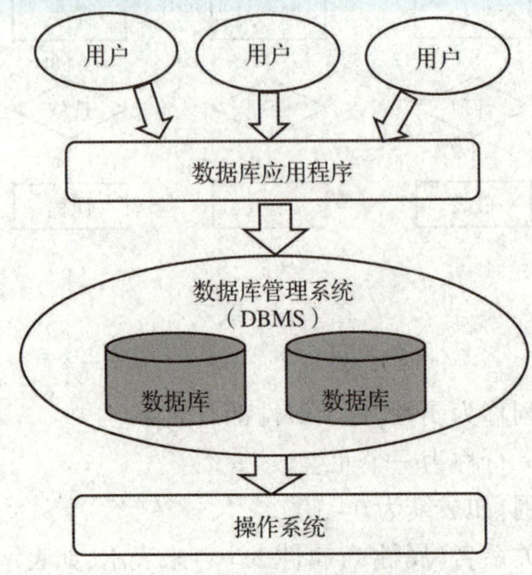

图1-2 数据库系统

(1)数据定义语言,主要用于定义数据库、表、视图和索引等。

(2)数据操作语言,主要用于对数据库表进行添加、修改和删除操作。

(3)数据查询语言,主要用于查询数据。

(4)数据控制语言,主要用于控制用户的访问权限。

6. 常见的数据库

随着数据库技术的发展,数据库产品越来越多,如 SQL Server 数据库、Oracle 数据库、DB2 数据库、PostgreSQL 数据库和 MySQL 数据库。

SQL Server 数据库是由微软公司开发的一种关系数据库管理系统,界面友好、易于操作,深受广大用户的喜爱,但它只能在 Windows 平台上运行,并对操作系统的稳定性要求较高。

Oracle 数据库管理系统是由甲骨文(Oracle)公司开发的,在数据库领域一直处于领先地位。能在所有主流平台上运行,还具有良好的兼容性、可移植性和可连接性。

DB2 数据库是由 IBM 公司研制的一种关系数据库管理系统,具有较好的可伸缩性,适用于海量数据的存储,但相对于其他数据库管理系统而言,DB2 的操作比较复杂。

PostgreSQL 数据库是一种特性非常齐全的,自由软件的关系型数据库管理系统,该数据库管理系统支持目前世界上最丰富的数据类型,是自由软件数据库管理系统中唯一支持事务、子查询、数据完整性检查等特性的自由软件,而且该数据库是开源免费的。但是对于简单但繁重的读取操作,其性能可能比同类型的低。

MySQL 数据库最早由 MySQL AB 公司开发,目前属于 Oracle 旗下产品,是一个跨平台的开源关系数据库管理系统。相对其他数据库而言,MySQL 的使用更加方便、快捷,而且,MySQL 是免费的,运营成本低,广泛地应用在中小型项目开发中。

1.1.2 设计学生成绩管理数据库

【案例】 设计学生成绩管理数据库。假设有如下教学环境:一个学生可以选修若干门课程,每门课程由多名学生选修。学生信息包含学号、姓名、性别、出生日期、年级、院系、家庭住址等,课程信息包含课程号、课程名、开课学期、学分等,学生选修课程将产生成绩。

设计数据库,按照以下步骤进行:

(1)需求分析。学生成绩管理系统,主要用于学生、课程和成绩的管理,具体信息要求如下:

实体1:学生信息,包含学号、姓名、性别、出生日期、年级、院系、家庭住址等。

实体2:课程信息,包含课程号、课程名、开课学期、学分等。

联系:一个学生可以选修若干门课程,每门课程由多名学生选修。

(2)概念设计。根据各个实体间的联系绘制E-R图,如图1-3所示。

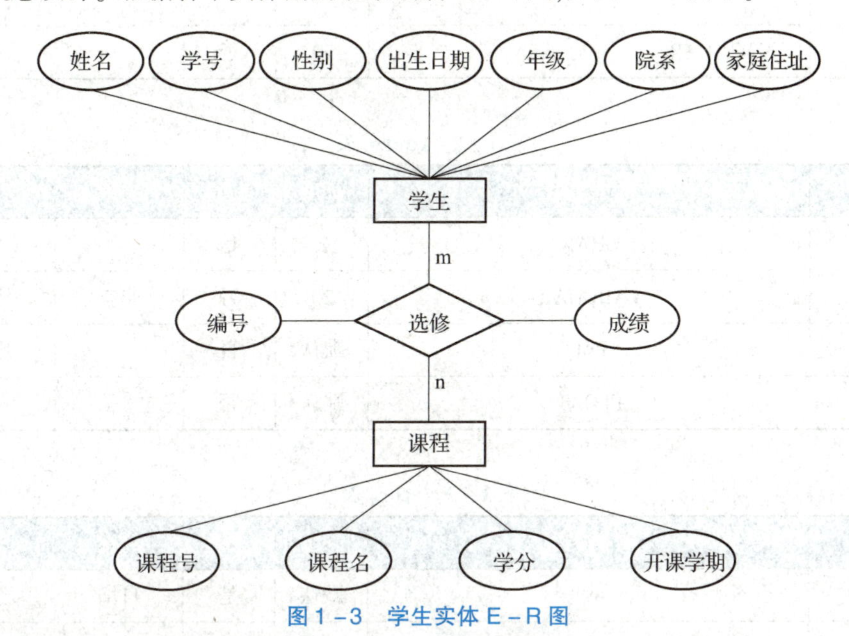

图1-3　学生实体E-R图

(3)逻辑设计。由以上E-R图转换为关系模型。

学生信息(<u>学号</u>,姓名,性别,出生日期,年级,院系,家庭住址);

课程信息(<u>课程号</u>,课程名,开课学期,学分);

成绩(<u>编号</u>,学号,课程号,成绩)。

其中,有下划线的为主键字段。

(4)物理设计。根据MySQL的数据结构,制订数据库文件的名字,设计表的结构。

数据库名:stu。

对应的表有学生信息表(student)、课程信息表(course)和成绩信息表(score),表结构分别见表1-1~表1-3。

表1-1　student表

列名	数据类型	长度	主键	约束	备注
sid	CHAR	4	是		学号
sname	VARCHAR	20	否	非空	姓名

续表

列名	数据类型	长度	主键	约束	备注
sex	ENUM('男','女')		否		性别
birth	DATE	默认	否		出生日期
grade	YEAR	默认	否		年级
department	ENUM('信息工程系','化学工程系','经济贸易系')		否		系部
addr	VARCHAR	50	否		籍贯

表 1－2　course 表

列名	数据类型	长度	主键	约束	备注
cno	CHAR	2	是		课程号
cname	VARCHAR	20	否	非空	课程名
start	INT	默认	否		开始学期
credit	FLOAT	默认	否		学分

表 1－3　score 表

列名	数据类型	长度	主键	约束	备注
scid	INT	默认	是	自增	序号
sid	CHAR	4	否	非空	学号
cno	CHAR	2	否	非空	课程号
result	FLOAT	默认	否		成绩

根据以上表格，可在 MySQL 环境下创建数据库、数据表及添加数据，后期将使用和维护数据库。

【小结】

本节主要学习了数据库的概念、数据库的三种模型（层次模型、网状模型和关系模型）、模型中的 E－R 图表示方法、关系数据库的术语，通过设计数据库案例，学习了数据库设计的方法和步骤、数据库系统的组成、结构化查询语言及四个组成部分，并了解常见的数据库。MySQL 数据库凭借其在性能方面的优势，使它成为互联网行业非常流行的数据库软件之一。

本节的重点是，通过学习掌握数据库设计的方法和步骤，能根据工作需要完成数据库的 E－R 图设计和数据结构设计。

【学有所思】

1. 常见的数据模型有哪些？

______

______

2. 数据库设计分为哪几个阶段？

______

______

3. 对数据库表中的数据，最基本的四种操作是什么？

______

______

【课后测试】

1. 在数据库中存储的是(　　)。

A. 数据　　B. 数据模型

C. 数据及数据之间的联系　　D. 信息

2. 存储在计算机内有结构的数据的集合是(　　)。

A. 数据库系统　　B. 数据库　　C. 数据库管理系统　　D. 数据结构

3. 在数据管理技术的发展过程中，经历了人工管理阶段、文件系统阶段和数据库系统阶段。在这几个阶段中，数据独立性最高的阶段是(　　)。

A. 数据库系统　　B. 文件系统　　C. 人工管理　　D. 数据项管理

4. 下面列出的数据库管理技术发展的三个阶段中，没有专门的软件对数据进行管理的是(　　)。

Ⅰ. 人工管理阶段　　Ⅱ. 文件系统阶段　　Ⅲ. 数据库阶段

A. Ⅰ和Ⅱ　　B. 只有Ⅱ　　C. Ⅱ和Ⅲ　　D. 只有Ⅰ

5. DBMS 是(　　)。

A. 数据库　　B. 数据库系统

C. 数据库应用软件　　D. 数据库管理系统

6. 数据库系统的核心是(　　)。

A. 数据库　　B. 数据库管理系统　　C. 数据模型　　D. 软件工具

7. 常见的数据模型是(　　)。

A. 层次模型、网状模型、关系模型　　B. 概念模型、实体模型、关系模型

C. 对象模型、外部模型、内部模型　　D. 逻辑模型、概念模型、关系模型

8. 用二维表结构表示实体及实体间联系的数据模型称为(　　)。

A. 网状模型　　B. 层次模型　　C. 关系模型　　D. 面向对象模型

9. SQL 语言具有的功能是(　　)。

A. 关系规范化

B. 数据定义、数据操纵、数据控制、数据查询

C. 数据库系统设计

D. 能绘制 E－R 图

课后实训

请设计图书管理数据库，在图书管理业务中，一个读者可以借阅多种图书，每种图书数量有多本，可供多人借阅。读者信息包含借书证号、姓名、年龄、职务、单位等，图书信息包含图书编号、书名、作者、数量、价格等。读者借书时，需要记录其借书时间和设置还书时间。请设计相应的 E－R 图和关系模型。

1.2 MySQL 的下载、安装与运行

MySQL 的安装与运行

MySQL 数据库是一个跨平台的开源关系数据库管理系统。它支持多种平台，不同平台下的安装与配置过程也不相同。本节将主要讲述 Windows 平台下 MySQL 8.0.21（也称 MySQL 8.0 或者 MySQL 8）的安装和配置过程。

1.2.1 MySQL 的下载

目前，MySQL 数据库按照用户群分为社区版和企业版。社区版可以自由下载而且完全免费，但是官方不提供任何技术支持，适用于大多数普通用户。企业版不仅不能自由下载，而且还收费，但是该版本提供了更多的功能，可以享受完备的技术支持，适用于对数据库的功能和可靠性要求比较高的企业客户。对于初学者，使用社区版即可。

MySQL 版本更新非常快，现在的社区版本为 8.0.21。MySQL 从版本 5 开始，支持触发器、视图、存储过程等数据库对象。常见的软件版本有 GA、RC、Alpha 和 Bean。

GA 是官方推崇的，广泛使用的版本。

RC 是候选版本，该版本是最接近正式版的版本。

Alpha 和 Bean 都属于测试版本，其中 Alpha 是指内测版本，Bean 是指公测版本。

MySQL 的安装包中，一般都带有版本号，以 8.0.21 为例，对它的版本号进行说明：

第一个数字 8，表示主版本号，描述了文件格式。所有版本 8 的发行都有相同的文件格式。文件格式改动时，将作为新的版本发布。

第二个数字 0，表示发行版本号，新增特性或者改动不兼容时，发行版本号需要更改。

最后的数字 21，表示发行序列号，主要是小的改动，如 bug 的修复、函数的添加或更改、配置参数的更改等。

Windows 平台下，MySQL 有两种软件安装包：一种是图形化界面的安装包，后缀是 .msi。只需要根据图形化界面的向导，一步一步安装即可；另一种是免安装版的压缩包，后缀是 .zip，直接解压缩、配置即可使用。这两种方式都可以从 MySQL 的官网上下载。

（1）打开任意浏览器，搜索 MySQL，找到 MySQL 的官网链接，单击，进入 MySQL 官网。

（2）单击最上边的“DOWNLOADS”下载超链接，如图 1－4 所示，进入 MySQL 资料下载页面。

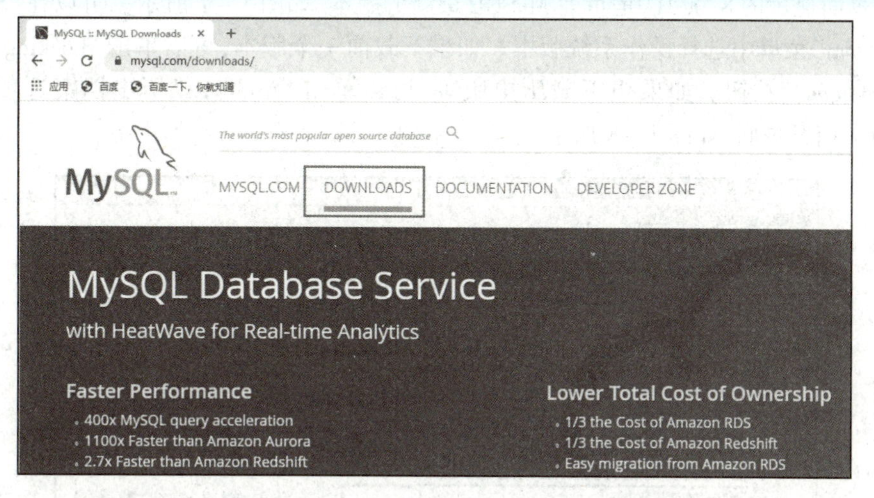

图1－4　MySQL的“DOWNLOADS”界面

(3)单击网页最下边的“MySQL Community（GPL）Downloads »”MySQL社区下载，如图1－5所示，进入MySQL社区下载页面。

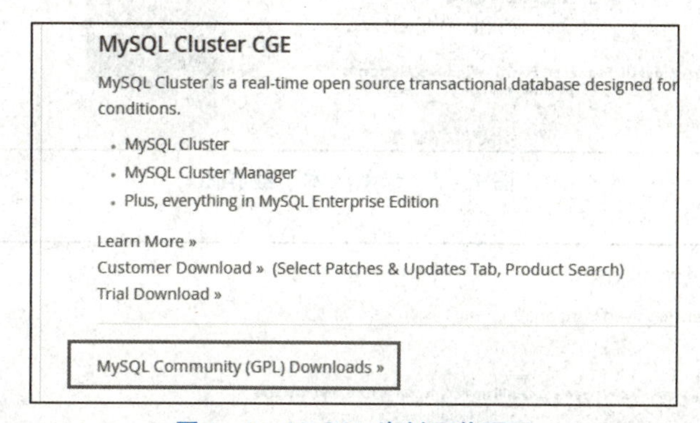

图1－5　MySQL资料下载页面

(4)选择“MySQL Community Server”MySQL社区服务器，如图1－6所示，进入下载界面。

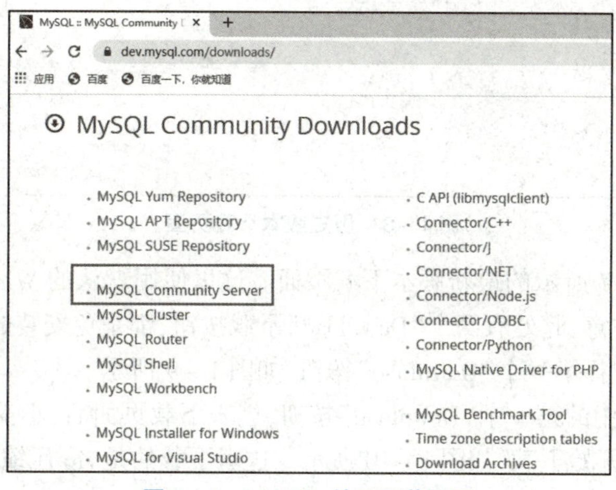

图1－6　MySQL社区下载界面

当前页面显示的8.0.21，是目前MySQL最新的版本，如图1-7所示。可以在"Select Operating System"菜单中选择操作系统版本。如果下载前一个版本，可以单击"Looking for previous GA versions?"按钮。如果想下载历史版本，可以单击"Archives"历史档案选项卡，进入MySQL历史档案页面，如图1-8所示。

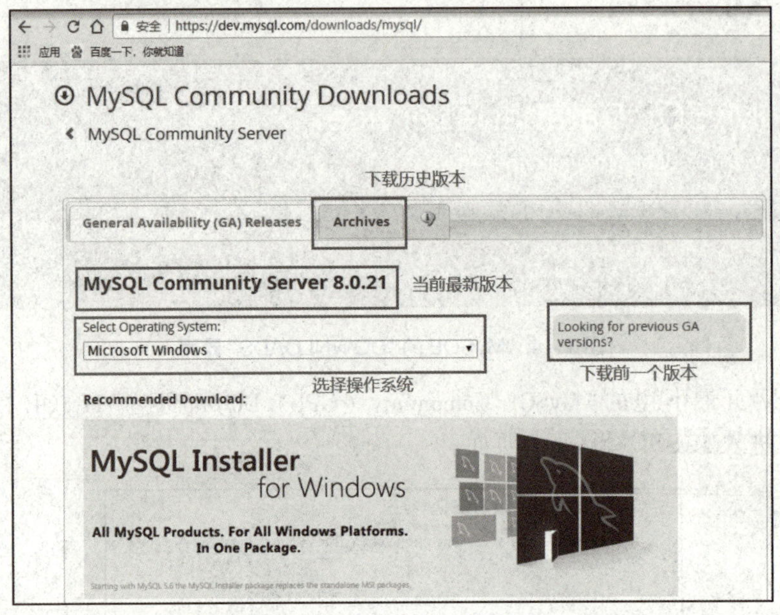

图1-7　最新版本下载界面

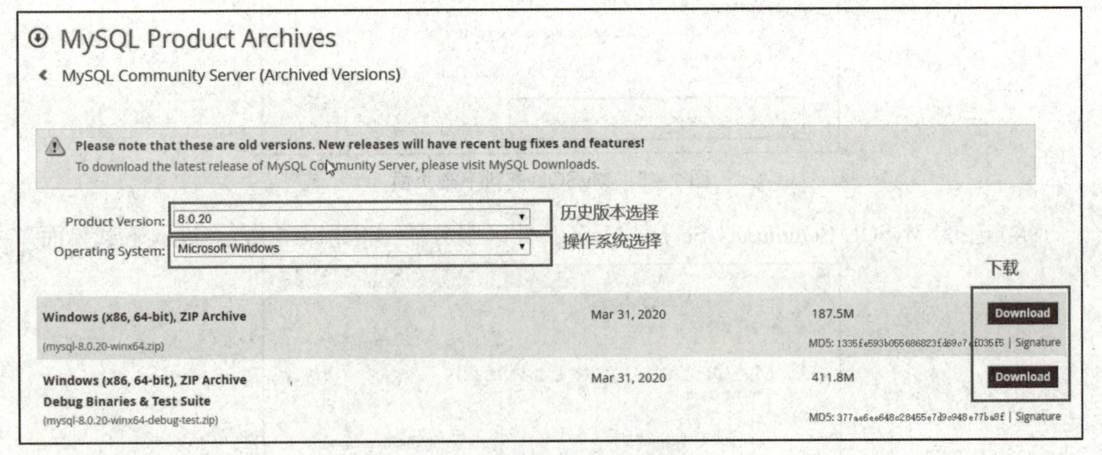

图1-8　历史版本下载页面

(5)还回到图1-7所示的最新版本下载页面。这里使用默认的Windows操作系统，拖动滚动条到最下边，请注意，此处有两个"Download"下载按钮，都是免安装的压缩包，但是第二个是调试版本，一般都选择第一个"Download"按钮，如图1-9所示。

(6)单击图1-8中的第一个"Download"按钮，进入下载页面后，不需要登录和注册，直接单击页面下面的链接开始下载，如图1-10所示。这里下载的是zip压缩包，下载到本地以后，直接解压到相应的目录即可。

图1－9　下载最新版本压缩包

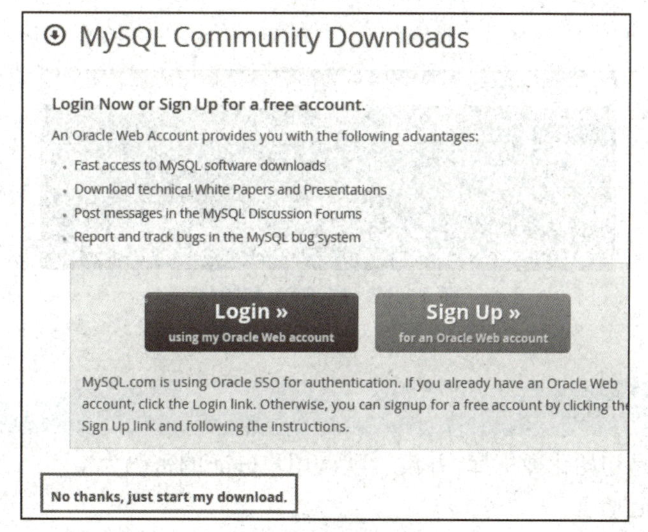

图1－10　开始下载

(7)再一次返回到有版本号的下载页面，将有图形化向导的安装包也一并下载下来，单击图1－9中“MySQL Installer MSI”右侧的“Go to Download Page >”按钮，进入下载页面。这里的安装程序有两个版本，带有Web的是在线安装版本，不带Web的为离线安装版本。离线安装版本会将整个安装包都下载下来，这里选择离线安装版本。单击“Download”按钮，进入下载页面，同样，不用注册和登录，直接下载即可。这里下载的是后缀为.msi的文件，下载到本地后是需要安装的。

1.2.2　MySQL的安装

1. 免安装方式配置MySQL

对于免安装版的压缩包，在Win10操作系统下，只需要解压配置即可。

(1)将下载好的MySQL压缩包解压到相应目录，此处选择解压到E:\mysql文件夹。

(2)配置环境变量。复制 MySQL 的 bin 目录,右击此电脑,选择"属性"→"高级系统设置",单击"高级"里边的"环境变量",找到系统变量 Path,双击"Path",在最后面添加 MySQL 的 bin 目录,如图 1-11 所示。

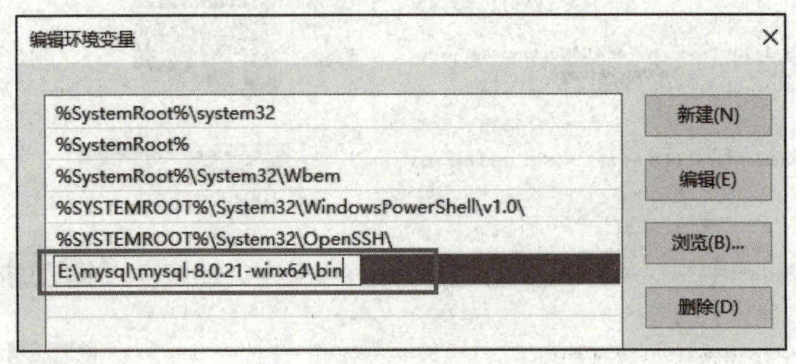

图 1-11　环境变量配置

(3)MySQL 初始化。

搜索 cmd,鼠标右击,选择以管理员身份运行。利用 cd 命令,切换到 MySQL 的 bin 目录,如图 1-12 所示。

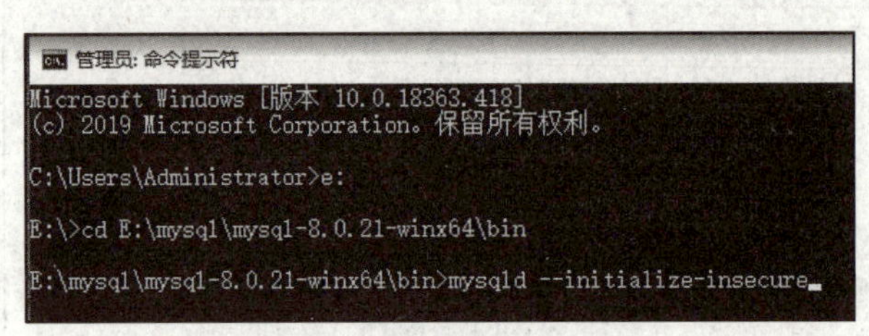

图 1-12　MySQL 初始化

键入初始化命令:

```
mysqld --initialize-insecure
```

该命令的作用是初始化数据库,并设置默认用户 root 的密码为空。

(4)安装 MySQL 服务。

键入安装 MySQL 服务的命令,如图 1-13 所示。

```
mysqld install 服务名
```

```
E:\mysql\mysql-8.0.21-winx64\bin>mysqld install
Service successfully installed.

E:\mysql\mysql-8.0.21-winx64\bin>
```

图 1-13　安装 MySQL 服务

注意:

服务名不写,默认为 MySQL。

如果要删除服务,使用命令:

```
sc delete 服务名
```

(5)启动 MySQL 服务。

键入命令：

```
net start mysql
```

注意，此时的“mysql”表示服务名。

启动成功后，就会看到相应的提示，如图 1－14 所示。

```
E:\mysql\mysql-8.0.21-winx64\bin>net start mysql
MySQL 服务正在启动 .
MySQL 服务已经启动成功。
```

图 1－14　启动 MySQL 服务

2. 免安装方式卸载 MySQL

以上就是 MySQL 安装的第一种方式，接下来讲解如何通过图形化向导安装 MySQL。在讲解图形化向导安装 MySQL 之前，先把用第一种方式配置的 MySQL 卸载了。步骤如下：

(1)关闭 MySQL 服务，如图 1－15 所示。

```
E:\mysql\mysql-8.0.21-winx64\bin>net stop mysql
MySQL 服务正在停止.
MySQL 服务已成功停止。
```

图 1－15　关闭 MySQL 服务

(2)删除 MySQL 服务，如图 1－16 所示。

```
E:\mysql\mysql-8.0.21-winx64\bin>sc delete mysql
[SC] DeleteService 成功
```

图 1－16　删除 MySQL 服务

(3)删除注册表中 MySQL 的项，如图 1－17 所示。

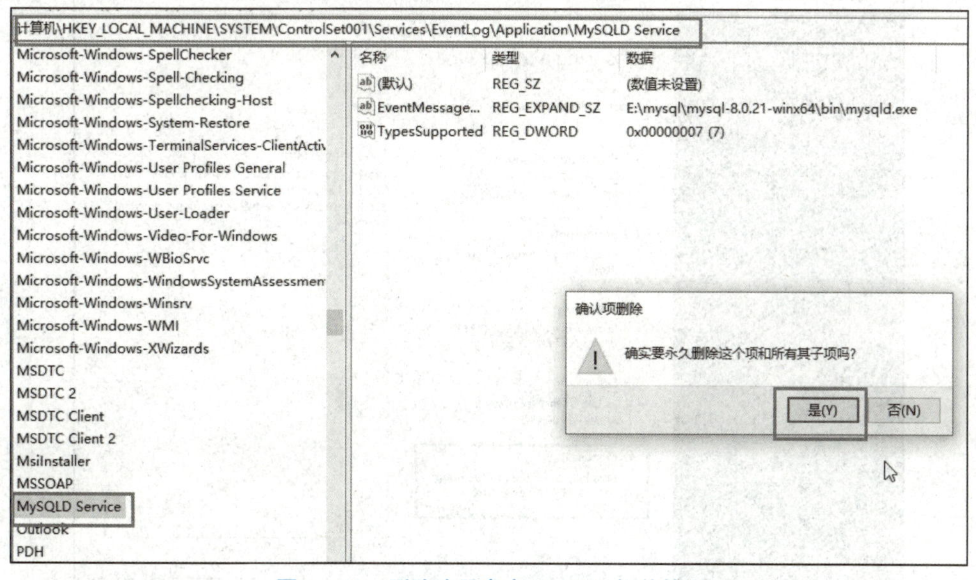

图 1－17　删除注册表中 MySQL 相关的项

(4)关闭命令提示符窗口，删除 MySQL 文件夹。

3. 使用可视化向导方式安装 MySQL

图形化向导安装时,根据提示进行安装就可以了。安装过程中,要注意观察 MySQL 默认的端口号,记住自己设置的密码。

使用可视化方式安装 MySQL 的步骤如下:

(1)找到后缀是 .msi 的安装包,双击,如图 1-18 所示,这个过程有一点慢,请耐心等待。

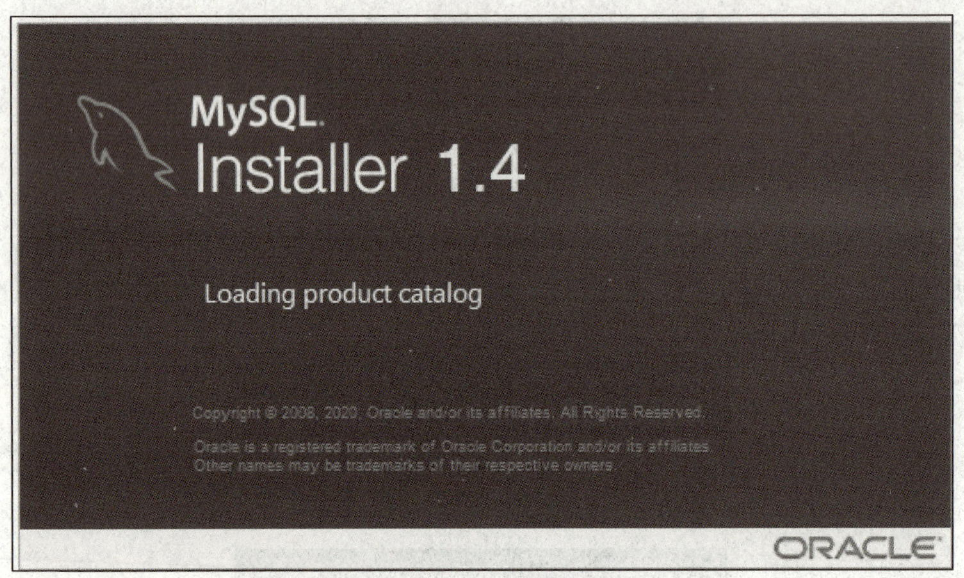

图 1-18　msi 安装启动界面

(2)选择"Custom",自定义安装,如图 1-19 所示,单击"Next"按钮。

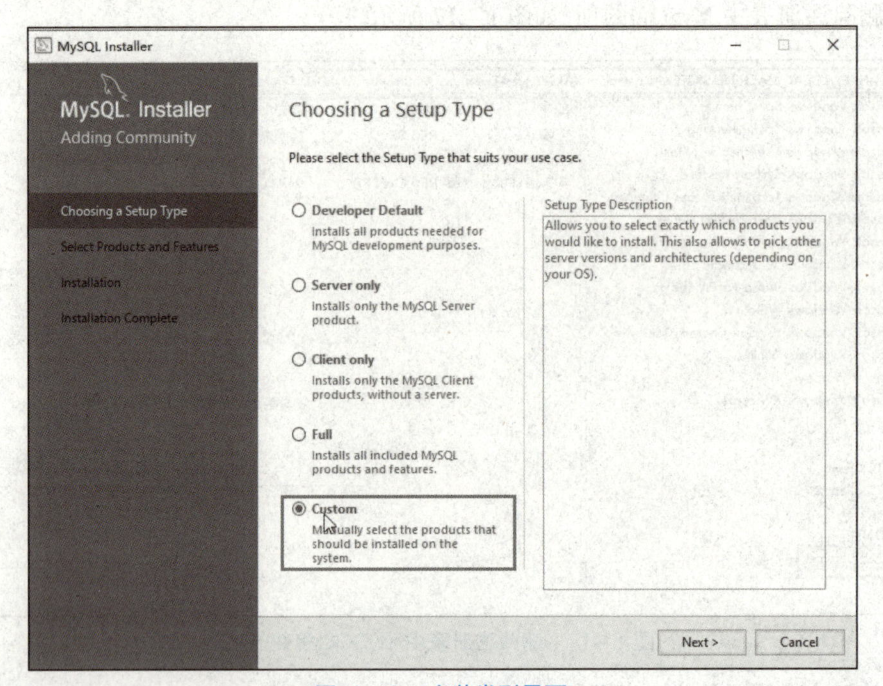

图 1-19　安装类型界面

(3)选择左侧的 MySQL 服务,找到"MySQL Server 8.0.21",将其添加到右侧,如图 1-20 所示,单击"Next"按钮。

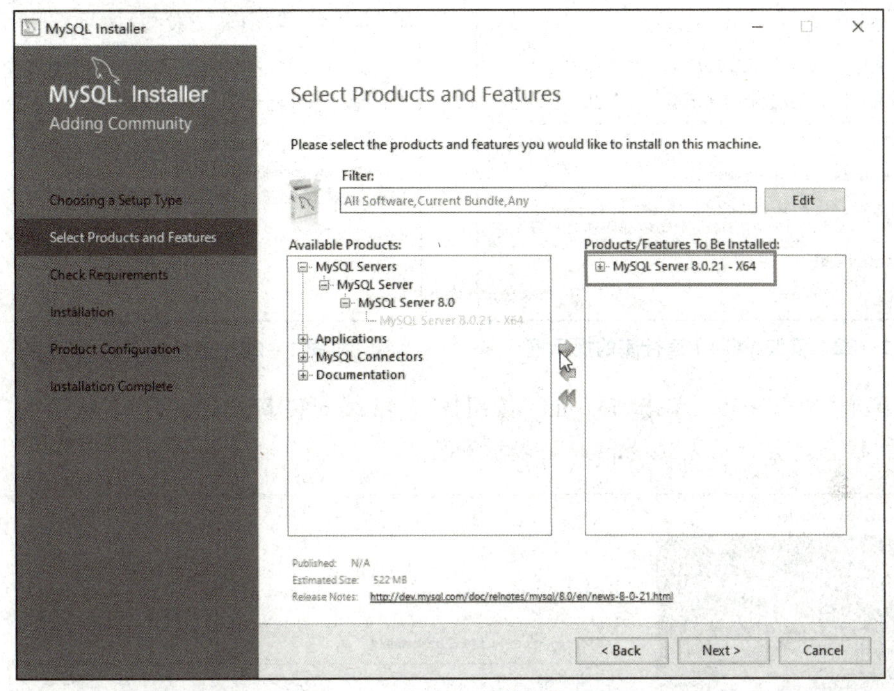

图 1-20　自定义安装组件界面

(4)继续单击"Next"按钮,单击"Execute"按钮,正在检查需要的环境,如图 1-21 所示。

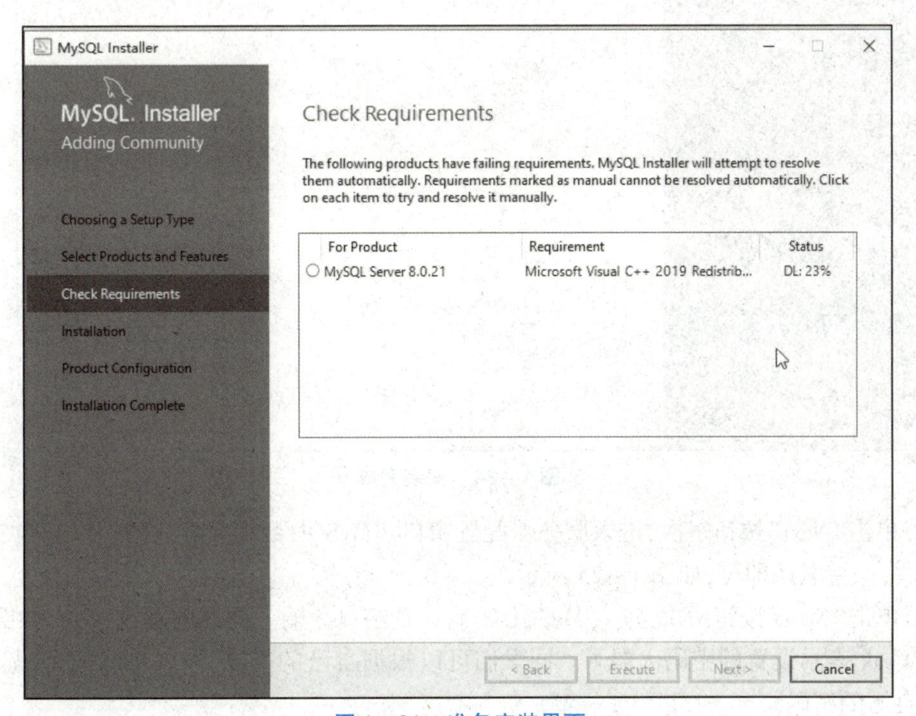

图 1-21　准备安装界面

(5)弹出安装 VC ++运行库的提示框,如图 1－22 所示,勾选“我同意许可条款和条件”,继续安装,如图 1－23 所示。VC ++运行库安装完后,单击“关闭”按钮。

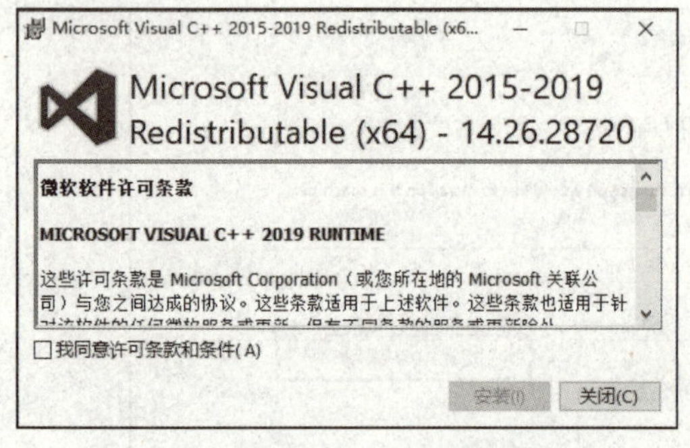

图 1－22　安装 VC ++运行库的提示框

图 1－23　安装 VC ++运行库

(6)单击“Next”按钮,单击“Execute”按钮执行,继续安装 MySQL,请注意状态的变化。安装完成后,状态将会显示为“Complete”,表示安装完成,如图 1－24 所示。

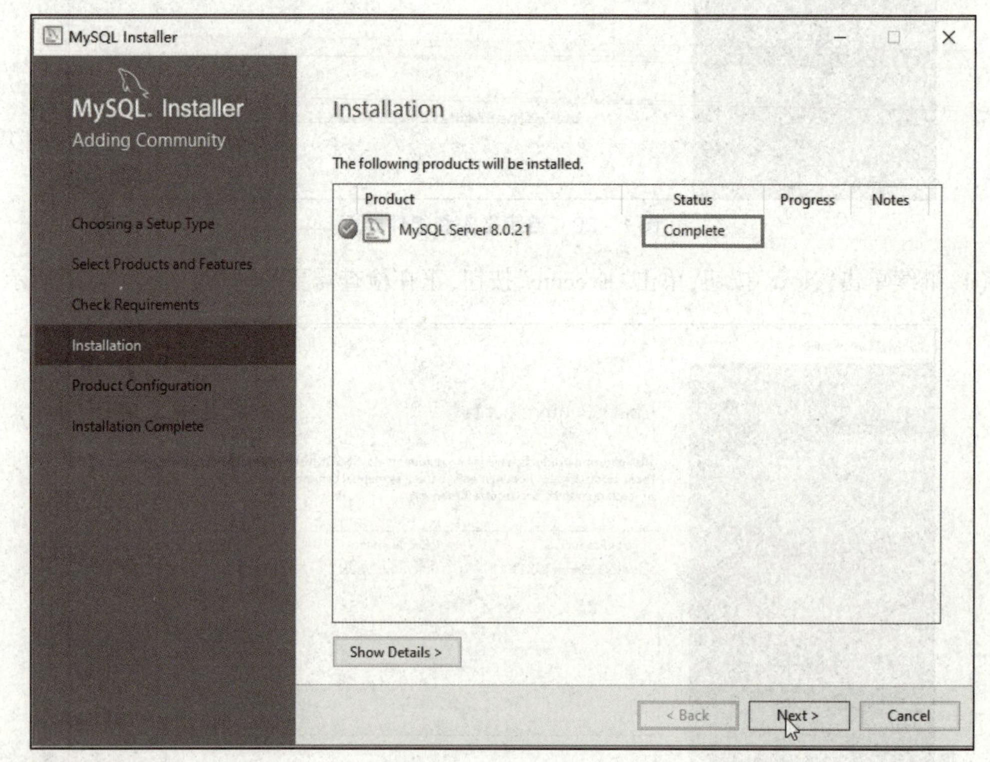

图 1－24　安装完成

(7)单击“Next”按钮三次,进入服务器配置窗口。MySQL 数据库默认的端口号为 3306,不建议修改,保持默认即可,如图 1－25 所示。

(8)单击“Next”按钮两次,进入 MySQL 密码设置窗口。输入同样的登录密码,如图 1－26 所示。Weak 表示设置的密码太弱了。同学们可以根据自己的需要,设置自己的密码,但请一定牢记自己的密码。

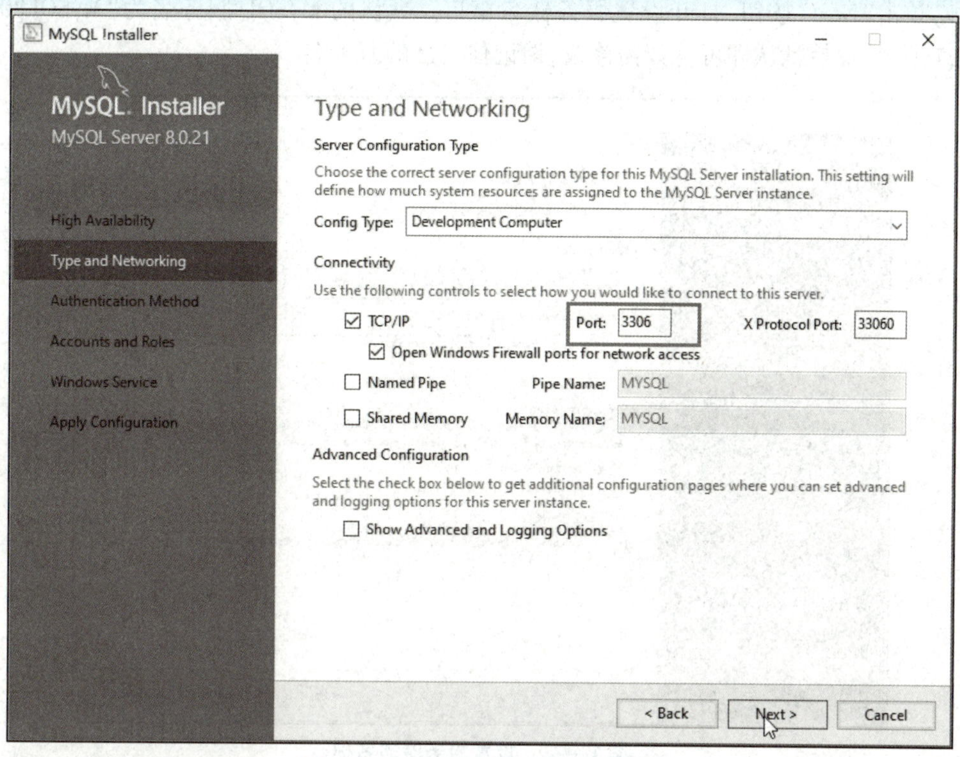

图 1－25　MySQL 服务器配置窗口

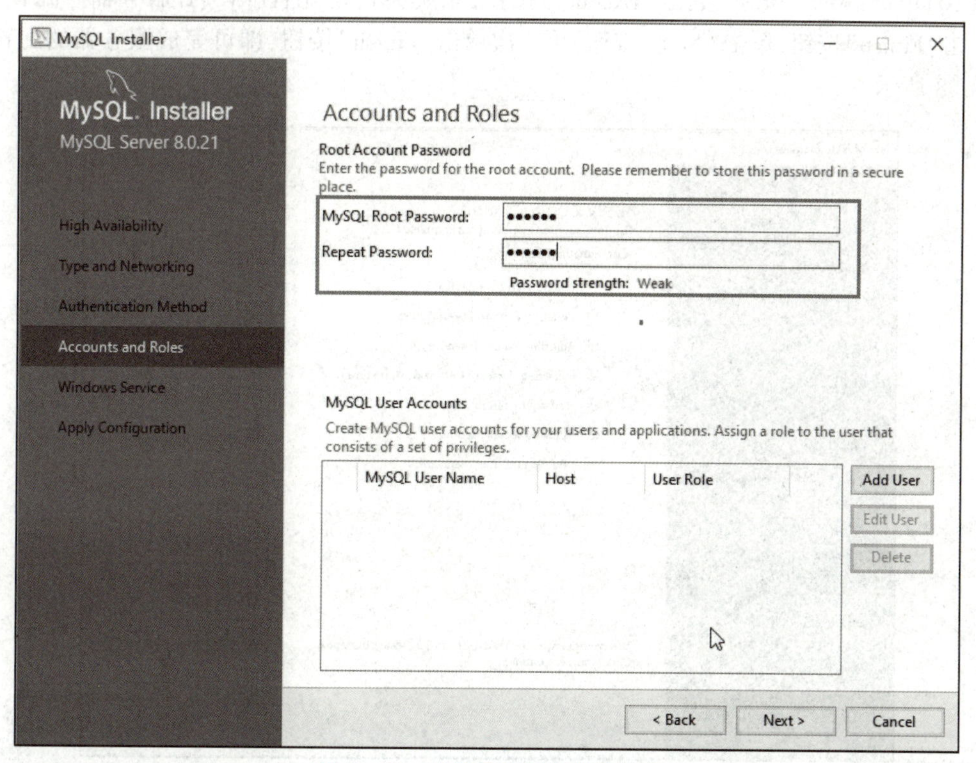

图 1－26　设置服务器的登录密码

(9)单击“Next”按钮,打开设置服务器名窗口。默认的 MySQL 服务名为“MySQL80”,如图1－27 所示,保持默认即可。如需修改,请记住自己的服务名。

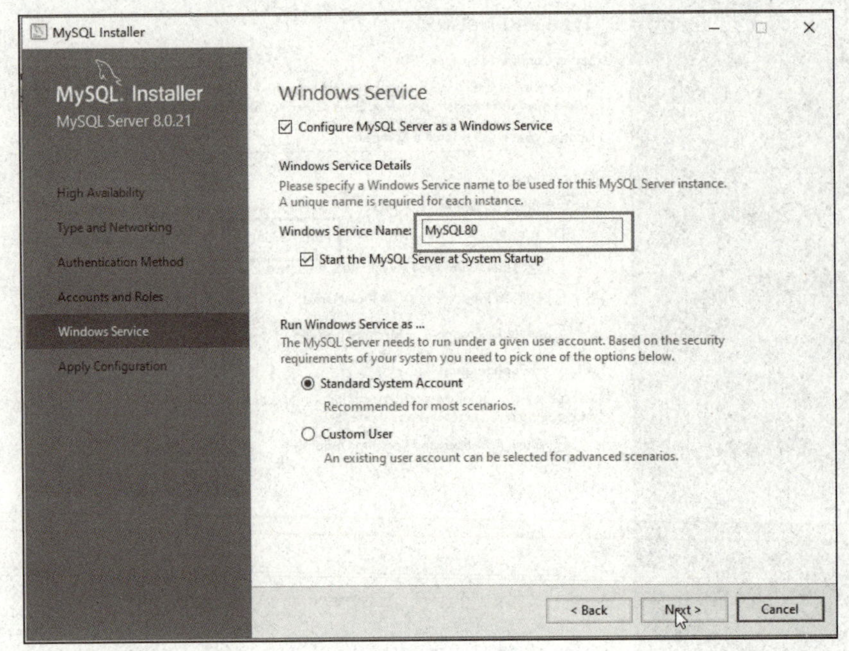

图 1－27　设置服务器的名称

(10)单击“Next”按钮,单击“Execute”按钮,系统会自动配置 MySQL 服务器。配置完成后,单击“Finish”按钮,单击“Next”按钮,再一次单击“Finish”按钮,即可完成服务器的配置,如图 1－28 所示。

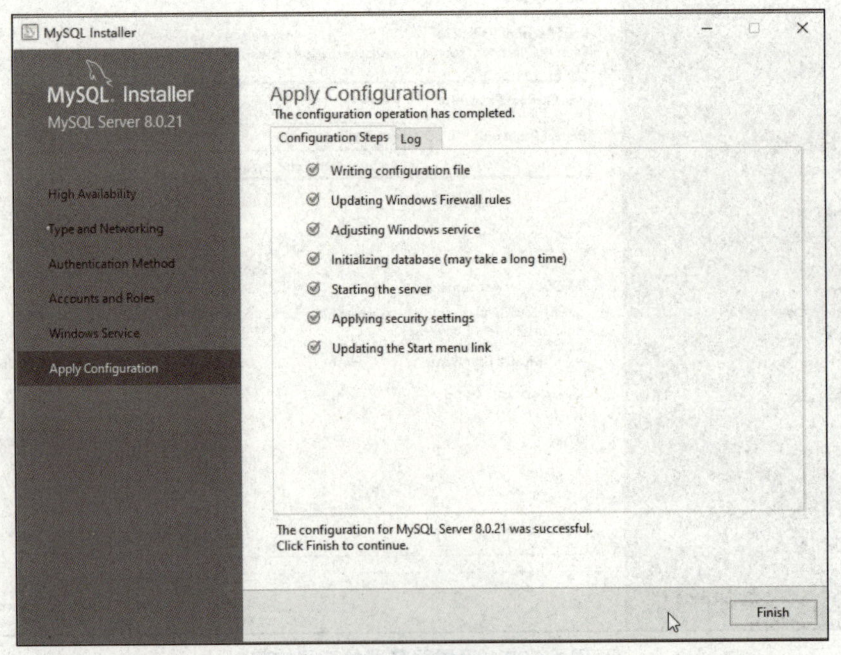

图 1－28　服务器配置完成

4. 使用可视化向导方式卸载 MySQL

如果想卸载使用向导方式安装的 MySQL，仍然是通过 msi 文件卸载。双击运行安装包，过程有点慢，耐心等待。单击“Remove”选项，如图 1－29 所示。

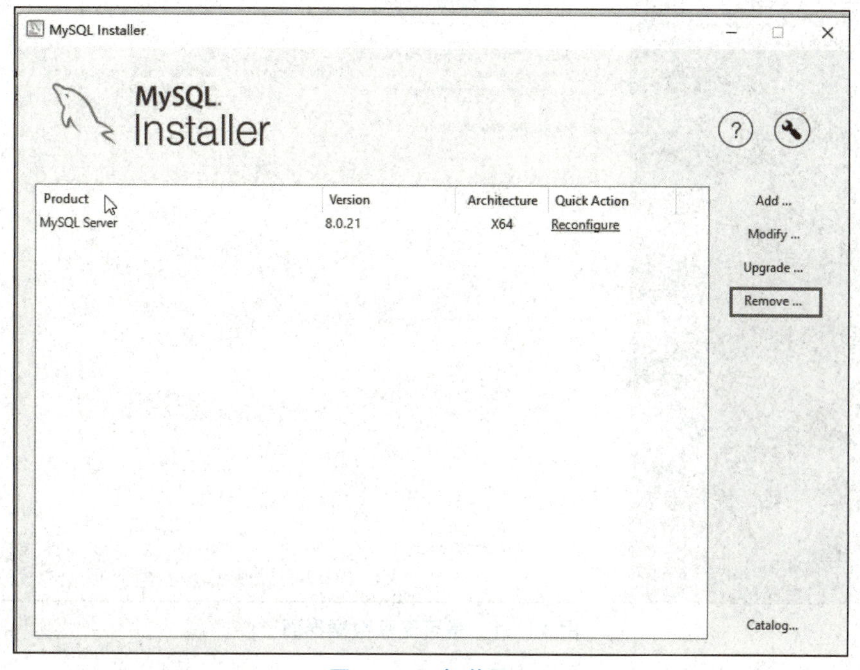

图 1－29　卸载界面

勾选要卸载的产品，单击“Next”按钮，如图 1－30 所示。

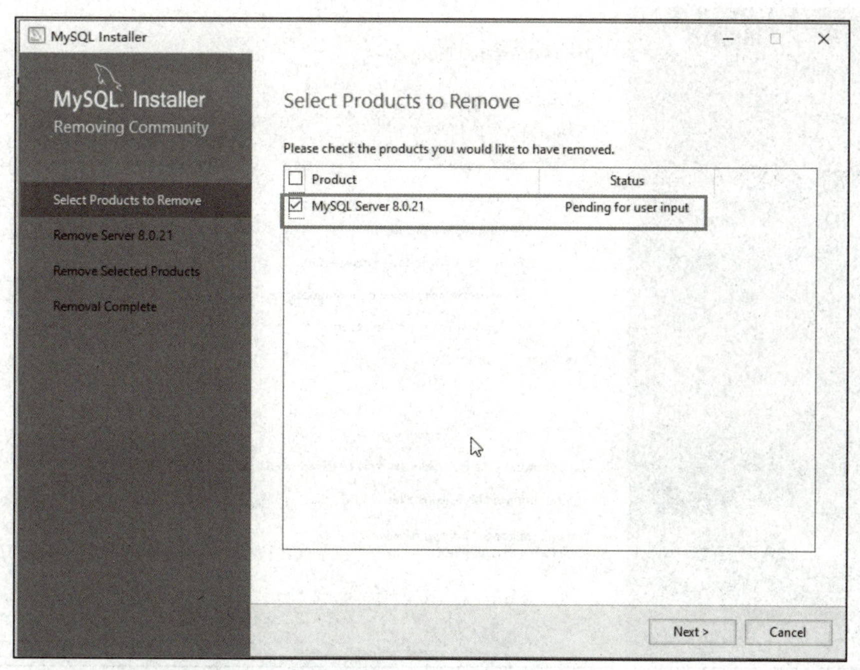

图 1－30　选择卸载项目

勾选是否删除数据，这里勾选，单击“Next”按钮，如图 1－31 所示。

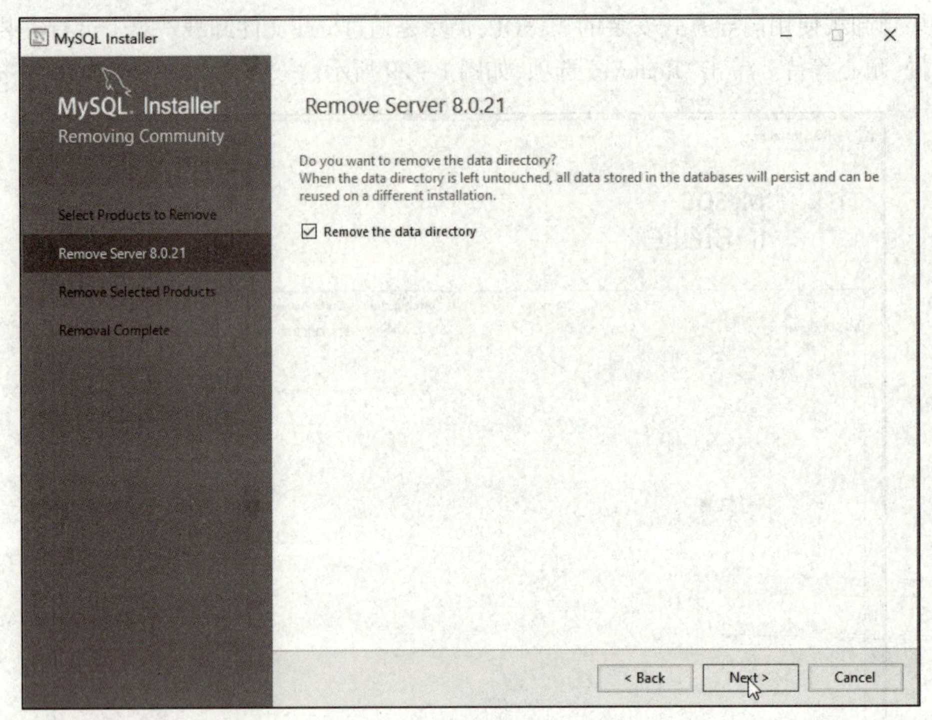

图 1－31　是否删除数据界面

执行卸载。卸载完成的界面如图 1－32 所示。

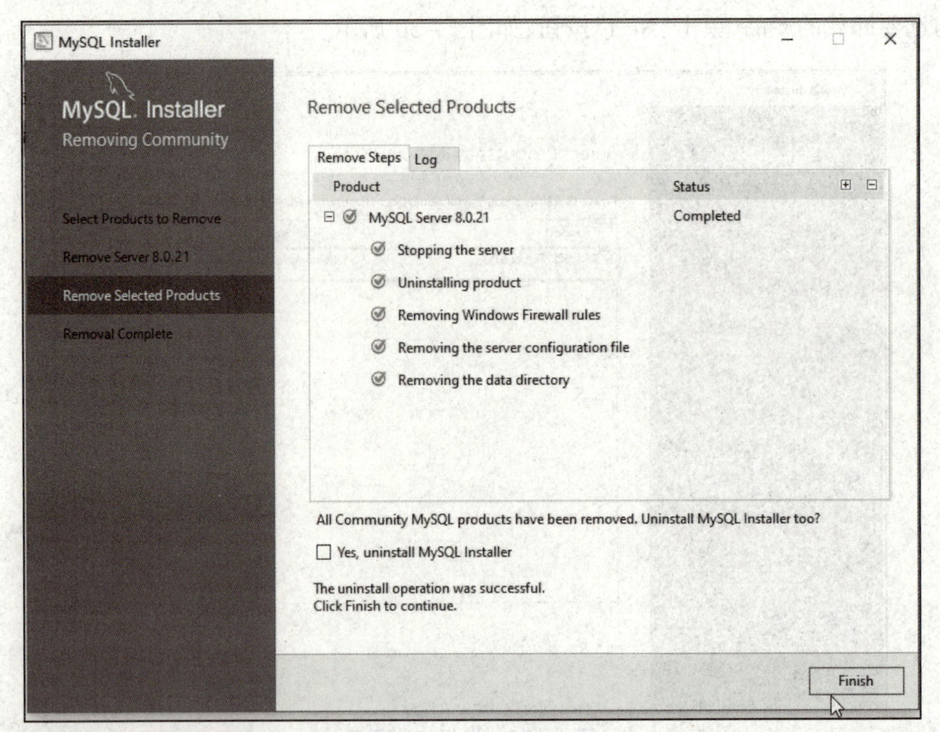

图 1－32　卸载完成

1.2.3　MySQL 的启动与运行

MySQL 运行分为两个部分:启动 MySQL 服务和登录 MySQL 数据库。

一、启动服务

MySQL 安装完成后,需要启动服务进程,否则客户端无法连接数据库。启动 MySQL 的服务有两种方式:通过 Windows 服务管理器启动和通过 DOS 命令启动。

1. 通过 Windows 服务管理器启动

(1)右击“此电脑”,选择“管理”,将服务和应用程序展开,单击“服务”,在右侧找到“mysql”,如图 1－33 所示。

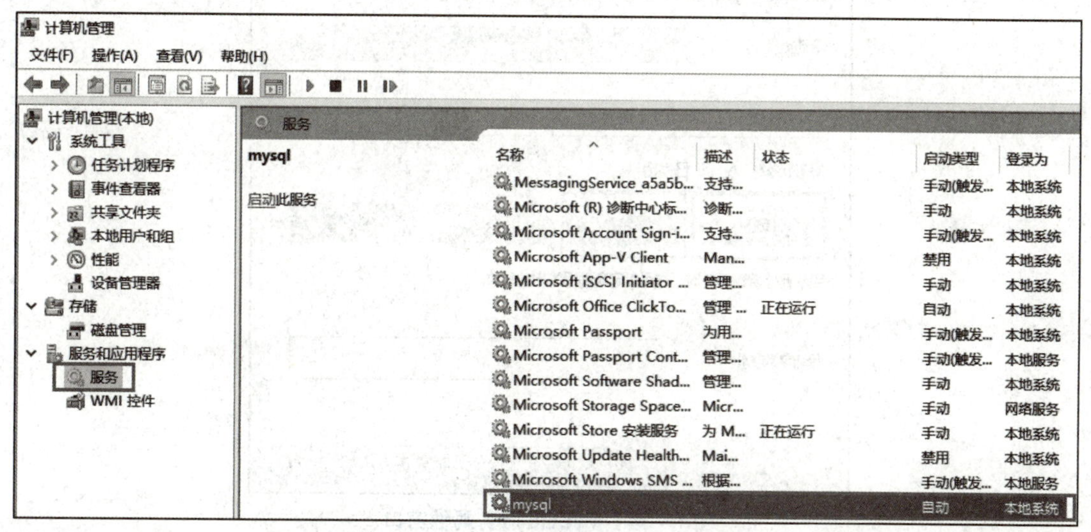

图 1－33　MySQL 服务

(2)双击打开“mysql 的属性”对话框,可以看到 MySQL 的服务状态,如图 1－34 所示。

单击“启动”按钮,启动 MySQL 服务。如果想停止,单击“停止”按钮,即可暂停 MySQL 的服务。

2. 通过 DOS 命令启动

(1)打开命令提示符,在 DOS 窗口键入启动命令“net start mysql”,按 Enter 键执行。执行完毕后,可以看到 MySQL 的服务已经成功启动,如图 1－35 所示。

(2)也可以在 DOS 窗口停止 MySQL 的服务,键入命令“net stop mysql”,按 Enter 键执行。执行完毕后,可以看到 MySQL 的服务已经停止,如图 1－36 所示。

二、登录 MySQL 数据库

登录 MySQL 数据库的两种方式:使用相关命令在 DOS 窗口登录和通过 MySQL 命令在客户端登录。

1. 从 DOS 窗口登录 MySQL 数据库

(1)打开命令提示符窗口,键入命令“mysql －h localhost －uroot －p”,按 Enter 键,系统会提示输入密码,如图 1－37 所示。

mysql 的属性(本地计算机)
常规
登录
恢复
依存关系
服务名称:
mysql
显示名称:
mysql
描述:
可执行文件的路径:
E:\mysql\mysql-8.0.23-winx64\bin\mysqld mysql
启动类型(E):
自动
服务状态:
已停止
启动(S)
停止(T)
暂停(P)
恢复(R)
当从此处启动服务时，你可指定所适用的启动参数。
启动参数(M):
确定
取消
应用(A)

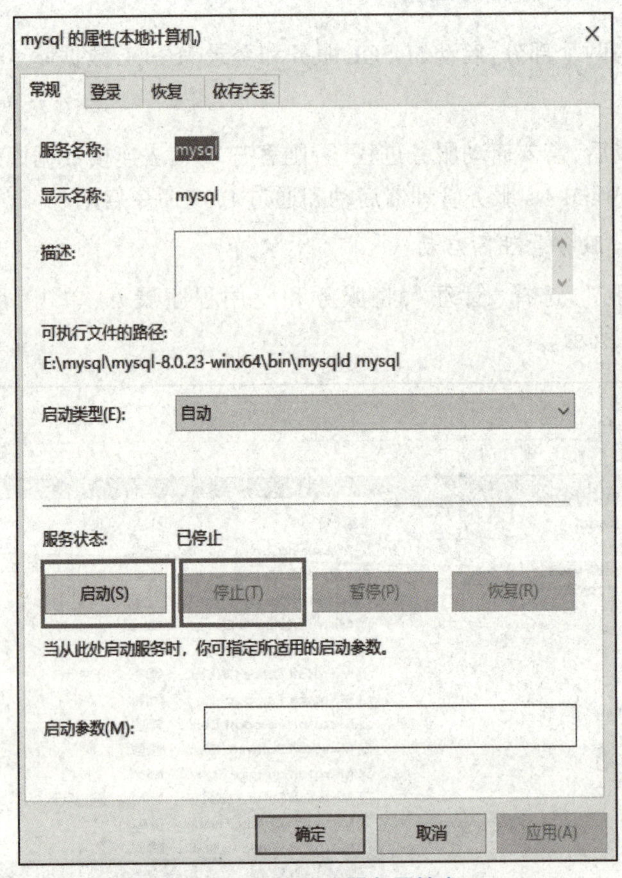

图 1－34　MySQL 服务属性窗口

选择管理员: C:\Windows\system32\cmd.exe
Microsoft Windows [版本 10.0.18363.418]
(c) 2019 Microsoft Corporation。保留所有权利。
C:\Users\Administrator>net start mysql
mysql 服务正在启动 .
mysql 服务已经启动成功。

图 1－35　通过 DOS 命令启动 MySQL 服务

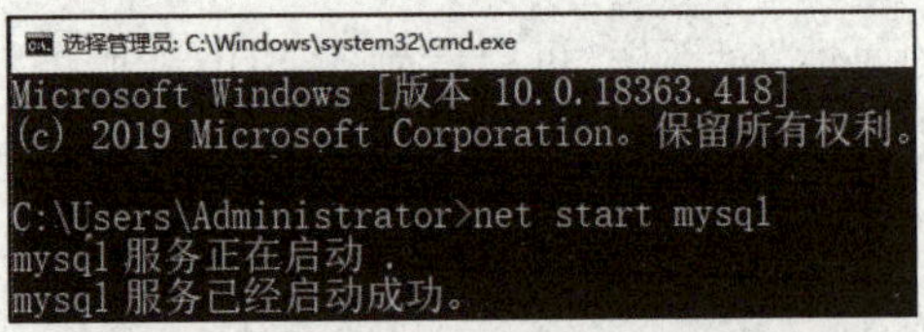

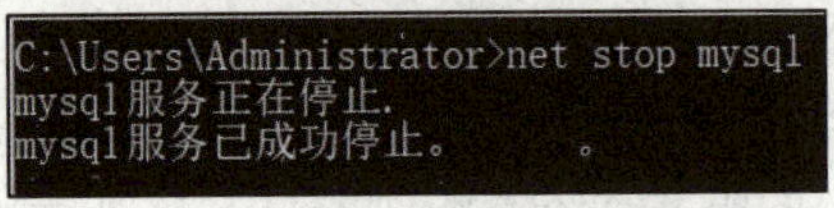

C:\Users\Administrator>net stop mysql
mysql服务正在停止.
mysql服务已成功停止。

图 1－36　通过 DOS 命令停止 MySQL 服务

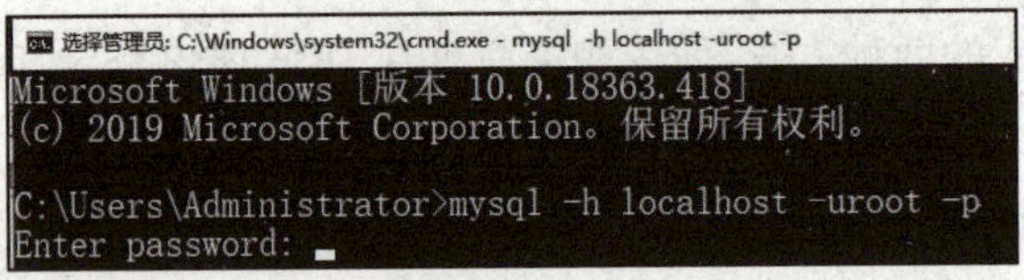

选择管理员: C:\Windows\system32\cmd.exe - mysql -h localhost -uroot -p
Microsoft Windows [版本 10.0.18363.418]
(c) 2019 Microsoft Corporation。保留所有权利。
C:\Users\Administrator>mysql -h localhost -uroot -p
Enter password:

图 1－37　使用命令登录 MySQL 数据库

(2)输入正确的密码,验证成功后,即可登录到 MySQL 数据库,如图 1-38 所示。

```
管理员: C:\Windows\system32\cmd.exe - mysql  -h localhost -uroot -p
Microsoft Windows [版本 10.0.18363.418]
(c) 2019 Microsoft Corporation。保留所有权利。

C:\Users\Administrator>mysql -h localhost -uroot -p
Enter password: ******
Welcome to the MySQL monitor.  Commands end with ; or \g.
Your MySQL connection id is 8
Server version: 8.0.21 MySQL Community Server - GPL

Copyright (c) 2000, 2020, Oracle and/or its affiliates. All rights reserved.

Oracle is a registered trademark of Oracle Corporation and/or its
affiliates. Other names may be trademarks of their respective
owners.

Type 'help;' or '\h' for help. Type '\c' to clear the current input statement.

mysql>
```

图 1-38　登录成功界面

(3)由于是本地登录,还可以省略主机名,先使用"\q"命令退出 MySQL。重新键入命令"mysql -uroot -p",已经没有主机名了。按 Enter 键,可以看到仍然成功登录了 MySQL 数据库,如图 1-39 所示。

```
C:\Users\Administrator>mysql -uroot -p
Enter password: ******
Welcome to the MySQL monitor.  Commands end with ; or \g.
Your MySQL connection id is 9
Server version: 8.0.21 MySQL Community Server - GPL

Copyright (c) 2000, 2020, Oracle and/or its affiliates. All rights reserved.

Oracle is a registered trademark of Oracle Corporation and/or its
affiliates. Other names may be trademarks of their respective
owners.

Type 'help;' or '\h' for help. Type '\c' to clear the current input statement.

mysql> _
```

图 1-39　省略主机名登录 MySQL 数据库

2. 使用图形工具登录

除了 MySQL 官方提供的客户端软件外,很多公司也开发了自己的客户端软件。众多的第三方 MySQL 图形化工具中,比较流行的一种是 SQLyog 和 Navicat。SQLyog 是专门针对 MySQL 数据库的图形化管理工具。该软件的突出特点是简洁高效、功能强大。安装和使用 SQLyog 连接数据库的步骤如下:

(1)双击"SQLyog-12.3.1-0.exe",进入 SQLyog 安装向导,如图 1-40 所示。

(2)单击"下一步"按钮,进入许可证协议界面,选择"我接受'许可证协议'中的条款",如图 1-41 所示,单击"下一步"按钮。

(3)进入安装位置设置界面,选择适合的安装位置,这里选择默认位置,如图 1-42 所示,单击"下一步"按钮,开始安装。

(4)安装完毕后,给出安装完成的提示,如图 1-43 所示。

SQLyog 软件安装后,即可连接和登录 MySQL 数据库服务器,只有第一次使用时,才需要创建新连接,以后就不需要创建了,直接使用即可。

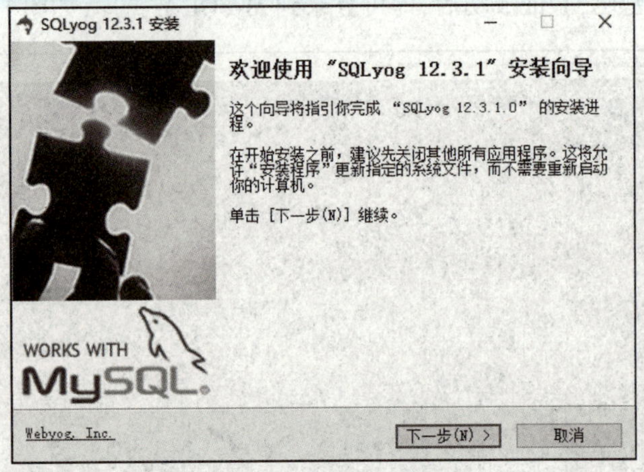

图 1-40　SQLyog 安装向导

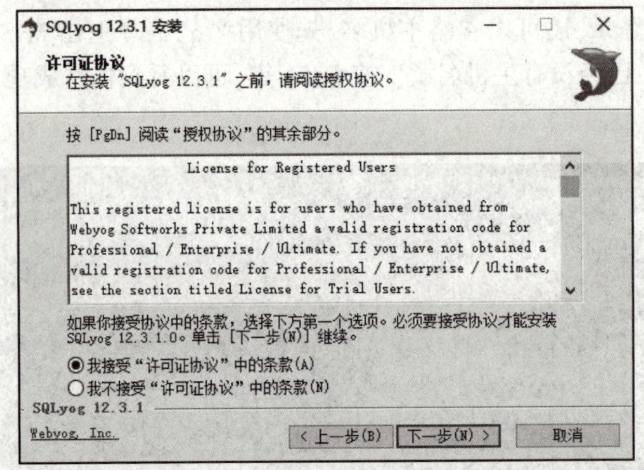

图 1-41　SQLyog 许可证协议界面

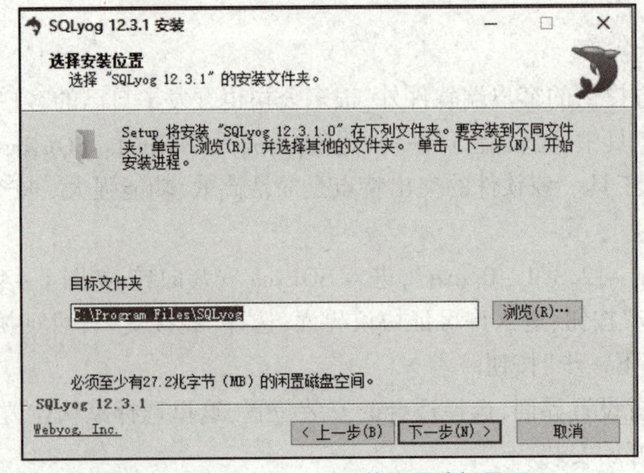

图 1-42　SQLyog 安装位置选择界面

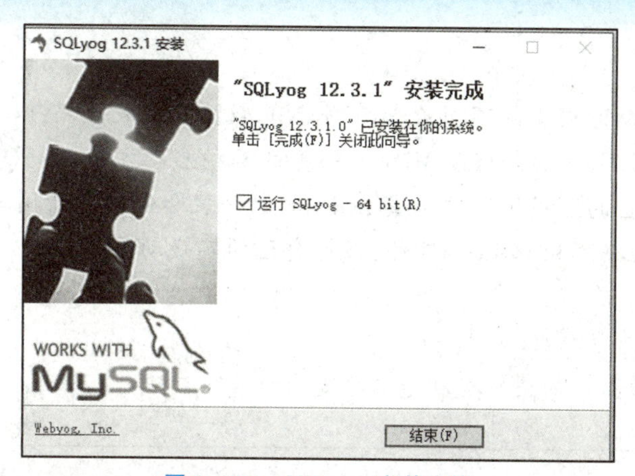

图 1-43　SQLyog 安装完毕

(5)打开桌面上的 SQLyog-64 bit,弹出新建连接对话框,如图 1-44 所示。

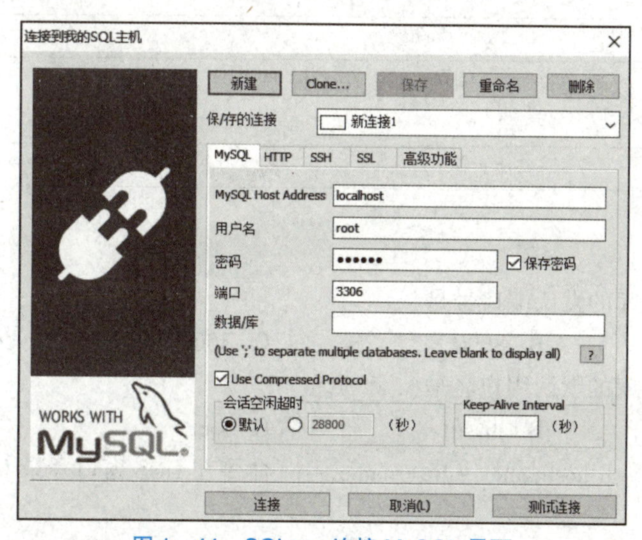

图 1-44　SQLyog 连接 MySQL 界面

(6)输入密码,单击"连接"按钮,进入 SQLyog 界面。从左侧可以看到已经连接到 MySQL 数据库了,如图 1-45 所示。

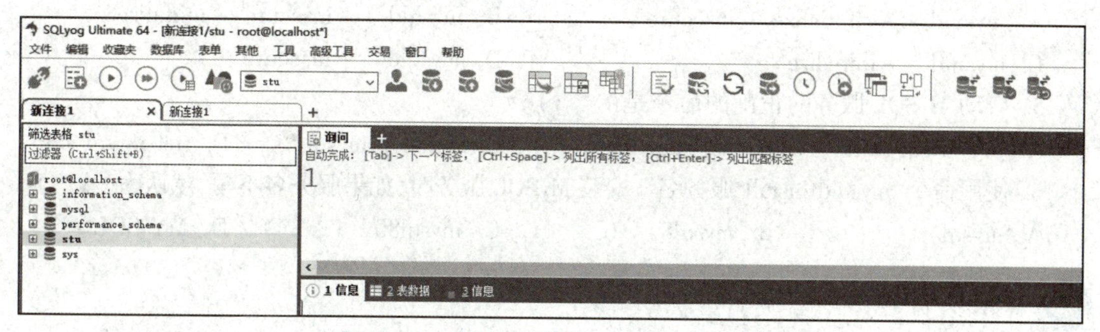

图 1-45　SQLyog 连接 MySQL 成功界面

【任务小结】

本节介绍了如何从官网下载不同版本的 MySQL 数据库安装软件，以及如何使用两种安装方式安装 MySQL 数据库，分别介绍了 MySQL 服务的两种启动方式、MySQL 数据库的两种登录方式，并介绍了 MySQL 的可视化管理工具 SQLyog 的安装和使用。请同学们利用课程时间自行下载安装 MySQL 数据库和 SQLyog 软件，锻炼自己的实践动手能力。

【学有所思】

1. MySQL 数据库默认的用户名和端口号是什么？

____

____

2. 启动 MySQL 服务的两种方式各是什么？

____

____

3. 登录 MySQL 数据库的两种方式各是什么？

____

____

【课后测试】

1. MySQL 数据库的默认端口号是(　　)。

A. 3306　　B. 8090　　C. 3000　　D. 8080

2. MySQL 数据库的默认用户名是(　　)。

A. test　　B. mysql　　C. root　　D. dba

3. 使用“mysql -h hostname -uusername -p”命令在 DOS 窗口登录 MySQL，对于以下命令，解析错误的是(　　)。

A. mysql 可以省略不写　　B. -h 后面的参数是服务器的主机地址

C. -u 后面的参数是登录数据库的用户名　　D. -p 后面是登录密码

4. MySQL 初始化命令正确的是(　　)。

A. mysqld --initialize -insecure　　B. mysqld -insecure -initialize

C. mysqld -initialize　　D. mysqld -insecure

5. 启动 MySQL 服务的正确的命令是(　　)。

A. net mysql start　　B. net start mysql　　C. net stop mysql　　D. net mysql stop

6. 使用命令“mysqld install 服务名” 安装 MySQL 服务时，如果服务名不写，默认为(　　)。

A. mysql　　B. mysql8　　C. mysql80　　D. MY SQL

课后实训

1. 自行上网，完成 MySQL 相关软件下载。

2. 观看视频，在自己的机器上安装 MySQL 软件。

3. 安装完成后,启动 MySQL 服务和相关工具。
4. 使用 XX 用户账号尝试登录 MySQL。
5. 安装 SQLyog 软件,并启动 SQLyog,连接 MySQL 数据库,熟悉 SQLyog 工作界面。

中国自主研发的数据库介绍

一、OceanBase & PolarDB 数据库

OceanBase 数据库是蚂蚁集团自主研发的新一代分布式关系型数据库产品,具有高可用、高性能、高兼容、可扩展等几个核心特性,在普通硬件上实现金融级高可用,首创“三地五中心”城市级故障自动无损容灾新标准,具备卓越的水平扩展能力,全球首家通过 TPC - C 标准测试的分布式数据库,单集群规模超过 1 500 节点。产品具有云原生、强一致性、高度兼容 Oracle/MySQL 等特性。

云原生关系型数据库 PolarDB 是阿里巴巴自主研发的下一代云原生关系型数据库,100%兼容 MySQL、PostgreSQL,高度兼容 Oracle 语法。计算能力最高可扩展至 1 000 核以上,存储容量最高可达 100 TB。经过阿里巴巴“双 11”活动的最佳实践,让用户既享受到开源的灵活性与价格的优惠,又享受到商业数据库的高性能和安全性。

二、TDSQL 分布式数据库

分布式数据库(Tencent Distributed SQL,TDSQL)是腾讯打造的一款企业级数据库产品,具备强一致高可用、全球部署架构、高 SQL 兼容度、分布式水平扩展、高性能、完整的分布式事务支持、企业级安全等特性,同时,提供智能 DBA、自动化运营、监控告警等配套设施,为客户提供完整的分布式数据库解决方案。

三、GaussDB 数据库

华为 GaussDB 是一个企业级 AI - Native 分布式数据库。GaussDB 采用 MPP(Massive Parallel Processing)架构,支持行存储与列存储,提供 PB(Petabyte,2^{50}字节)级别数据量的处理能力。可以为超大规模数据管理提供高性价比的通用计算平台,也可用于支撑各类数据仓库系统、BI(Business Intelligence)系统和决策支持系统,为上层应用的决策分析提供服务。

四、达梦数据库管理系统(DM)

达梦数据库管理系统最新版本是 DM8,是达梦公司在总结 DM 系列产品研发与应用经验的基础上,坚持开放创新、简洁实用的理念,推出的新一代自研数据库。DM8 借鉴当前先进新技术思想与主流数据库产品的优点,融合了分布式、弹性计算与云计算的优势,对灵活性、易用性、可靠性、高安全性等方面进行了大规模改进,多样化架构充分满足不同场景需求,支持超大规模并发事务处理和事务 - 分析混合型业务处理,动态分配计算资源。

五、OpenBASE 数据库

OpenBASE 是东软集团中间件公司推出的我国第一个自主知识产权的商品化数据库管理系统,该产品由东软集团中间件公司研发并持有版权。10 多年来,OpenBASE 已逐渐形成了以大型通用关系型数据库管理系统为基础的产品系列,包括 OpenBASE 多媒体数据库管理系统、OpenBASE Web 应用服务器、OpenBASE Mini 嵌入式数据库系统、OpenBASE Secure 安全数据库系统等。

六、KingbaseES 数据库

KingbaseES 是北京人大金仓信息技术股份有限公司研发的具有自主知识产权的国产大型通用数据库管理系统(DBMS)。KingbaseES 是面向事务处理类、兼顾分析类应用领域的新型数据库产品,致力于解决高并发、高可靠数据存储计算问题,是一款面向企事业单位管理信息系统、业务及生产系统、决策支持系统等量身打造的承载数据库。

考评表

项目	标准描述	评价				
		优	良	中	较差	差
知识评价	了解数据库的发展历程,熟悉数据库的概念	( )	( )	( )	( )	( )
	熟悉数据库模型、数据库设计的六个阶段,熟练掌握 E - R 图的绘制	( )	( )	( )	( )	( )
	熟悉掌握数据库系统组成	( )	( )	( )	( )	( )
	了解常用的数据库	( )	( )	( )	( )	( )
	熟练掌握 MySQL 8 的安装方式、启动方式及数据库的登录方式	( )	( )	( )	( )	( )
能力评价	能够通过自学视频学习数据库基础知识	( )	( )	( )	( )	( )
	能通过网络下载和搜索数据库基础知识的各项资料	( )	( )	( )	( )	( )
	会主动做课前预习、课后复习	( )	( )	( )	( )	( )
	会咨询老师课前、课中、课后的学习问题	( )	( )	( )	( )	( )
素质评价	创新精神	( )	( )	( )	( )	( )
	协作精神	( )	( )	( )	( )	( )
	自我学习能力	( )	( )	( )	( )	( )
老师点评:						
课后反思:						

单元 2
数据库和表的基本操作

【学习导读】

本单元将学习创建数据库、修改数据库和删除数据库的操作;创建表的基本语句;MySQL 的数据类型;常见的约束;索引的创建和删除操作。

【学习目标】

1. 熟悉数据库创建、修改、删除的基本语法;
2. 熟悉数据库表创建、修改、删除的基本语法;
3. 熟练掌握 MySQL 的数据类型;
4. 熟练掌握 MySQL 的约束设置;
5. 了解索引的概念与优缺点,掌握索引的创建和删除方法。

【思维导图】

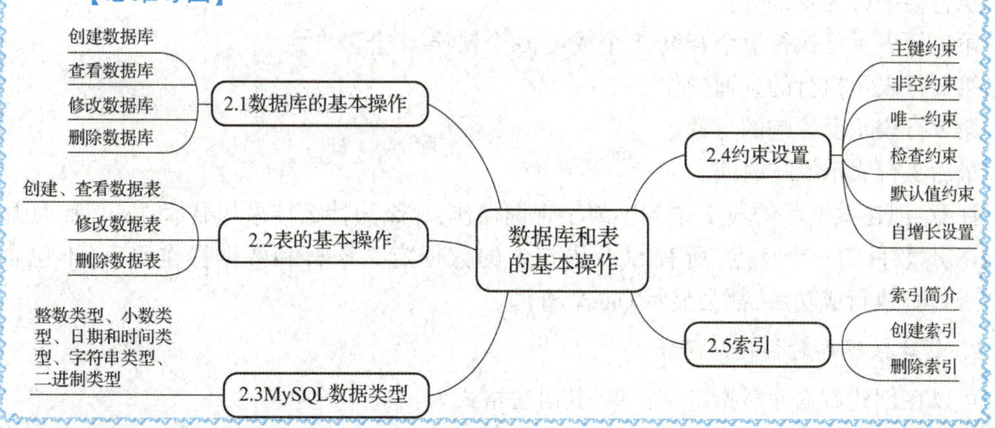

2.1 数据库的基本操作 

数据库的基本操作

在 MySQL 安装好后,就可以创建数据库、修改数据库和删除数据库了。

2.1.1 创建数据库

要想将数据存储到数据库的表中,首先要创建一个数据库。创建数据库,就是在数据库系统中划分一块空间来存储数据。

1. 创建数据库

创建数据库的语法如下：

```
CREATE DATABASE 数据库名称;
```

该语法中，CREATE DATABASE 是固定写法，表示创建数据库，数据库名称是唯一的，不能重复出现，而且不能是 MySQL 中的关键字。语句的最后，要以英文状态下的分号结尾。

数据库操作包括创建数据库、查看数据库、创建数据库时指定字符集、选择数据库、修改数据库编码方式及删除数据库。

【案例 1】 创建数据库 stu。

(1)打开 MySQL 图形工具，单击文件，新建查询编辑器。

(2)输入创建数据库命令：

```
create database stu;
```

(3)单击“执行”工具按钮或者按键盘上的 F9 键，运行，执行结果如图 2-1 所示。

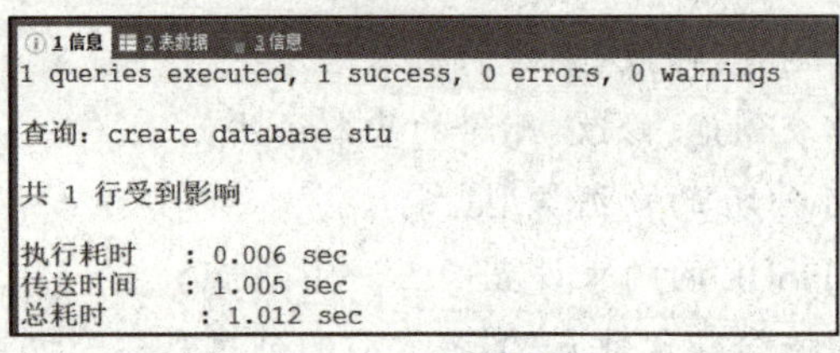

图 2-1 创建数据库

执行结果分为 4 部分：

第 1 行表示已执行 1 个查询，1 个成功，0 个错误，0 个警告。

第 2 行表示执行的查询操作。

第 3 行表示受影响的行数。

最后 3 行表示操作时间。

注意：创建数据库的 SQL 语句不属于查询操作，那么为什么结果却显示 Query 查询呢？这是 MySQL 软件的一个特点，所有 SQL 语句中的数据定义语言和数据操作语言，不包含 SELECT 语句，执行成功后，都会显示 Query 查询。

2. 创建数据库时指定字符集

可以在创建数据库时指定字符集，其语法格式为：

```
CREATE DATABASE 数据库名 CHARACTER SET 编码方式;
```

MySQL 中常用的编码方式有 utf8、utf16、gbk、unicode、ISO Latin、ASCII。

【案例 2】 创建数据库 stu1，指定编码为 gbk。

(1)在查询编辑器窗口输入命令：

```
CREATE DATABASE stu1 CHARACTER SET gbk;
```

(2)单击“执行”工具按钮或者按键盘上的 F9 键，运行，命令执行成功。

(3)输入命令“SHOW CREATE DATABASE stu1;”查看数据库 stu1 的信息. 程序的执行结果如图 2-2 所示。

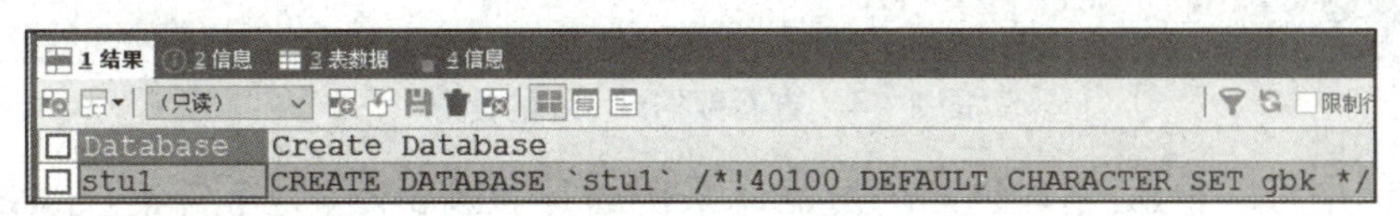

图 2-2　创建数据库时指定编码

(4)从结果中可以看到,该数据库的编码方式为 gbk。

(5)也可以使用图形化界面创建 stu1 数据库。在 SQLyog 右侧的资源管理器上右击,创建数据库,输入数据库名字,指定编码方式。

2.1.2　查看数据库

1. 显示所有数据库

查看数据库的命令为:

```
SHOW DATABASES;
```

SHOW DATABASES 是固定写法。

【案例 3】　使用 show 语句查看 MySQL 的数据库。

(1)在查询编辑器窗口输入命令“SHOW DATABASES;”。

(2)单击“执行”工具按钮或者按键盘上的 F9 键,运行,命令执行成功,执行结果如图 2-3 所示。

(3)从结果可以看到,一共有 5 个数据库,刚刚创建的数据库 stu 也在其中,说明创建成功了。

注:如果想在 SQLyog 中查看刚刚创建的数据库,右击“对象资源管理器”,在弹出的菜单中选择“刷新对象浏览器”即可看到。

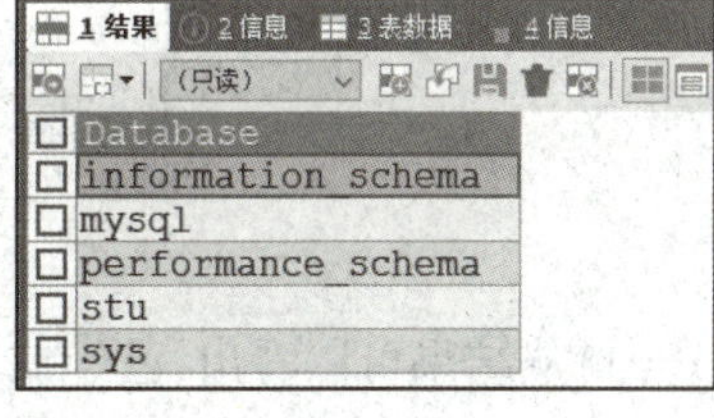

图 2-3　查看 MySQL 的数据库

2. 查看数据库的详细信息

创建数据库后,要想查看该数据库信息,可以使用以下命令:

```
SHOW CREATE DATABASE 数据库名;
```

SHOW CREATE DATABASE 是固定写法,数据库名是要查看的数据库的名字。

【案例 4】　查看数据库 stu 的信息。

(1)在查询编辑器窗口输入命令:

```
SHOW CREATE DATABASE stu;
```

(2)单击“执行”工具按钮或者按键盘上的 F9 键,运行,命令执行成功,执行结果如图 2-4 所示。

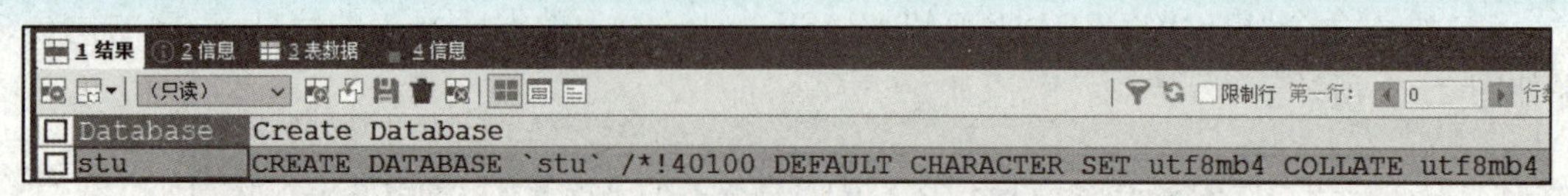

Database	Create Database
stu	CREATE DATABASE `stu` /*!40100 DEFAULT CHARACTER SET utf8mb4 COLLATE utf8mb4

图2-4 查看数据库 stu 的信息

(3)从结果可以看到,刚才创建的数据库采用的是 utf8mb4 作为字符集。utf8mb4 是 utf8 的超集,在 MySQL 5.5.3 之后的版本中,新建库表的时候,基本编码方式就变成了 utf8mb4。

3. 选择数据库

在数据库管理系统中,一般会存在许多数据库,在操作数据库对象之前,首先需要确定是哪一个数据库。在 MySQL 中,通过 SQL 语句的 USE 命令来实现选择数据库,其语法形式为:

```
USE 数据库名;
```

该语法格式中,USE 后边就是要选择的数据库的名字。

【案例5】 使用 USE 命令选中数据库 stu。

(1)在查询编辑器窗口输入命令:

```
USE stu;
```

(2)单击"执行"工具按钮或者按键盘上的 F9 键,运行,命令执行成功,程序执行结果如图 2-5 所示。

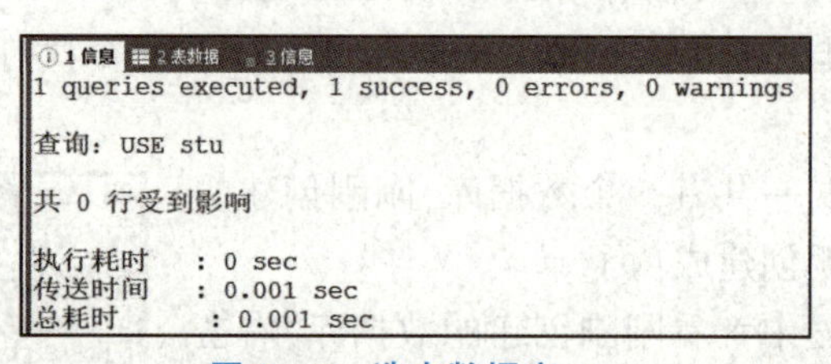

```
1 queries executed, 1 success, 0 errors, 0 warnings

查询: USE stu

共 0 行受到影响

执行耗时   : 0 sec
传送时间   : 0.001 sec
总耗时     : 0.001 sec
```

图2-5 选中数据库 stu

(3)从结果可以看出,已经成功选择了该数据库。

4. 查看正在使用的数据库

在数据库比较多的情况下,如何查看当前正在使用的数据库?

查看当前正在使用的数据库,语法格式为:

```
SELECT DATABASE();
```

请注意,该语句最后有个括号,该括号是英文状态下的括号,不能省略。

【案例6】 使用 select 语句查看当前使用的数据库。

(1)在查询编辑器窗口输入命令:

```
SELECT DATABASE();
```

(2)单击"执行"工具按钮或者按键盘上的 F9 键,运行,命令执行成功,执行结果如图 2-6 所示。

（3）从结果可以看到，当前正在使用的数据库是 stu。

DATABASE()
stu

图 2－6　查看当前使用的数据库

2.1.3　修改数据库

数据库创建好后，可以修改编码方式，其语法格式为：

```
ALTER DATABASE 数据库名 CHARACTER SET 编码方式;
```

【案例 7】　修改数据库 stu1 的编码方式为 utf8。

（1）在查询编辑器窗口输入命令：

```
ALTER DATABASE stu1 CHARACTER SET utf8;
```

（2）单击“执行”工具按钮或者按键盘上的 F9 键，运行，命令执行成功。

（3）查看数据库 stu1 的信息。输入命令：

```
SHOW CREATE DATABASE stu1;
```

程序的执行结果如图 2－7 所示。

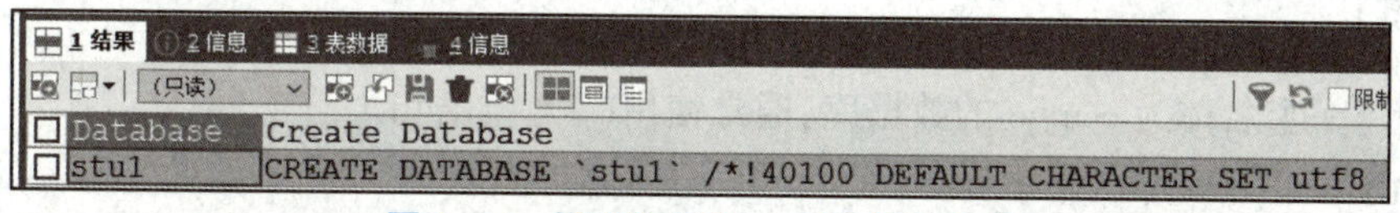

Database	Create Database
stu1	CREATE DATABASE `stu1` /*!40100 DEFAULT CHARACTER SET utf8

图 2－7　修改数据库 stu1 的编码方式

（4）从结果可以看出，刚才创建的数据库 stu1 的编码方式已经成功修改成 utf8 了。

2.1.4　删除数据库

删除数据库是将数据库系统中已经存在的数据库删除。成功删除数据库后，数据库中的所有数据都会被删除，原来分配的空间也将被收回，删除数据库的语句为：

```
DROP DATABASE 数据库名;
```

【案例 8】　删除数据库 stu1。

（1）在查询编辑器窗口输入命令：

```
DROP DATABASE stu1;
```

（2）单击“执行”工具按钮或者按键盘上的 F9 键，运行，命令执行成功。

（3）查看 MySQL 中的所有数据库。输入命令：

```
SHOW DATABASES;
```

程序执行结果如图 2－8 所示。

（4）从结果可以看出，刚刚创建的 stu1 数据库已经被成功删除了。

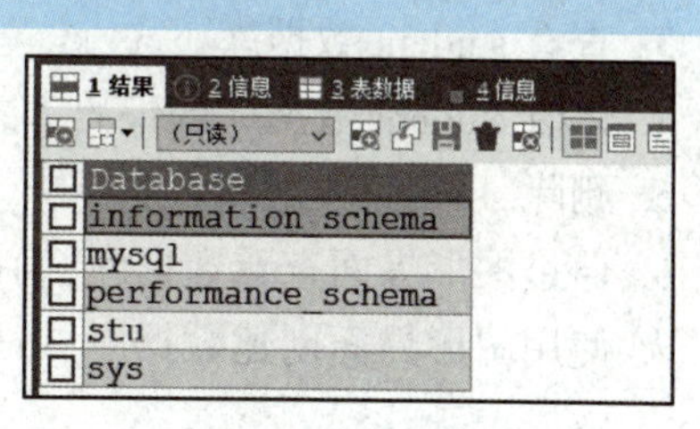

Database
information_schema
mysql
performance_schema
stu
sys

图 2－8　删除数据库 stu1

【任务小结】

本节学习了数据库的基本操作,包括创建数据库,创建时指定编码方式、查看数据库系统中有哪些数据库、查看某一个数据库信息、选中数据库、查看当前正在使用的数据库、修改数据库的编码方式,以及删除数据库。MySQL 安装好以后,首先要创建数据库,只有在这个必要条件下,才能使用 MySQL 的其他各种功能。

【学有所思】

1. 平时在做项目的时候,哪些项目需要用到数据库?

____

____

2. 创建好数据库后,能否更改编码方式? 如何更改?

____

____

【课后测试】

1. 创建一个名称为 course 的数据库,通常使用(　　)语句。

A. CREATE DATABASE course;　　B. CREATE course;

C. CREATE TABLE course;　　D. SHOW DATABASE course;

2. 在 MySQL 中,通常使用(　　)语句来指定一个已有数据库作为当前工作数据库。

A. USING　　B. USED　　C. USES　　D. USE

3. 查看已存在的数据库的命令是(　　)。

A. CREATE DATEBASE　　B. SHOW DATABASES

C. ALTER DATABASE　　D. DROP DATABASE

4. 修改数据库编码使用(　　)命令。

A. ALTER　　B. CHANGE　　C. MODIFY　　D. ADD

5. 删除数据库使用(　　)命令。

A. CREATE　　B. ALTER　　C. DROP　　D. SHOW

课后实训

1. 查看 MySQL 的数据库。
2. 创建 student 数据库。
3. 查看 student 数据库。
4. 修改 student 数据库的编码方式,将数据库的编码方式改为 gbk 或者 utf8。
5. 删除 student 数据库。
6. 通过图形界面查看数据库,确认 student 数据库是否删除。
7. 使用图形界面创建数据库 student1,编码方式为 gbk。

2.2　表的基本操作

对于数据库来说，没有数据表，就无法在数据库中存放数据，数据是存放在数据库的表中的。本节将详细介绍数据表的基本操作，包括创建数据表、修改数据表和删除数据表。

2.2.1　创建数据表

表的操作

创建表之前，使用 USE 数据库命令，选择数据库。

创建数据表的语句使用 CREATE TABLE，其语法格式为：

```
CREATE TABLE 表名(
    字段名1 数据类型[(长度)][约束条件],
    字段名2 数据类型[(长度)][约束条件],
    …
    字段名n 数据类型[(长度)][约束条件]
    );
```

在该语法中，中括号中的内容是可选的。

【案例1】　创建一个用于存储学生成绩的表 score，结构见表2-1。

表2-1　score 表结构

字段名	数据类型	备注说明
scid	INT	编号
sid	CHAR(4)	学号
cno	CHAR(2)	课程号
result	FLOAT	分数

（1）先使用 CREATE DATABASE 命令创建 stu 数据库：

```
CREATE DATABASE stu;
```

（2）再使用 USE 命令，选择数据库：

```
USE stu;
```

（3）使用 CREATE TABLE 语句创建表。输入创建表的命令：

```
CREATE TABLE score(
   scid INT,
   sid CHAR(4),
   cno CHAR(2),
   result FLOAT
   );
```

（4）选中这三条命令，单击“执行”工具按钮，命令执行成功，执行结果如图 2－9 所示。

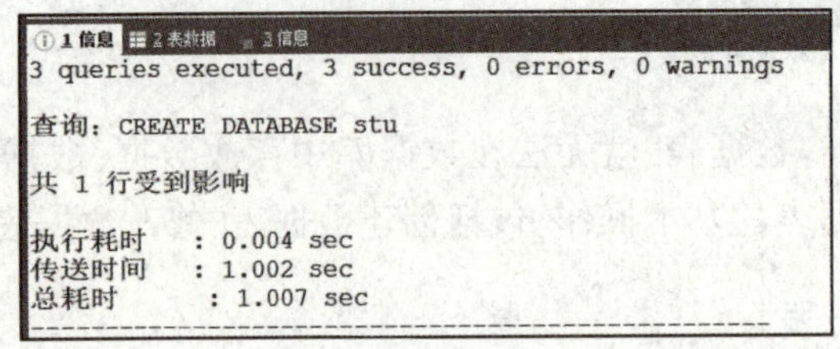

图 2－9　创建学生成绩表 score

2.2.2　查看数据表

为了验证数据表是否创建成功，可以使用命令查看数据表。

查看当前数据库中的所有表：

```
show tables;
```

查看表的详细信息：

```
show create table 表名;
```

查看表的字段信息：

```
describe 表名;
```

或

```
desc 表名;
```

【案例 2】　使用 SHOW TABLES 命令查看 stu 数据库中所有表。

（1）在查询编辑器窗口输入命令：

```
SHOW TABLES;
```

（2）单击“执行”工具按钮或者按键盘上的 F9 键，运行，命令执行成功，执行结果如图 2－10 所示。

（3）从结果可以看到，stu 数据库中有一个 score 表。

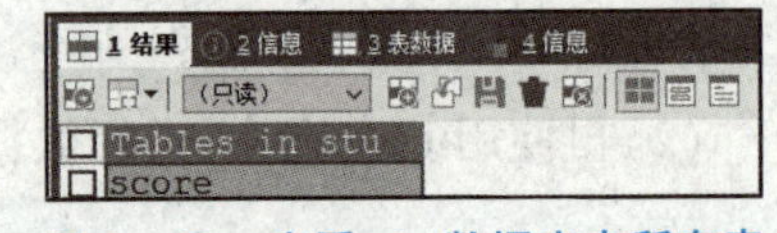

图 2－10　查看 stu 数据库中所有表

【案例 3】　使用 SHOW CREATE TABLE 命令查看 score 表结构。

（1）在查询编辑器窗口输入命令：

```
show create tablescore;
```

（2）单击“执行”工具按钮或者按键盘上的 F9 键，运行，命令执行成功，执行结果如图 2－11 所示。

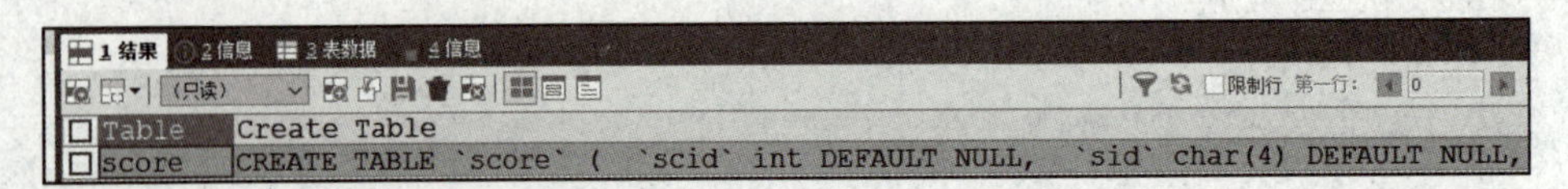

图 2－11　使用 SHOW 命令查看 score 表结构

(3)从结果可以看到 score 表的结构。

【案例 4】　使用 DESCRIBE 命令或 DESC 命令查看 score 表结构。

(1)在查询编辑器窗口输入命令:

```
DESCRIBE score;
```

(2)单击“执行”工具按钮或者按键盘上的 F9 键,运行,命令执行成功,执行结果如图 2-12 所示。

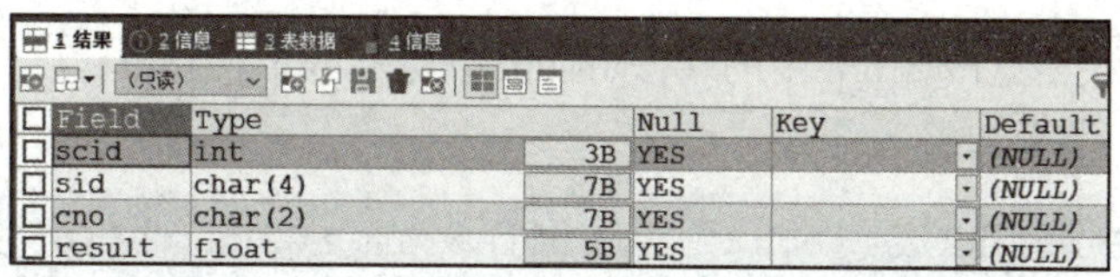

Field	Type		Null	Key	Default
scid	int	3B	YES		(NULL)
sid	char(4)	7B	YES		(NULL)
cno	char(2)	7B	YES		(NULL)
result	float	5B	YES		(NULL)

图 2-12　使用 DESCRIBE 命令查看 score 表结构

(3)在查询编辑器窗口再输入命令:

```
DESC score;
```

执行命令,执行结果如图 2-13 所示。

Field	Type		Null	Key	Default
scid	int	3B	YES		(NULL)
sid	char(4)	7B	YES		(NULL)
cno	char(2)	7B	YES		(NULL)
result	float	5B	YES		(NULL)

图 2-13　使用 DESC 命令查看 score 表结构

(4)从结果可以看出两条命令的执行效果一模一样。

2.2.3　修改数据表

修改表指的是修改数据库中已经存在的数据表的结构。在 MySQL 中,可以使用 ALTER TABLE 语句来改变原有表的结构。

1. 修改表名

修改表名的语法格式为:

```
ALTER TABLE 旧表名 RENAME [TO] 新表名;
```

其中,TO 为可选参数,使用与否均不影响结果。

【案例 5】　将数据表 score 重命名为 tb_score。

(1)在查询编辑器窗口输入命令:

```
ALTER TABLE score RENAME TO tb_score;
```

(2)单击“执行”工具按钮或者按键盘上的 F9 键,运行,命令执行成功,如图 2-14 所示。

Tables_in_stu
tb_score

图 2-14　重命名数据表

(3)从结果可以看到,score 表已经被重命名为 tb_score 了。

2. 修改字段名

除了可以修改表名外,还可以修改字段名。修改字段名的语法格式为:

```
alter table 表名 change 旧字段名 新字段名 新字段的数据类型;
```

请注意:新字段的数据类型不能省略,即使只修改了字段名,没有修改字段类型,也必须写上新字段的数据类型。

【案例 6】 将数据表 tb_score 中的字段 result 修改为 exam_result。

(1)在查询编辑器窗口输入命令:

```
ALTER TABLE tb_score CHANGE result exam_result FLOAT;
```

(2)单击“执行”工具按钮或者按键盘上的 F9 键,运行,命令执行成功。

(3)查看表结构,查看字段 result 是否被重命名,输入命令:

```
DESC tb_score;
```

运行,命令执行成功,执行结果如图 2-15 所示。

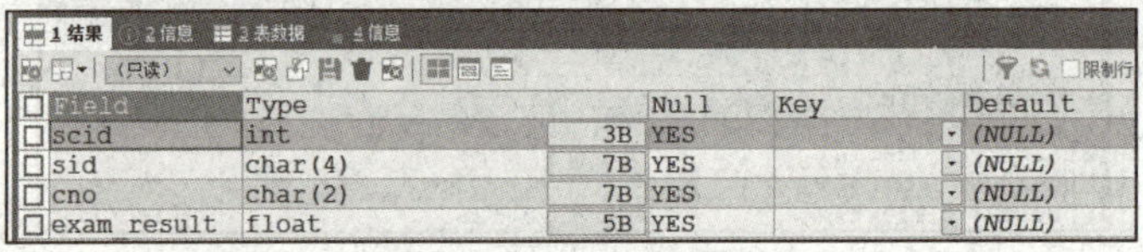

Field	Type		Null	Key	Default
scid	int	3B	YES		(NULL)
sid	char(4)	7B	YES		(NULL)
cno	char(2)	7B	YES		(NULL)
exam result	float	5B	YES		(NULL)

图 2-15 修改字段名

(4)从结果可以看到,tb_score 表中的字段名 result 已经被修改成 exam_result 了。

3. 修改字段类型

修改字段数据类型,就是把字段的数据类型转换为另一种数据类型。其语法格式为:

```
alter table 表名 modify 字段名 新的数据类型;
```

【案例 7】 将数据表 tb_score 中的字段 exam_result 修改为 INT 类型。

(1)在查询编辑器窗口输入命令:

```
ALTER TABLEtb_score MODIFY exam_result INT;
```

(2)单击“执行”工具按钮或者按键盘上的 F9 键,运行,命令执行成功。

(3)查看表结构,查看字段 exam_result 类型是否被修改,输入命令:

```
DESC tb_score;
```

执行,结果如图 2-16 所示。

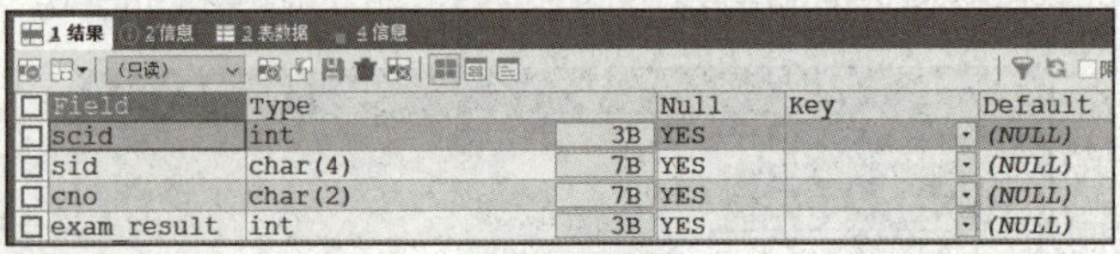

Field	Type		Null	Key	Default
scid	int	3B	YES		(NULL)
sid	char(4)	7B	YES		(NULL)
cno	char(2)	7B	YES		(NULL)
exam result	int	3B	YES		(NULL)

图 2-16 修改字段类型

（4）从结果可以看到，tb_score 中的字段 exam_result 已经被成功修改为 int 类型了。

4. 添加新字段

除了修改字段名和类型的操作外，有时也会添加一个新字段。

添加字段的语法格式为：

```
ALTER TABLE 表名 ADD 新字段名 新字段数据类型 [FIRST |AFTER 已存在的字段名];
```

MySQL 允许在开头、中间和结尾处添加字段。“first”和“after”为可选参数，“first”表示在开头添加字段；“after”表示在中间位置添加字段，但是，要指名添加到哪个字段后面。省略“first”和“after”，表示在结尾处添加。

【案例8】　在数据表 tb_score 字段结尾添加 VARCHAR(50)类型的字段 info。

（1）在查询编辑器窗口输入命令：

```
ALTER TABLEtb_score ADD info VARCHAR(50);
```

（2）单击“执行”工具按钮或者按键盘上的 F9 键，运行，命令执行成功。

（3）查看表结构，查看是否添加了字段 info，输入命令：

```
DESC tb_score;
```

执行，执行结果如图 2-17 所示。

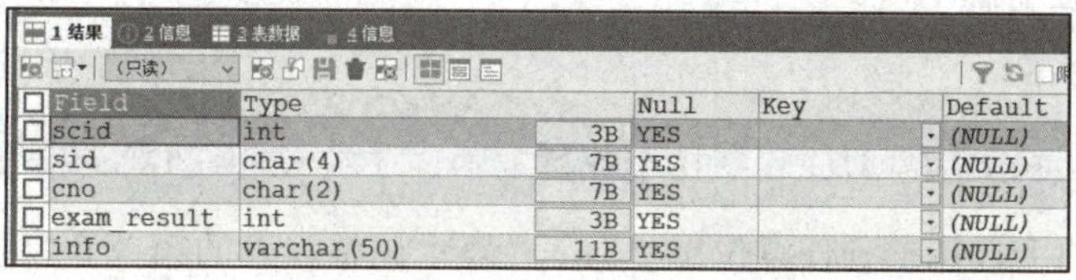

Field	Type		Null	Key	Default
scid	int	3B	YES		(NULL)
sid	char(4)	7B	YES		(NULL)
cno	char(2)	7B	YES		(NULL)
exam_result	int	3B	YES		(NULL)
info	varchar(50)	11B	YES		(NULL)

图 2-17　在表末尾添加字段

【案例9】　在数据表 tb_score 的字段 cno 后添加 int 类型的字段 daily_result。

（1）在查询编辑器窗口输入命令：

```
ALTER TABLEtb_score ADD daily_result INT AFTER cno;
```

（2）单击“执行”工具按钮或者按键盘上的 F9 键，运行。

（3）查看表结构，查看是否添加了字段 daily_result，输入命令：

```
DESC tb_score;
```

执行，结果如图 2-18 所示。

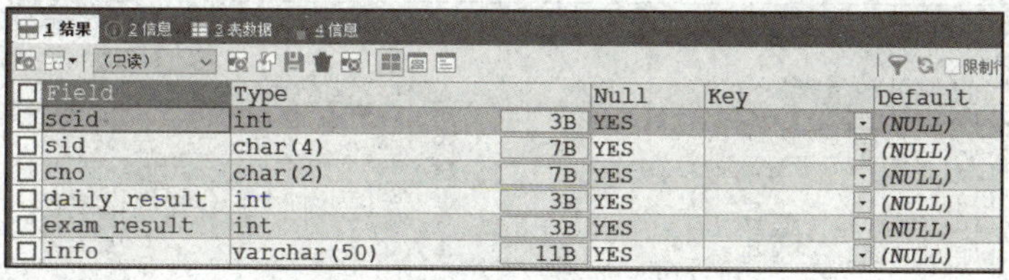

Field	Type		Null	Key	Default
scid	int	3B	YES		(NULL)
sid	char(4)	7B	YES		(NULL)
cno	char(2)	7B	YES		(NULL)
daily_result	int	3B	YES		(NULL)
exam_result	int	3B	YES		(NULL)
info	varchar(50)	11B	YES		(NULL)

图 2-18　在指定位置添加字段

(4)从结果可以看到,在 tb_score 表的字段 cno 后成功添加了 daily_result 字段。

【案例 10】 在数据表 tb_score 的开头添加 int 类型的字段 id。

(1)在查询编辑器窗口输入命令:

```
ALTER TABLEtb_score ADD id INT FIRST;
```

(2)单击"执行"工具按钮或者按键盘上的 F9 键,运行,命令执行成功。

(3)查看表结构,查看是否添加了字段 id,输入命令:

```
DESC tb_score;
```

执行结果如图 2-19 所示。

Field	Type		Null	Key	Default
id	int	3B	YES		(NULL)
scid	int	3B	YES		(NULL)
sid	char(4)	7B	YES		(NULL)
cno	char(2)	7B	YES		(NULL)
daily_result	int	3B	YES		(NULL)
exam_result	int	3B	YES		(NULL)
info	varchar(50)	11B	YES		(NULL)

图 2-19　在开头添加字段

(4)从结果可以看到,在 tb_score 表最前边成功添加了字段 id。

5. 修改字段位置

其语法格式如下:

```
ALTER TABLE 表名 MODIFY 字段名1 数据类型 FIRST|AFTER字段名2;
```

MySQL 允许将字段调整到任意位置。"first"表示调整为表的第一个字段;"after"表示将字段 1 调整到字段 2 的后边。其中,数据类型为字段 1 的数据类型,不能省略。

【案例 11】 将数据表 tb_score 的 scid 字段调整为表的第一个字段。

(1)在查询编辑器窗口输入命令:

```
ALTER TABLEtb_score MODIFY scid INT FIRST;
```

(2)单击"执行"工具按钮或者按键盘上的 F9 键,运行。

(3)查看表结构,查看字段顺序是否调整完毕,输入命令:

```
DESC tb_score;
```

执行,执行结果如图 2-20 所示。

Field	Type		Null	Key	Default
scid	int	3B	YES		(NULL)
id	int	3B	YES		(NULL)
sid	char(4)	7B	YES		(NULL)
cno	char(2)	7B	YES		(NULL)
daily_result	int	3B	YES		(NULL)
exam_result	int	3B	YES		(NULL)
info	varchar(50)	11B	YES		(NULL)

图 2-20　调整字段为表的第一个字段

(4)从结果可以看到,tb_score 表中的字段 scid 已经成功调整为第一个字段。

【案例 12】　将数据表 tb_score 的 sid 字段调整到 cno 字段后。

(1)在查询编辑器窗口输入命令:

```
ALTER TABLEtb_score MODIFY sid CHAR(4) AFTER cno;
```

(2)单击"执行"工具按钮或者按键盘上的 F9 键,运行,命令执行成功。

(3)查看表结构,查看字段顺序是否调整完毕,输入命令:

```
DESC tb_score;
```

执行,执行结果如图 2 - 21 所示。

Field	Type		Null	Key	Default
scid	int	3B	YES		(NULL)
id	int	3B	YES		(NULL)
cno	char(2)	7B	YES		(NULL)
sid	char(4)	7B	YES		(NULL)
daily_result	int	3B	YES		(NULL)
exam_result	int	3B	YES		(NULL)
info	varchar(50)	11B	YES		(NULL)

图 2 - 21　在指定位置调整字段

(4)从结果可以看到,tb_score 表中的字段 sid 已经成功调整到 cno 字段后。

6. 删除字段

数据表创建成功后,不仅可以修改、添加字段,还可以删除字段。

语法格式如下:

```
alter table 表名 drop 字段名;
```

【案例 13】　删除数据表 tb_score 中的字段 id。

(1)在查询编辑器窗口输入命令:

```
ALTER TABLE tb_score DROP id;
```

(2)单击"执行"工具按钮或者按键盘上的 F9 键,运行,命令执行成功。

(3)查看表结构,查看字段是否被删除,输入命令:

```
DESC tb_score;
```

执行结果如图 2 - 22 所示。

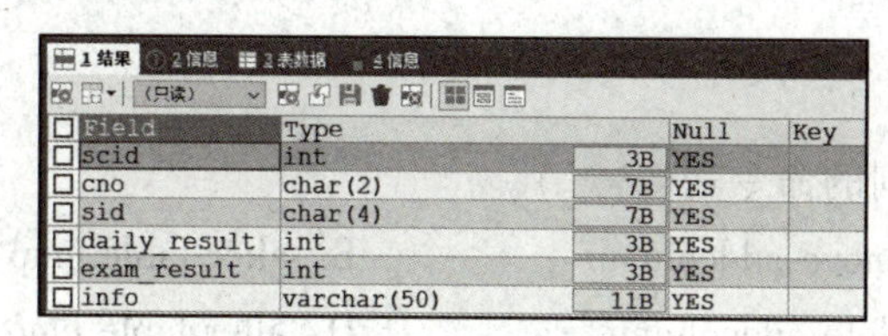

Field	Type		Null	Key
scid	int	3B	YES	
cno	char(2)	7B	YES	
sid	char(4)	7B	YES	
daily_result	int	3B	YES	
exam_result	int	3B	YES	
info	varchar(50)	11B	YES	

图 2 - 22　删除字段

(4)从结果可以看到,tb_score 表中的字段 id 已经被成功删除了。

2.2.4 删除数据表

删除数据表是指删除数据库中已存在的表,其语法格式为:

```
DROP TABLE 表名;
```

在删除表的同时,表的结构和表中所有的数据都会被删除,因此,在删除数据表之前,最好先备份,以免造成无法挽回的损失。

【案例 14】 删除数据表 tb_score。

(1)在查询编辑器窗口输入命令:

```
DROP TABLE tb_score;
```

(2)单击“执行”工具按钮或者按键盘上的 F9 键,运行,命令执行成功。

(3)查看所有表,查看该表是否被删除,输入命令:

```
SHOW TABLES;
```

执行结果如图 2-23 所示。

(4)从结果可以看到,tb_score 表已经被成功删除了。

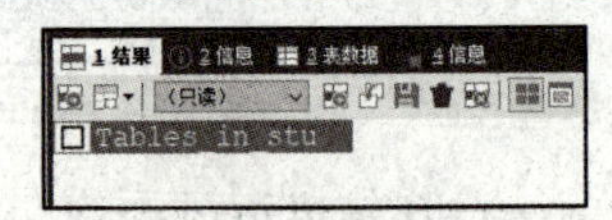

图 2-23 删除数据表

【任务小结】

本节主要学习了数据表的基本操作:创建数据表、查看表结构、修改数据表(包括修改表名、修改字段名、修改字段的数据类型、添加字段、修改字段的位置及删除字段)。最后,学习了如何删除数据表。学会了数据表的创建,就可以向数据表中添加数据。但是,如果表结构不合理,一定要提前修改,这样才能更好地管理数据。

【学有所思】

1. 创建表时,如何指定在哪个数据库中创建?

____

____

2. 数据表创建好后,可以对表结构做哪些修改?

____

____

【课后测试】

1. 以下能够删除一列的命令是(　　)。

A. alter table emp remove addcolumn　　B. alter table emp drop addcolumn

C. alter table emp delete addcolumn　　D. alter table emp delete addcolumn

2. 若要删除数据库中已经存在的表 T,可用(　　)命令。

A. DELETE TABLE T　　B. DELETE T

C. DROP T　　D. DROP TABLE T

3. 查找表结构使用(　　)命令。

A. FIND　　B. SELETE　　C. ALTER　　D. DESC

4. 若要在基本表 T 中增加一列 CNAME(课程名),可用(　　)命令。

A. ADD TABLE T ALTER CNAME CHAR(8)

B. ALTER TABLE T ADD CNAME CHAR(8)

C. ADD TABLE T CNAME CHAR(8)

D. ALTER TABLE T ADD CNAME CHAR(8)

5. 表的关系,正确的说法是(　　)。

A. 一个数据库服务器只能管理一个数据库,一个数据库只能包含一个表

B. 一个数据库服务器可以管理多个数据库,一个数据库可以包含多个表

C. 一个数据库服务器只能管理一个数据库,一个数据库可以包含多个表

D. 一个数据库服务器可以管理多个数据库,一个数据库只能包含一个表

6. 以下不是修改表的操作是(　　)。

A. drop table user;　　B. alter table user add remark varchar(20);

C. alter table user character set utf8;　　D. alter table user drop remark;

7. 以下语句错误的是(　　)。

A. alter table emp delete column addcolumn;

B. alter table emp modify column addcolumn char(10);

C. alter table emp change addcolumn addcolumn int;

D. alter table emp add column addcolumn int;

8. 使用 ALTER TABLE 修改表时,如果要修改表的名称,可以使用(　　)子句。

A. CHANGE NAME　　B. SET NAME　　C. RENAME　　D. NEW NAME

课后实训

本节的实验全部在可视化工具中,通过命令完成。

1. 创建数据库 stu。

2. 在 stu 数据库中创建学生表和课程表,结构见表 2-2 和表 2-3。

表 2-2　学生表 student 结构

字段名	数据类型	备注说明
id	INT	学号
name	VARCHAR(20)	姓名
sex	CHAR(4)	性别
age	INT	年龄

表 2-3　课程表 college 结构

字段名	数据类型	备注说明
id	INT	课程号
studentId	INT	学号
name	VARCHAR(20)	课程名
grade	FLOAT	成绩

3. 查看数据库表 student 和 college。

两种方式:show CREATE 表名、describe (或 desc)表名。

4. 完成以下操作。

(1)将表 college 重命名为 course。

(2)将 course 表中的字段 id 修改为字段 courseid。

(3)将 course 表中的 grade 的类型修改为 double。

(4)为 student 表添加 address 字段,类型为 varchar(30)。

(5)为 student 表添加 isMoniter CHAR(4)字段,在 sex 字段后。

(6)删除 student 表的 isMoniter CHAR(4)字段。

(7)将 student 表的 age 字段放在 sex 之前。

(8)创建数据库表 scgrade,见表 2-4。

表 2-4 scgrade 表结构

字段名	数据类型	备注说明
studentid	INT	学号
collegeid	INT	课程号
grade	INT	成绩

(9)删除 course 表的 grade 字段。

(10)删除 scgrade 表。

MySQL 数据类型

2.3 MySQL 数据类型

数据表由多个字段组成,每个字段在进行数据定义的时候,都要确定其数据类型。每个字段代表的数据内容决定了该字段的数据类型。MySQL 提供了丰富的数据类型,不同的数据类型的存储方式是不同的。MySQL 的数据类型包括整数类型、小数类型、日期和时间类型、字符串类型和二进制类型。本节将详细介绍 MySQL 的不同数据类型。

2.3.1 整数类型

整数类型,又称数值型,主要用来存储数字。MySQL 提供了多种数值型数据类型,不同的数据类型,提供不同的取值范围。MySQL 主要提供的整数类型有 TINYINT、SMALLINT、MEDIUMINT、INT、BIGINT。表 2-5 列出了 MySQL 的整数类型。

表 2-5 MySQL 的整数类型

数据类型	字节数	有符号范围	无符号范围
TINYINT	1	-128~127	0~255
SMALLINT	2	-32 768~32 767	0~65 535
MEDIUMINT	3	-83 886 08~8 388 607	0~16 777 215
INT	4	-2 147 483 648~2 147 483 647	0~4 294 967 295

续表

数据类型	字节数	有符号范围	无符号范围
BIGINT	8	-9 223 372 036 854 775 808 ~ 9 223 372 036 854 775 807	0 ~ 18 446 744 073 709 551 615

不同类型的整数存储时,所需的字节数不相同。占用字节数最少的是 TINYINT 类型,占用字节数最大的是 BIGINT 类型。占用的字节数越多,所能表示的数值范围越大。使用的时候,应该根据实际需要,选择最适合的类型,这样有利于提高查询的效率,节省存储空间。在众多数值类型中,最常用的是 INT 类型。

2.3.2 小数类型

在 MySQL 中,小数类型包括浮点数和定点数。浮点类型有两种,分别是单精度浮点数 FLOAT 和双精度浮点数 DOUBLE;定点类型只有一种,就是 DECIMAL。表 2-6 列出了 MySQL 的小数类型。

表 2-6 MySQL 小数类型

数据类型	字节数	负数范围	非负数范围
FLOAT	4	-3.402 823 466E+38 ~ -1.175 494 351E-38	0 和 1.175 494 351E-38 ~ 3.402 823 466E+38
DOUBLE	8	-1.7 976 931 348 623 157E+308 ~ -2.2 250 738 585 072 014E-308	0 和 2.2 250 738 585 072 014E-308 ~ 1.7 976 931 348 623 157E+308
DECIMAL(M,D)	M+2	依赖于 M 和 D 的值	依赖于 M 和 D 的值

FLOAT 类型占 4 字节,该类型的取值范围最小。Double 类型占 8 字节,该类型取值范围最大。DECIMAL 类型的有效取值范围,是由 M 和 D 决定的。其中,M 表示的是数据的长度,D 表示的是小数点后的长度,占有 M+2 字节。

和定点数相比,浮点数能够表示更大的范围,但是会引起精度问题。

在创建表的时候,到底选择哪一个类型,需要根据存储的数据的精确度来判断。当精度小时,可以选择 FLOAT 类型;当精度到小数点后 10 位以上时,就需要选择 DOUBLE 类型;当小数位数固定的时候,可以选择 DECIMAL 类型。

2.3.3 日期和时间类型

MySQL 中日期和时间类型有 YEAR、TIME、DATE、DTAETIME、TIMESTAMP。表 2-7 列出了 MySQL 的日期和时间类型。

表 2-7 MySQL 日期和时间类型

数据类型	字节数	日期范围	日期格式	零值
YEAR	1	1901 ~ 2155	YYYY	0000

续表

数据类型	字节数	日期范围	日期格式	零值
TIME	3	-838:59:59~838:59:59	HH:MM:SS	00:00:00
DATE	4	1000-01-01~9999-12-3	YYYY-MM-DD	0000-00-00
DATETIME	8	1000-01-01 00:00:00~9999-12-31 23:59:59	YYYY-MM-DDHH:MM:SS	0000-00-00 00:00:00
TIMESTAMP	4	1970-01-01 00:00:01~2038-01-19 03:14:07	YYYY-MM-DDHH:MM:SS	0000-00-00 00:00:00

每一个类型都有合法的取值范围,当输入的值不合法时,系统将直接插入“零”值。比如,输入的 DATETIME 类型数值不合法,系统会直接插入 0000 年 00 月 00 日 00 时 00 分 00 秒,日期中间用杠隔开,时间中间用冒号隔开。

日期和时间类型常用情况:

- 如果要表示年份,一般会使用 YEAR 类型,因为该类型比 DATE 类型占用更少的空间。
- 如果要表示时分秒,一般会使用 TIME 类型。
- 如果要表示年月日,一般会使用 DATE 类型。
- 如果要表示年月日时分秒,一般会使用 DATETIME 或 TIMESTAMP 类型。
- 如果需要经常插入或者更新日期为当前系统时间,一般会使用 TIMESTAMP 类型。

通常使用 NOW()来输入当前系统的日期和时间。

DATETIME 和 TIMESTAMP 类型都可用来表示年月日时分秒。这是它们的共同点。

不同的是:

①两者的存储方式不一样。

对于 TIMESTAMP 类型,它把插入的时间从当前时区转换为世界标准时间进行存储。查询时,又将其转换为当前时区。

而 DATETIME 类型,不做任何改变,基本上是原样输入和输出。

②两者所能存储的时间范围不一样。TIMESTAMP 的存值范围比 DATETIME 的小。

总之,除了存储方式和存储范围不一样,两者没有太大区别。

2.3.4 字符串类型

字符串类型用来存储字符串数据。MySQL 中的字符串类型有 CHAR、VARCHAR、TEXT、ENUM、SET 等。表 2-8 列出了 MySQL 的字符串类型。

表 2-8 MySQL 字符串类型

数据类型	说明
CHAR(M)	固定长度字符串
VARCHAR(M)	可变长度字符串

续表

数据类型	说明
TEXT	文本数据
ENUM	枚举类型,字符串列表
SET	字符串对象,可以有零个或多个 SET 成员

CHAR 和 VARCHAR 类型在 MySQL 中使用比较频繁,都用来表示字符串,但它们是有区别的:CHAR 类型表示固定长度字符串,在定义时指定字符串长度,不管插入值的长度实际是多少,它所占用的存储空间都是 M 个字节;而 VARCHAR 为可变长度字符,占用的字节数为实际长度加 1。

在实际使用时,如果需要存储少量字符串,则可以选择 CHAR 或 VARCHAR 类型。如果字符串长度不经常变化,可以使用 CHAR 类型;如果经常发生变化,则用 VARCHAR 类型。存储大量字符串时,可以使用 TEXT 类型。

【案例 1】　创建一个用于存储学生成绩的表 course,表结构见表 2-9。

表 2-9　学生成绩表 course

字段名	数据类型	字段描述
cno	CHAR(2)	课程号
cname	VARCHAR(20)	课程名
start	INT	开课学期
credit	FLOAT	学分

(1)打开 MySQL 图形工具,单击文件,新查询编辑器,打开新查询编辑器窗口,或者使用快捷工具"新建查询编辑器"。

(2)先选中 stu 数据库:

```
use stu;
```

(3)输入创建表命令:

```
CREATE TABLE course(
cno CHAR(2),
cname VARCHAR(20),
START INT,
credit FLOAT );
```

(4)单击"执行"工具按钮或者按键盘上的 F9 键,运行,命令执行成功。

(5)查看表结构,查看各字段是否按要求创建成功。输入命令:

```
DESC course;
```

执行，执行结果如图 2－24 所示。

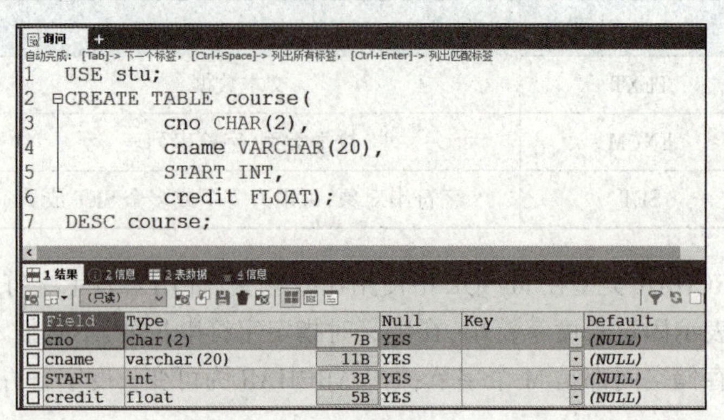

图 2－24　创建学生成绩表 course

（6）从结果可以看到，course 表各字段都按照要求创建成功了。

枚举类型也是一个字符串对象，但是它不能像 CHAR、VARCHAR、TEXT 类型那样直接使用，它必须设定枚举的值，其语法格式如下：

```
字段名 ENUM('值1','值2',…,'值n')
```

字段名是将要定义为枚举的字段，值 n 指枚举列表中的第 n 个值。

对于 MySQL 字符串类型，在输入时，需要用单引号或者双引号引起来，数值类型不需要，所以，枚举类型每一个值两端有单引号。

注意：枚举类型的字段在取值时，只能从指定的枚举列表中获取，而且一次只能取一个。

SET 类型也是一个字符串的对象，可以有零或多个值，语法格式为：

```
字段名 SET('值1','值2',…,'值n')
```

SET 类型和枚举类型相同，都是字符串类型，并且只能在指定的集合里取值，但与枚举类型不同的是，枚举类型的字段每次只能从定义的列值中选择一个值，而 SET 类型的字段可以从定义的列值中选择多个。

【案例 2】　创建一个用于存储学生信息的表 student，表结构见表 2－10。

表 2－10　学生信息表 student

字段名	数据类型	字段描述
sid	CHAR(4)	学号
sname	VARCHAR(20)	姓名
sex	ENUM(男或女)	性别
birth	DATE	出生日期
grade	YEAR	年级
department	ENUM(信息工程系，化学工程系，机械电子系)	院系
addr	VARCHAR(50)	家庭住址

(1)在查询编辑器窗口输入命令:

```
CREATE TABLE student (
sid CHAR(4),
sname VARCHAR(20),
sex ENUM('男','女'),
birth DATE ,
grade YEAR(4),
department ENUM('信息工程系','化学工程系',
'机械电子系'),
addr VARCHAR(50)) ;
```

(2)单击“执行”工具按钮或者按键盘上的 F9 键,运行,命令执行成功。

(3)查看表结构,查看各字段是否按要求创建成功。输入命令:

```
DESC student;
```

执行,执行结果如图 2-25 所示。

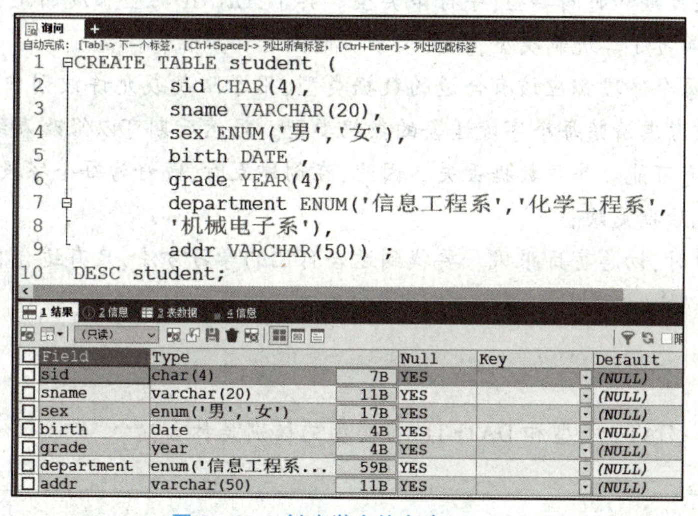

Field	Type		Null	Key	Default
sid	char(4)	7B	YES		(NULL)
sname	varchar(20)	11B	YES		(NULL)
sex	enum('男','女')	17B	YES		(NULL)
birth	date	4B	YES		(NULL)
grade	year	4B	YES		(NULL)
department	enum('信息工程系...	59B	YES		(NULL)
addr	varchar(50)	11B	YES		(NULL)

图 2-25　创建学生信息表 student

(4)从结果可以看到,student 表各字段都按照要求创建成功了。

请注意:在该表中,sex 和 department 是枚举类型,在插入数据的时候,只能从指定的枚举列表中获取,而且一次只能取一个。比如,学生所在的院系只能是信息工程系、化学工程系、机械电子系中的一个。

2.3.5　二进制类型

二进制类型主要用来存储二进制数据,比如图片和声音。

MySQL 中的二进制类型有 BIT、BINARY、VARBINARY、TINYBLOB、BLOB、MEDIUMBLOB 和 LONGBLOB。表 2-11 列出了 MySQL 的二进制类型。

表 2-11 MySQL 二进制类型

数据类型	说明
BIT(M)	位字段类型
BINARY(M)	固定长度二进制字符串
VARBINARY(M)	可变长度二进制字符串
TINYBLOB(M)	非常小的 BLOB
BLOB(M)	小 BLOB
MEDIUMBLOB(M)	中等大小的 BLOB
LONGBLOB(M)	非常大的 BLOB

【任务小结】

本节学习了 MySQL 的数据类型。主要包括整数类型,常用的是 INT 类型;小数类型,包括浮点数和定点数;日期和时间类型;字符串类型。其中,CHAR 类型长度固定,VARCHAR 类型长度可变。最后学习了二进制类型,主要用来存储图片和声音。

数据库中的每个字段都应该有合适的数据类型,用于限制或允许该列中存储的数据。在设计表时,就应该考虑清楚每个字段适合的数据类型。虽然后期可以修改表结构,但是更改包含数据的表结构有可能会导致数据丢失。因此,在创建表时,最好为每个字段设置正确的数据类型和长度,避免后期更改。

同样,在学习时,切忌盲目跟风。要找到适合自己的学习方法,只有适合自己的方法,才是最好的方法。

【学有所思】

1. TIME 类型、DATE 类型和 DATETIME 类型的区别是什么?

____

____

2. CHAR 类型和 VARCHAR 类型的区别是什么?

____

____

1. DECIMAL 是(　　)数据类型。

A. 固定小数位数浮点数　　B. 整数值

C. 双精度浮点值　　D. 单精度浮点值

2. 以下表示可变长度字符串的数据类型是(　　)。

A. TEXT　　B. CHAR　　C. VARCHAR　　D. EMUM

3. 下列(　　)类型不是 MySQL 中常用的数据类型。

A. INT　　B. BAR　　C. TIME　　D. CHAR

4. 下列类型不是数值型的数据的是(　　)。

A. DOUBLE　　B. INT　　C. SET　　D. FLOAT

5. INT 数据类型占用的字节数为(　　)。

A. 1　　B. 3　　C. 4　　D. 8

6. 如果要表示年份,一般会使用(　　)类型。

A. YEAR　　B. TIME　　C. DATE　　D. DATETIME

7. 创建表的时候,系部字段的取值为信息工程系、化学工程系、机械电子系、数学系中的一个,则该字段适合用(　　)类型。

A. INT　　B. CHAR　　C. DATE　　D. ENUM

8. DATETIME 数据类型占用的字节数为(　　)。

A. 1　　B. 3　　C. 4　　D. 8

课后实训

1. 创建数据库 stu,查看 stu 结构。

2. 在 stu 数据库中创建学生表和课程表,表结构见表 2-12 和表 2-13。

表 2-12　学生表 student

字段名	数据类型	字段描述
id	INT	学号
name	VARCHAR(20)	姓名
sex	CHAR(4)	性别
age	INT	年龄
school	VARCHAR(25)	学校
department	ENUM(信息工程系,化学工程系,机械电子系,数学系)	系部
birthday	DATE	出生日期

表 2-13　课程表 course

字段名	数据类型	字段描述
cid	INT	课程号
studentId	INT	学号
cname	VARCHAR(20)	课程名
grade	FLOAT	成绩

3. 创建一个用于存储员工信息的表 person,表结构见表 2-14。

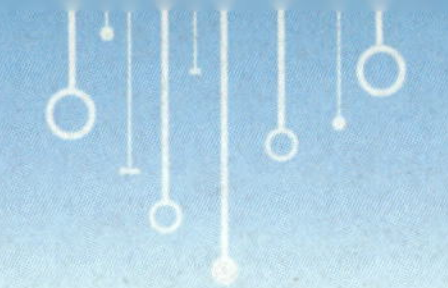

表 2-14　员工信息表 person

字段名	数据类型	字段描述
pid	CHAR(4)	工号
pname	VARCHAR(20)	姓名
hobby	SET(运动,看书,画画,跳舞)	爱好

2.4　约束设置

约束设置

在 MySQL 中,对于已经创建好的表,虽然字段的数据类型决定了存储内容的数据类型,但是,表中所存储的数据是否合法并没有进行检查。如果想针对表中的数据做一些完整性检查,可以通过表的约束来完成。所谓完整性,是指数据的准确性和一致性。而完整性检查,就是指检查数据的准确性和一致性。MySQL 支持多种约束,本节将详细介绍关于表的约束。

2.4.1　主键约束

主键约束是表中一列或多列的组合,通过 PRIMARY KEY 定义。主键是表的一个特殊字段,该字段能唯一标识该表中的每一条信息。主键又分为单字段主键和多字段主键。

1. 单字段主键

单字段主键由一个字段组成。

其语法格式为:

```
CREATE TABLE 表名(
字段名 数据类型 PRIMARY KEY,
…#其他字段
);
```

【案例 1】　创建课程表 course,将课程号 cno 设置为主键。

(1)打开 MySQL 图形工具,单击文件,新查询编辑器,打开新查询编辑器窗口,或者使用快捷工具“新建查询编辑器”。

(2)先选中 stu 数据库:

```
use stu;
```

(3)使用 DROP 命令,将之前创建的 course 表删除:

```
DROP table course;
```

(4)输入创建表命令:

```
CREATE TABLE course(
cno CHAR(2) PRIMARY KEY,
cname VARCHAR(20) ,
```

```
START INT ,
credit FLOAT );
```

(5)将这三条语句选中,单击“执行”工具按钮或者按键盘上的 F9 键,运行,命令执行成功。

(6)查看表结构,输入命令:

```
DESC course;
```

执行,程序执行结果如图 2-26 所示。

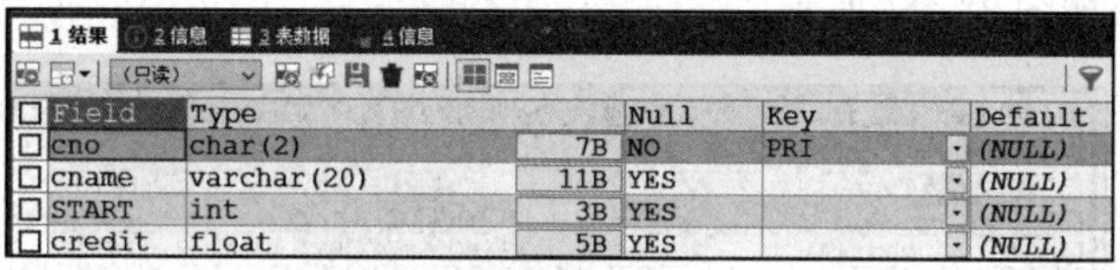

Field	Type		Null	Key	Default
cno	char(2)	7B	NO	PRI	(NULL)
cname	varchar(20)	11B	YES		(NULL)
START	int	3B	YES		(NULL)
credit	float	5B	YES		(NULL)

图 2-26　设置单字段主键

(7)从查询结果可以看到,已经将字段 cno 设置为主键了。

2. 多字段主键

多字段主键是指多个字段组合而成的主键。

比如,在设计学生选课数据表时,使用学号还是课程号做主键呢?如果使用学号做主键,那么,一个学生就只能选择一门课程。如果用课程号做主键,那么一门课程只能有一个学生来选。显然,这两种情况都是不符合实际的。实际上,在设计学生选课表时,我们要限定的是一个学生只能选择同一课程一次。因此,学号和课程号可以放在一起,共同作为主键,这就是多字段主键。

多字段主键最基本的语法为:

```
CREATE TABLE 表名(
字段名 数据类型,
…#其他字段
PRIMARY KEY(字段名 1,字段名 2,…,字段名 n)
)
```

注意:当主键是由多个字段组成时,PRIMARY KEY 不能直接跟在字段名后面。

【案例 2】　创建数据表 score,将 sid 和 cno 两个字段共同作为主键。

(1)使用 DROP 命令将之前创建的 score 表删除:

```
DROP table score;
```

(2)输入创建表命令:

```
CREATE TABLE score(
    scid INT,
    sid CHAR(4),
    cno CHAR(2),
```

```
    result FLOAT,
    PRIMARY KEY(sid,cno)
);
```

(3)将这两条语句选中,单击“执行”工具按钮或者按键盘上的 F9 键,运行,命令执行成功。

(4)查看表结构,输入命令:

```
DESC score;
```

执行,执行结果如图 2-27 所示。

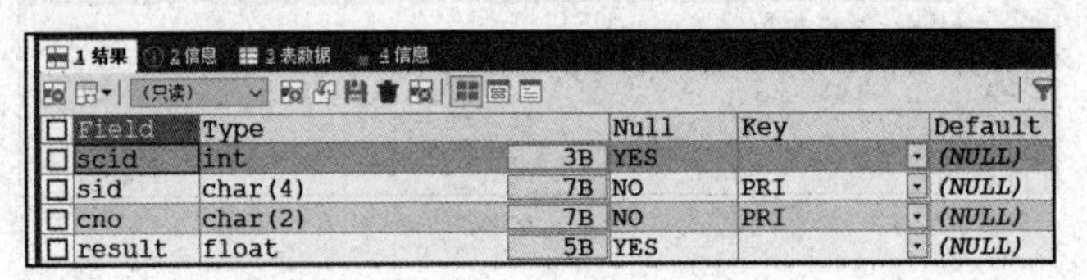

Field	Type		Null	Key	Default
scid	int	3B	YES		(NULL)
sid	char(4)	7B	NO	PRI	(NULL)
cno	char(2)	7B	NO	PRI	(NULL)
result	float	5B	YES		(NULL)

图 2-27 设置多字段主键

(5)从结果可以看出,字段 sid 和字段 cno 被设置为主键了,这就是多字段主键。

2.4.2 非空约束

非空约束用来约束表中的字段不能为空。例如,在学生信息表中,如果不添加学生姓名,那么这条记录是没有用的。在 MySQL 中,使用关键字 NOT NULL 来约束该列的值不能为空。

具体的语法格式如下:

```
CREATE TABLE 表名(
字段名 数据类型 NOT NULL,
…#其他字段
);
```

【案例 3】 创建课程表 course,将课程名 cname 设置为非空。

(1)使用 DROP 命令将之前创建的 course 表删除:

```
DROP table course;
```

(2)输入创建表命令:

```
CREATE TABLE course(
    cno CHAR(2),
    cname VARCHAR(20) NOT NULL,
    START INT,
    credit FLOAT
    );
```

(3)将这两条语句选中,单击“执行”工具按钮或者按键盘上的 F9 键,运行,命令执行成功。

(4)查看表结构,输入命令:

```
DESC course;
```

执行,执行结果如图2－28所示。

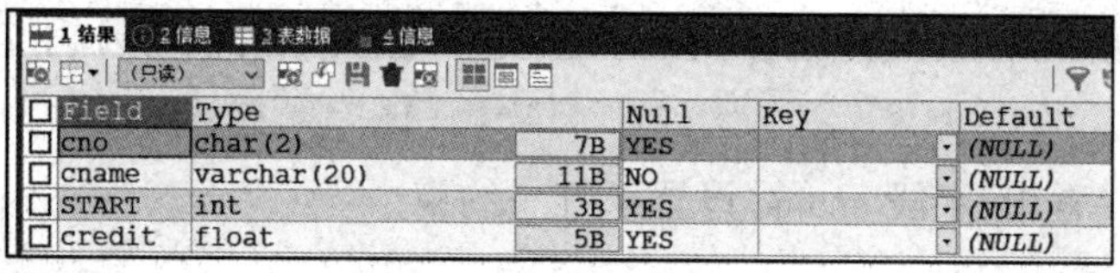

Field	Type		Null	Key	Default
cno	char(2)	7B	YES		(NULL)
cname	varchar(20)	11B	NO		(NULL)
START	int	3B	YES		(NULL)
credit	float	5B	YES		(NULL)

图2－28　设置非空约束

(5)从结果可以看出,字段cname设置了非空约束。

2.4.3　唯一约束

唯一约束是指所有记录中字段的值不能重复出现。例如,为身份证字段加上唯一约束后,每条记录的身份证号都是唯一的,不能重复出现。

唯一约束与主键约束的相同点是,它们都可以确保列的唯一性。不同的是,唯一约束在一个表中可以有多个,并且设置唯一约束的列允许有空值。而主键约束在一个表中只能有一个,并且不允许有空值。

唯一约束通常设置在除了主键以外的其他列上。在定义完列之后,直接使用UNIQUE关键字指定唯一约束,语法格式如下:

```
CREATE TABLE 表名(
字段名 数据类型 UNIQUE,
…#其他字段
);
```

【案例4】　创建课程表course,将课程名cname设置为唯一。

(1)使用DROP命令将之前创建的course表删除,输入命令:

```
DROP table course;
```

(2)输入创建表命令:

```
CREATE TABLE course(
    cno CHAR(2),
    cname VARCHAR(20) UNIQUE,
    START INT,
    credit FLOAT
    );
```

(3)将这两条语句选中,单击"执行"工具按钮或者按键盘上的F9键,运行,命令执行成功。

(4)查看表结构,输入命令:

```
DESC course;
```

执行,执行结果如图 2 – 29 所示。

1 结果　2 信息　3 表数据　4 信息

(只读)

Field	Type		Null	Key	Default
cno	char(2)	7B	YES		(NULL)
cname	varchar(20)	11B	YES	UNI	(NULL)
START	int	3B	YES		(NULL)
credit	float	5B	YES		(NULL)

图 2 – 29　设置唯一约束

(5)从结果可以看出,字段 cname 设置了唯一约束。

2.4.4　检查约束

检查约束用来检查数据表中字段值的有效性。

一直以来,MySQL 都只实现了主键约束、非空约束、唯一约束等,唯独检查约束一直没有发挥作用。在 MySQL 8.0.16 之前,MySQL 所有的存储引擎都不支持检查约束,MySQL 中可以写检查约束,但会忽略它的作用,因此,检查约束并不起任何作用。通常会用枚举类型或者触发器来实现数据约束。

但是,从 MySQL 8.0.16 版本开始,MySQL 真正意义上支持检查约束。例如,在使用 MySQL 插入数据时,如果插入性别,就只能插入男或者女。插入的数据必须控制在一定范围内。

创建表时,在表中某个列的定义后加上关键字 check,后边跟上表达式,通过后边的表达式来约束该列的值。

其语法格式如下:

```
CREATE TABLE 表名(
字段名 数据类型 CHECK <表达式>,
…#其他字段
);
```

其中,“表达式”指的就是 SQL 表达式,用于指定需要检查的限定条件。

【案例 5】　创建课程表 score,要求分数 result 字段值大于等于 0 且小于等于 100。

(1)使用 DROP 命令,将之前创建的 score 表删除:

```
DROP table score;
```

(2)输入创建表命令:

```
CREATE TABLE score(
    scid INT,
    sid CHAR(4),
    cno CHAR(2),
    result FLOAT CHECK(result >=0 AND result <=100)
    );
```

(3)将这两条语句选中,单击“执行”工具按钮或者按键盘上的 F9 键,运行,命令执行成功。

(4)添加两条数据,验证 check 约束。

在 SQLyog 左侧的资源管理器里找到 stu 数据库,找到其下的 score 表,鼠标右击,打开表。

输入数据“(1,0101,01,80)”,输入完成后,将鼠标在 SQLyog 任意地方单击一下,触发操作,这条记录显示成绩 result 在 check 约束范围内。再输入一条数据“(2,0101,03,110)”,result在 check 约束范围外。将鼠标在 SQLyog 任意地方单击,触发操作,弹出错误提示框,如图 2-30 所示。在错误信息中,可以看到它违反了检查约束,再一次修改为 100,在正确范围之内,结果就没有问题了,如图 2-31 所示,这就是检查约束的应用。

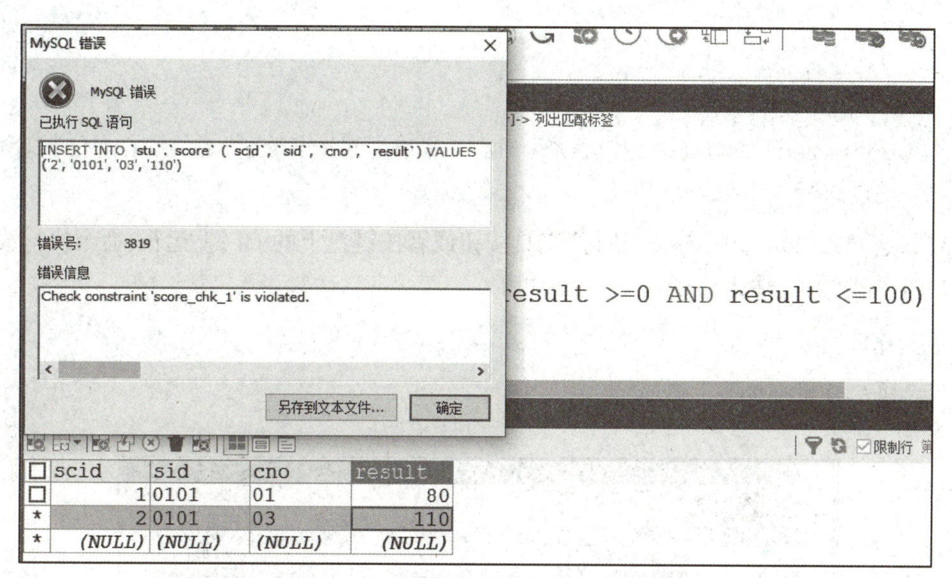

图 2-30　字段值超出检查约束范围

1 结果　2 信息　3 表数据　4 信息

scid	sid	cno	result
1	0101	01	80
2	0101	03	100
(NULL)	(NULL)	(NULL)	(NULL)

图 2-31　字段值在检查约束范围内

注意:在设置检查约束时,要根据实际情况进行设置,这样才能够减少无效数据的输入。

2.4.5　默认值约束

默认值用来指定某列的默认值。在表中插入一条新记录时,如果没有为某个字段赋值,系统就会自动为该字段插入默认值。

创建表时,可以使用 DEFAULT 关键字设置默认值约束,具体的语法格式如下:

```
CREATE TABLE 表名(
字段名 数据类型  DEFAULT <默认值>,
…#其他字段
)
```

【案例 6】 创建学生表 student，将表中 department 字段的默认值设置为信息工程系。

(1)使用 DROP 命令将之前创建的 student 表删除：

```
DROP table student;
```

(2)输入创建表命令：

```
CREATE TABLE student (
    sid CHAR(4),
    sname VARCHAR(20),
    sex ENUM('男','女'),
    birth DATE ,
    grade YEAR(4),
    department ENUM('信息工程系','化学工程系','机械电子系') DEFAULT '信息工程系',
    addr VARCHAR(50)) ;
```

(3)将这两条语句选中，单击“执行”工具按钮或者按键盘上的 F9 键，运行，命令执行成功。

(4)查看表结构，输入命令：

```
DESC student;
```

执行，执行结果如图 2－32 所示。

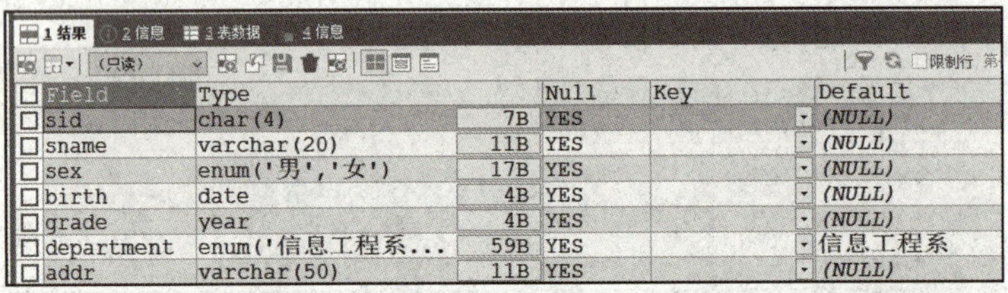

Field	Type		Null	Key	Default
sid	char(4)	7B	YES		(NULL)
sname	varchar(20)	11B	YES		(NULL)
sex	enum('男','女')	17B	YES		(NULL)
birth	date	4B	YES		(NULL)
grade	year	4B	YES		(NULL)
department	enum('信息工程系...	59B	YES		信息工程系
addr	varchar(50)	11B	YES		(NULL)

图 2－32　设置默认值约束

(5)从结果可以看出，字段 department 设置了默认值“信息工程系”。

2.4.6　自增长设置

在 MySQL 中，当主键定义为自增长后，这个主键的值就不再需要用户输入数据了，而由数据库系统根据定义自动赋值。每增加一条记录，主键会自动以相同的步长进行增长。

其语法格式为：

```
CREATE TABLE 表名(
字段名 数据类型  AUTO_INCREMENT,
…#其他字段
)
```

注意：

默认情况下，AUTO_INCREMENT 的初始值是 1，每新增一条记录，字段值自动加 1。

一个表中只能有一个字段使用 AUTO_INCREMENT 约束(即为主键或主键的一部分)。

AUTO_INCREMENT 约束的字段必须具备 NOT NULL 属性。

AUTO_INCREMENT 约束的字段只能是整数类型。

【案例 7】　创建数据表 score，将 scid 字段设置为自增长。

（1）使用 DROP 命令将之前创建的 score 表删除：

```
DROP table score;
```

（2）输入创建表命令：

```
CREATE TABLE score(
    scid INT PRIMARY KEY AUTO_INCREMENT,
    sid CHAR(4),
    cno CHAR(2),
    result FLOAT
    );
```

（3）将这两条语句选中，单击“执行”工具按钮或者按键盘上的 F9 键，运行，命令执行成功。

（4）查看表结构，输入命令：

```
DESC score;
```

执行，执行结果如图 2－33 所示。从结果没有看到是否自增长，通过 SQLyog 打开 score 表，如图 2－34 所示，从结果可以看出，字段 scid 被设置为自增长了。

Field	Type		Null	Key	Default
scid	int	3B	NO	PRI	(NULL)
sid	char(4)	7B	YES		(NULL)
cno	char(2)	7B	YES		(NULL)
result	float	5B	YES		(NULL)

图 2－33　设置自增长约束

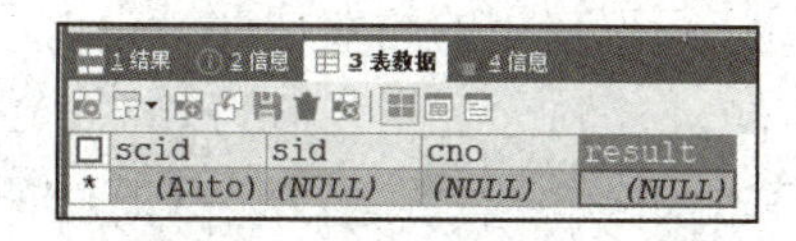

scid	sid	cno	result
(Auto)	(NULL)	(NULL)	(NULL)

图 2－34　自增长约束在 SQLyog 中的表现

【任务小结】

本节学习了 MySQL 的约束设置，约束是指对表中数据的一种约束，能够帮助数据库管理员更好地管理数据库，并且能够确保数据库中数据的正确性和有效性。

在 MySQL 中，约束能够帮助数据库管理员更好地管理数据库，并且能够确保数据库中数据的正确性和有效性。

【学有所思】

建表的时候,为什么要用约束?

【课后测试】

1. 建表时,不允许某列为空,可以使用(　　)。

A. NOT NULL　　B. NO NULL　　C. NOT BLANK　　D. NO BLANK

2. 在关系模型中,实现“关系中不允许出现相同的元组”的约束是通过(　　)。

A. 候选键　　B. 主键　　C. 外键　　D. 超键

3. 数据库中有一个表,包括学生、学科、成绩、序号四个字段,数据库结构为:

学生	学科	成绩	序号
张三	语文	60	1
张三	数学	100	2
李四	语文	70	3
李四	数学	80	4
李四	英语	80	5

上述可作为主键列的是(　　)。

A. 序号　　B. 成绩　　C. 学科　　D. 学生

4. 关系数据库中,主键(　　)。

A. 允许空值　　B. 只允许以表中第一字段建立

C. 允许有多个　　D. 能唯一地标识表中的每一行

5. 当某字段要使用 AUTO_INCREMENT 属性时,该字段必须是(　　)类型的数据。

A. INT　　B. CHAR

C. VARCHAR　　D. DOUBLE

6. 创建表的时候设置唯一性,可以使用的约束是(　　)。

A. UNIQUE　　B. PRIMARY KEY

C. CHECK　　D. AUTO_INCREMENT

7. 建表时,给某列设置默认值,使用的约束为(　　)。

A. DEFAULT　　B. PRIMARY KEY

C. CHECK　　D. NOT NULL

8. 建表时,限制某字段的值为 1 ~ 100 之间,使用的约束为(　　)。

A. DEFAULT　　B. IMARY KEY

C. CHECK　　D. NOT NULL

课后实训

1. 创建数据库 stu。

2. 查看数据库属性。

3. 创建表 2－15～表 2－17。

分别创建一个学生表 student、一个课程表 course、一个分数表 score，表结构见表 2－15～表 2－17。

表 2－15　student 表结构

字段名	数据类型	主键	非空	唯一	默认值	自增	字段描述
sid	CHAR(4)	是	是	是		否	学号
sname	VARCHAR(20)	否	是	否		否	姓名
sex	ENUM(男或女)	否	否	否		否	性别
birth	DATE	否	否	否		否	出生日期
grade	YEAR	否	否	否		否	年级
department	ENUM(信息工程系,化学工程系,机械电子系,数学系)	否	是	否	信息工程系	否	院系
addr	VARCHAR(50)	否	否	否		否	家庭住址

表 2－16　course 表结构

字段名	数据类型	主键	非空	唯一	自增	字段描述
cno	CHAR(2)	是	是	是	否	课程号
cname	VARCHAR(20)	否	是	否	否	课程名
start	INT	否	否	否	否	开课学期
credit	FLOAT	否	否	否	否	学分

表 2－17　score 表结构

字段名	数据类型	主键	非空	唯一	检查	自增
scid	INT	是	是	是		是
sid	CHAR(4)	否	是	否		否
cno	CHAR(2)	否	否	否		否
result	FLOAT	否	否	否	大于等于 0,小于等于 100	否

4. 查看表结构，看各字段的约束是否设置成功了。

2.5 索引

索引

使用索引，可以很大限度地提高数据库的查询速度，还可以有效地提高数据库系统的性能，本节将详细介绍 MySQL 的索引。

2.5.1 索引简介

索引是一种特殊的数据结构，由数据表中的一列或多列组合而成，可以用来快速查询数据表中有某一特定值的记录。通过索引，查询数据时不用读完记录的所有信息，而只是查询索引列。

索引有其明显的优势，其可以大大加快数据的查询速度，这是使用索引最主要的原因。但是，也有许多不利的方面，主要如下：

①创建和维护索引要耗费时间，并且随着数据量的增加，所耗费的时间也会增加。

②索引需要占用磁盘空间。

所以，使用索引时，需要综合考虑索引的优点和缺点。

索引主要有以下几类：

(1)普通索引：普通索引是 MySQL 中最基本的索引类型，它没有任何限制，可以加快数据的访问速度。

(2)唯一索引：索引列的值必须唯一，但允许有空值。如果是组合索引，则列的组合必须唯一。主键索引是一种特殊的唯一索引，不允许值重复或者值为空。

(3)单列索引：一个索引只包含单个列，一个表可以有多个单列索引。

(4)组合索引：指在表的多个字段组合上创建的索引。

(5)全文索引：全文索引只能在 CHAR、VARCHAR 或者 TEXT 类型的列上创建。MySQL 中只有 MyISAM 存储引擎支持全文索引。

2.5.2 创建索引

MySQL 提供了三种创建索引的方法。

1. 在创建表的时候创建索引

创建索引的语法格式如下：

```
[UNIQUE |FULLTEXT] INDEX|KEY [索引名]
(字段名 1[(长度)],...,字段名 n[(长度)] [ASC |DESC])
```

各参数的含义如下：

UNIQUE、FULLTEXT：可选参数，分别表示唯一索引和全文索引。

INDEX、KEY：两者作用相同，用来指定创建索引，二选一即可。

索引名：创建索引的名称，为可选参数。如果不指定，MySQL 默认在哪个字段上创建索引，该字段名就是索引名。

字段名 n：是需要创建索引的字段，该字段必须从数据表中定义的多个字段中选择。

ASC 或 DESC:指升序或降序。

索引是否创建成功,可以使用下面的两条语句来查看:

```
SHOW INDEX FROM 表名;
```

或

```
SHOW KEYS FROM 表名;
```

【案例1】　创建学生表 student,同时,在它的 sname 字段上创建普通索引。

(1)打开图形工具 SQLyog,单击"文件"菜单下的"新查询编辑器"菜单项,或者使用工具栏中的"新建查询编辑器"快捷工具,打开"新查询编辑器"窗口。

(2)选择 stu 数据库,输入命令:

```
use stu;
```

(3)使用 DROP 命令将之前创建的 student 表删除:

```
DROP TABLE student;
```

(4)输入创建索引命令:

```
CREATE TABLE student (
  sid CHAR(4),
  sname VARCHAR(20),
  sex ENUM('男','女'),
  birth DATE,
  grade YEAR(4),
  department ENUM('信息工程系','化学工程系','机械电子系'),
  addr VARCHAR(50),
  INDEX(sname)
);
```

(5)选中这三条语句,单击"执行"工具按钮或者按键盘上的 F9 键,运行,命令执行成功。

(6)查看索引。输入命令:

```
SHOW INDEX FROM student;
```

结果如图 2-35 所示。

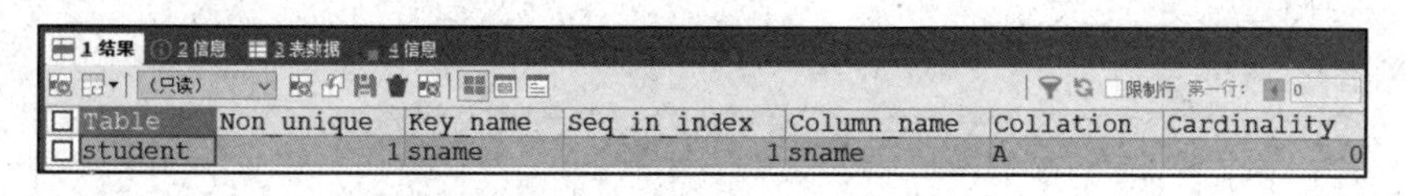

Table	Non_unique	Key_name	Seq_in_index	Column_name	Collation	Cardinality
student	1	sname	1	sname	A	0

图 2-35　创建表时创建普通索引

(7)从结果可以看到,已经创建了索引 sname。

【案例2】　创建课程表 course,同时,在它的 cname 字段上创建唯一索引,索引名为unique_cname。

(1)使用 DROP 命令将之前创建的 course 表删除:

```
DROP TABLE course;
```

(2)输入创建索引命令:

```
CREATE TABLE course(
    cno CHAR(2),
    cname VARCHAR(20) NOT NULL,
    START INT,
    credit FLOAT,
    UNIQUE INDEX unique_cname(cname)
);
```

(3)选中这两条语句,单击“执行”工具按钮或者按键盘上的 F9 键,运行,命令执行成功。

(4)查看索引。输入命令:

```
SHOW INDEX FROM course;,
```

运行,命令结果如图 2-36 所示。

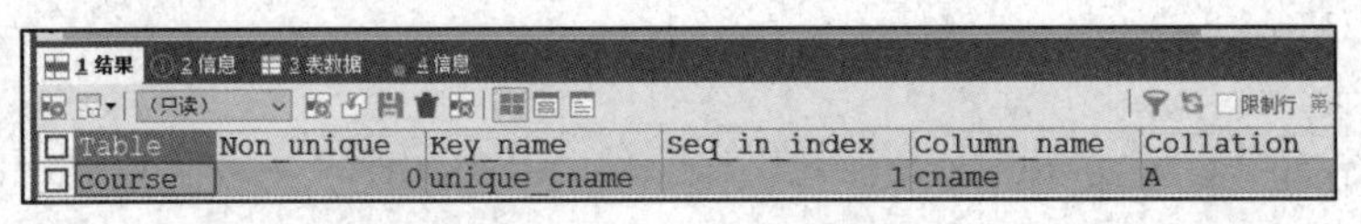

Table	Non_unique	Key_name	Seq_in_index	Column_name	Collation
course	0	unique_cname	1	cname	A

图 2-36 创建表时创建唯一索引

(5)从结果可以看到,已经创建了唯一索引 unique_cname。

【案例 3】 创建学生表 student,同时,在它的 sid、sname、sex 字段上创建组合索引,索引名为 multi_index。

(1)使用 DROP 命令将之前创建的 student 表删除:

```
DROP TABLE student;
```

(2)输入创建索引命令:

```
CREATE TABLE student (
  sid CHAR(4),
  sname VARCHAR(20),
  sex ENUM('男','女'),
  birth DATE,
  grade YEAR(4),
  department ENUM('信息工程系','化学工程系','机械电子系'),
  addr VARCHAR(50),
  INDEX multi_index(sid,sname,sex)
);
```

(3)选中这两条语句,单击“执行”工具按钮或者按键盘上的 F9 键,运行,命令执行成功。

(4)查看索引。输入命令:

```
SHOW INDEX FROM student;
```

执行,执行结果如图 2-37 所示。

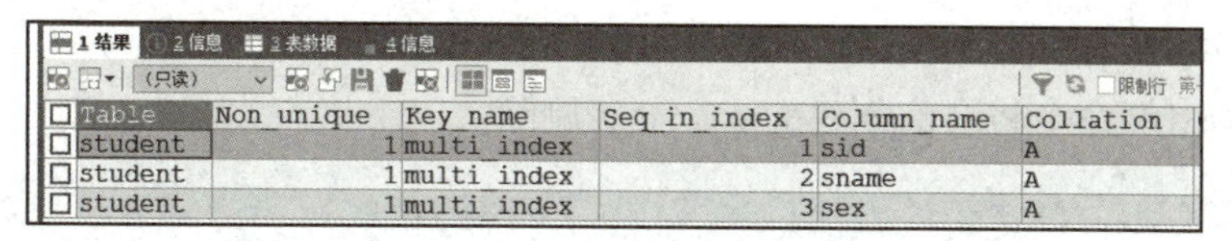

Table	Non_unique	Key_name	Seq_in_index	Column_name	Collation
student	1	multi_index	1	sid	A
student	1	multi_index	2	sname	A
student	1	multi_index	3	sex	A

图 2-37　创建表时创建组合索引

(5)从查询结果可以看到,已经创建了组合索引 multi_index。

【案例 4】　创建学生表 student,同时,在它的 addr 字段上创建全文索引,索引名为 addr_index,并按照升序排序。

(1)使用 DROP 命令将之前创建的 student 表删除:

```
DROP TABLE student;
```

(2)输入创建索引命令:

```
CREATE TABLE student (
 sid CHAR(4),
 sname VARCHAR(20),
 sex ENUM('男','女'),
 birth DATE,
 grade YEAR(4),
 department ENUM('信息工程系','化学工程系','机械电子系'),
 addr VARCHAR(50),
 FULLTEXT INDEX addr_index(addr)
)ENGINE = MYISAM;
```

(3)选中这两条语句,单击“执行”工具按钮或者按键盘上的 F9 键,运行,命令执行成功。

(4)查看索引。输入命令:

```
SHOW INDEX FROM student;
```

执行,执行结果如图 2-38 所示。

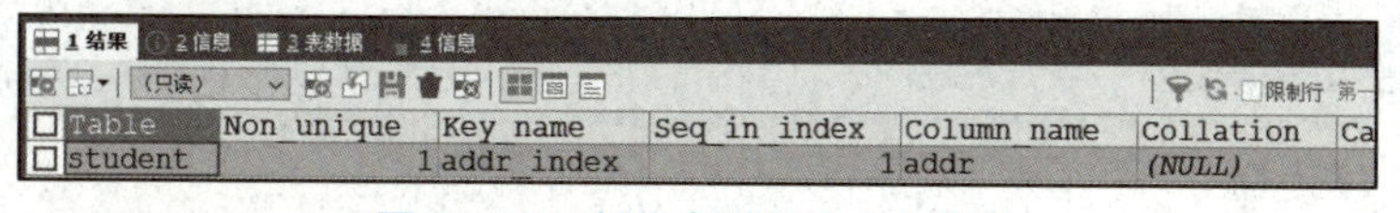

Table	Non_unique	Key_name	Seq_in_index	Column_name	Collation	Ca
student	1	addr_index	1	addr	(NULL)	

图 2-38　创建表时创建全文索引

(5)从查询结果可以看到,已经创建了全文索引 addr_index。

2. 使用 CREATE INDEX 语句在一个已有的表上创建索引

其语法格式如下：

```
CREATE [UNIQUE|FULLTEXT] INDEX 索引名 on 表名(字段名[(长度)] [ASC|DESC])
```

【案例5】 先创建课程表 course，然后在它的 cname 字段上创建唯一索引，索引名为unique_cname。

(1)使用 DROP 命令将之前创建的 course 表删除：

```
DROP TABLE course;
```

(2)输入创建表命令：

```
CREATE TABLE course(
    cno CHAR(2),
    cname VARCHAR(20) NOT NULL,
    START INT,
    credit FLOAT
);
```

(3)输入创建索引的命令：

```
CREATE UNIQUE INDEX unique_cname ON course(cname);
```

(4)选中这三条语句，单击"执行"工具按钮或者按键盘上的 F9 键，运行，命令执行成功。

(5)查看索引。输入命令：

```
SHOW INDEX FROM course;
```

执行，执行结果如图 2－39 所示。

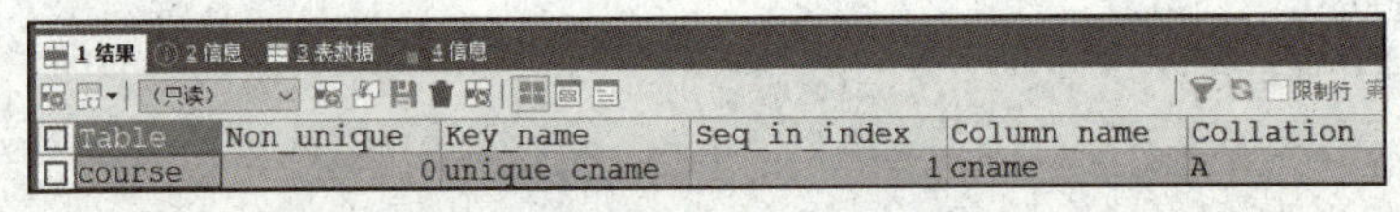

Table	Non_unique	Key_name	Seq_in_index	Column_name	Collation
course	0	unique_cname	1	cname	A

图 2－39 使用 CREATE 语句创建唯一索引

(6)从查询结果可以看到，已经创建了唯一索引 unique_cname。

【案例6】 先创建成绩表 score，然后在它的 sid、cno、result 字段上创建组合索引，索引名为 multi_index。

(1)使用 DROP 命令将之前创建的 score 表删除：

```
DROP TABLE score;
```

(2)输入创建表命令：

```
CREATE TABLE score(
    scid INT,
    sid CHAR(4),
```

```
    cno CHAR(2),
    result FLOAT
);
```

(3)输入创建索引命令：

```
CREATE INDEX multi_index ON score(sid,cno,result);
```

(4)选中这三条语句，单击“执行”工具按钮或者按键盘上的 F9 键，运行，命令执行成功。

(5)查看索引，输入命令：

```
SHOW INDEX FROM score;
```

执行，执行结果如图 2－40 所示。

Table	Non_unique	Key_name	Seq_in_index	Column_name	Collation
score	1	multi_index	1	sid	A
score	1	multi_index	2	cno	A
score	1	multi_index	3	result	A

图 2－40 使用 CREATE 语句创建组合索引

(6)从查询结果可以看到，已经创建了组合索引 multi_index。

3. 使用 ALTER TABLE 语句在创建好的表上创建索引

其语法格式为：

```
ALTER TABLE 表名 ADD [UNIQUE|FULLTEXT] INDEX [索引名] (字段名[(长度)]
[ASC|DESC])
```

【案例 7】 先创建成绩表 score，然后使用 ALTER TABLE 语句在它的 sid、cno、result 字段上创建组合索引，索引名为 multi_index。

(1)使用 DROP 命令将之前创建的 score 表删除：

```
DROP TABLE score;
```

(2)输入创建表命令：

```
CREATE TABLE score(
    scid INT,
    sid CHAR(4),
    cno CHAR(2),
    result FLOAT
);
```

(3)输入创建索引命令：

```
ALTER TABLE score ADD INDEX multi_index(sid,cno,result);
```

(4)选中这三条语句，单击“执行”工具按钮或者按键盘上的 F9 键，运行，命令执行成功。

(5)查看索引。输入命令：

```
SHOW INDEX FROM score;
```

执行结果如图 2-41 所示。

Table	Non_unique	Key_name	Seq_in_index	Column_name	Collation
score	1	multi_index	1	sid	A
score	1	multi_index	2	cno	A
score	1	multi_index	3	result	A

图 2-41　使用 ALTER 语句创建组合索引

(6)从查询结果可以看到，已经创建了组合索引 multi_index。

2.5.3　删除索引

当不再需要索引时，可以使用 DROP INDEX 语句或 ALTER TABLE 语句来对索引进行删除。

1. 使用 DROP INDEX 语句删除索引

其语法格式为：

```
DROP INDEX 索引名 ON 表名;
```

【案例 8】　使用 DROP INDEX 语句删除 score 表的索引 multi_index。

(1)输入命令：

```
DROP INDEX multi_index ON score;
```

(2)查看索引。输入命令：

```
SHOW INDEX FROM score;
```

(3)选中这两条命令，执行，结果如图 2-42 所示。

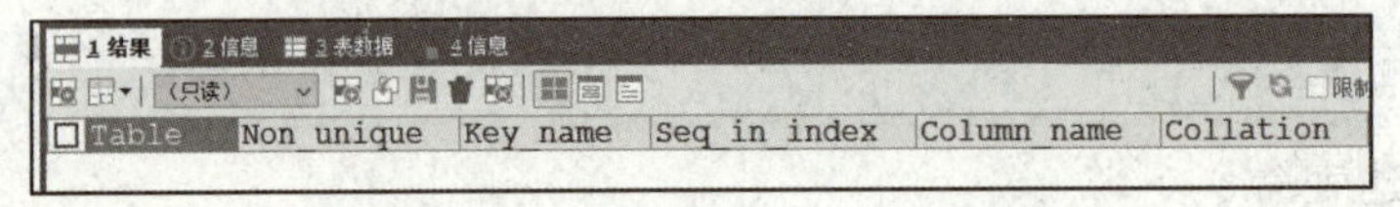

Table	Non_unique	Key_name	Seq_in_index	Column_name	Collation

图 2-42　使用 DROP 语句删除索引

(4)从结果可以看到，score 表的索引 multi_index 已经被成功删除了。

2. 使用 ALTER TABLE 语句删除索引

语法结构为：

```
ALTER TABLE 表名 DROP INDEX 索引名
```

【案例 9】　使用 ALTER TABLE 语句删除 course 表的索引 unique_cname。

(1)使用 DROP 命令将之前创建的 course 表上的 multi_index 索引删除：

```
ALTER TABLE course Drop index unique_cname;
```

(2)选中这条语句，单击“执行”工具按钮或者按键盘上的 F9 键，运行，命令执行成功。

(3)查看索引。输入命令：

```
SHOW INDEX FROM course;
```

执行，结果如图2-43所示。

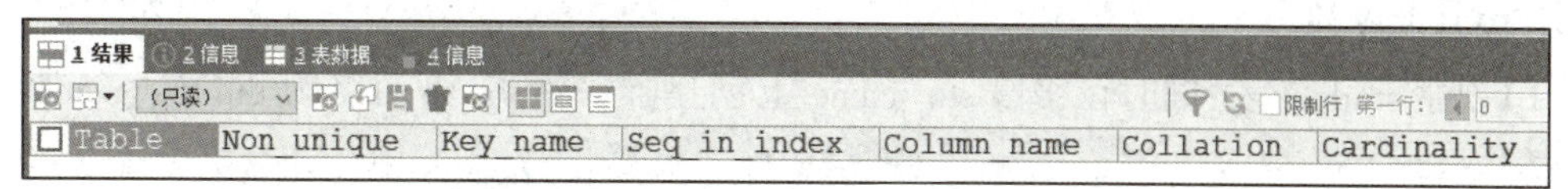

图2-43 使用ALTER语句删除索引

(4)从查询结果可以看到，course表的索引unique_cname已经被成功删除了。

【任务小结】

本节学习了索引的基础知识、创建索引的三种方法，以及如何删除索引。使用索引时，需要综合考虑它的优缺点。同样，在日常生活中，很多事情都有两面性，我们要学会以辩证的思维看待问题，取其利，避其弊。

【学有所思】

1. 简述索引的概念及其优缺点。

2. 总结索引的类型，以及创建索引的方法。

【课后测试】

1. 唯一索引的作用是(　　)。
A. 保证各行在该索引上的值都不重复
B. 保证各行在该索引上的值都不为NULL
C. 保证参加唯一索引的各列都不再参加其他的索引
D. 保证唯一索引不被删除

2. 可以在创建表时用CREATE TABLE来创建唯一索引，也可以用(　　)来创建唯一索引。
A. CREATE INDEX　　B. 设置唯一约束　　C. 设置主键约束　　D. 以上都可以

3. 为数据表创建索引的目的是(　　)。
A. 提高查询的检索性能　　B. 归类
C. 创建唯一索引　　D. 创建主键

4. MySQL中唯一索引的关键字是(　　)。
A. fulltext index　　B. only index　　C. unique index　　D. index

5. 删除score表上的索引multi_index，正确的写法是(　　)。
A. Drop index multi_index on score;　　B. Drop multi_index on score;
C. Drop index on score;　　D. Drop index multi_index;

课后实训

1. 创建数据库 stu,查看 stu 结构,选择 stu 数据库。

2. 按要求操作。

(1)创建 student 表,同时在字段 stu_name 上创建唯一索引,索引名为 unique_name,表结构见表 2-18。

表 2-18 student 表结构

字段名	数据类型	主键	非空	唯一	自增	默认值	字段描述
stu_id	CHAR(4)	是	是	是	否		学号
stu_name	VARCHAR(20)	否	是	否	否		姓名
sex	男或女	否	否	否	否		性别
birth	YEAR	否	否	否	否		出生年份
department	ENUM(信息工程系,化学工程系,机械电子系,数学系)	否	是	否	否	信息工程系	院系
addr	VARCHAR(50)	否	否	否	否		家庭住址

(2)对 student 表的 birth 创建普通索引,降序。

(3)先创建 score 表,再在该表的字段 c_name 上创建普通索引,升序,表结构见 2-19。

表 2-19 score 表结构

字段名	数据类型	主键	非空	唯一	自增	字段描述
score_id	INT	是	是	是	是	编号
stu_id	CHAR(4)	否	是	否	否	学号
c_name	VARCHAR(20)	否	否	否	否	课程名
grade	INT	否	否	否	否	分数

(4)对 score 表的 grade 创建普通索引,降序。

(5)对 student 表的 addr 字段创建全文索引,索引名为 addr_index。

(6)删除 score 表字段 grade 上的普通索引。

【知识拓展】

创建数据库工程师岗位职责,如图 2-44 所示。

图 2－44　数据库工程师岗位职责

考评表

<table>
<tr><th rowspan="2">项目</th><th rowspan="2">标准描述</th><th colspan="5">评价</th></tr>
<tr><th>优</th><th>良</th><th>中</th><th>较差</th><th>差</th></tr>
<tr><td rowspan="5">知识评价</td><td>熟悉数据库创建、修改、删除的基本语法</td><td>(　)</td><td>(　)</td><td>(　)</td><td>(　)</td><td>(　)</td></tr>
<tr><td>熟悉数据库表创建、修改、删除的基本语法</td><td>(　)</td><td>(　)</td><td>(　)</td><td>(　)</td><td>(　)</td></tr>
<tr><td>熟练掌握 MySQL 的数据类型</td><td>(　)</td><td>(　)</td><td>(　)</td><td>(　)</td><td>(　)</td></tr>
<tr><td>熟练掌握 MySQL 的约束设置</td><td>(　)</td><td>(　)</td><td>(　)</td><td>(　)</td><td>(　)</td></tr>
<tr><td>了解索引的概念与优缺点，掌握索引的创建和删除</td><td>(　)</td><td>(　)</td><td>(　)</td><td>(　)</td><td>(　)</td></tr>
<tr><td rowspan="4">能力评价</td><td>能够通过自学视频学习数据库和表的基础知识</td><td>(　)</td><td>(　)</td><td>(　)</td><td>(　)</td><td>(　)</td></tr>
<tr><td>能通过网络下载和搜索数据库与表的各项资料</td><td>(　)</td><td>(　)</td><td>(　)</td><td>(　)</td><td>(　)</td></tr>
<tr><td>会主动做课前预习、课后复习</td><td>(　)</td><td>(　)</td><td>(　)</td><td>(　)</td><td>(　)</td></tr>
<tr><td>会咨询老师课前、课中、课后的学习问题</td><td>(　)</td><td>(　)</td><td>(　)</td><td>(　)</td><td>(　)</td></tr>
<tr><td rowspan="3">素质评价</td><td>创新精神</td><td>(　)</td><td>(　)</td><td>(　)</td><td>(　)</td><td>(　)</td></tr>
<tr><td>协作精神</td><td>(　)</td><td>(　)</td><td>(　)</td><td>(　)</td><td>(　)</td></tr>
<tr><td>自我学习能力</td><td>(　)</td><td>(　)</td><td>(　)</td><td>(　)</td><td>(　)</td></tr>
</table>

续表

<table>
<tr><th rowspan="2">项目</th><th rowspan="2">标准描述</th><th colspan="5">评价</th></tr>
<tr><th>优</th><th>良</th><th>中</th><th>较差</th><th>差</th></tr>
<tr><td colspan="7">老师点评：</td></tr>
<tr><td colspan="7">课后反思：</td></tr>
</table>

单元 3 记录操作

【学习导读】

本单元介绍对表中的记录的插入、修改和删除操作，详细介绍 INSERT、UPDATE、DELETE 和 TRUNCATE 命令的基本语法，通过案例介绍 INSERT、UPDATE、DELETE 和 TRUNCATE 命令的使用。

【学习目标】

1. 熟练掌握使用 INSERT 语句往表中添加记录；
2. 熟练掌握使用 UPDATE 语句修改表中记录字段值；
3. 熟练掌握使用 DELETE 和 TRUNCATE 语句删除表中记录。

【思维导图】

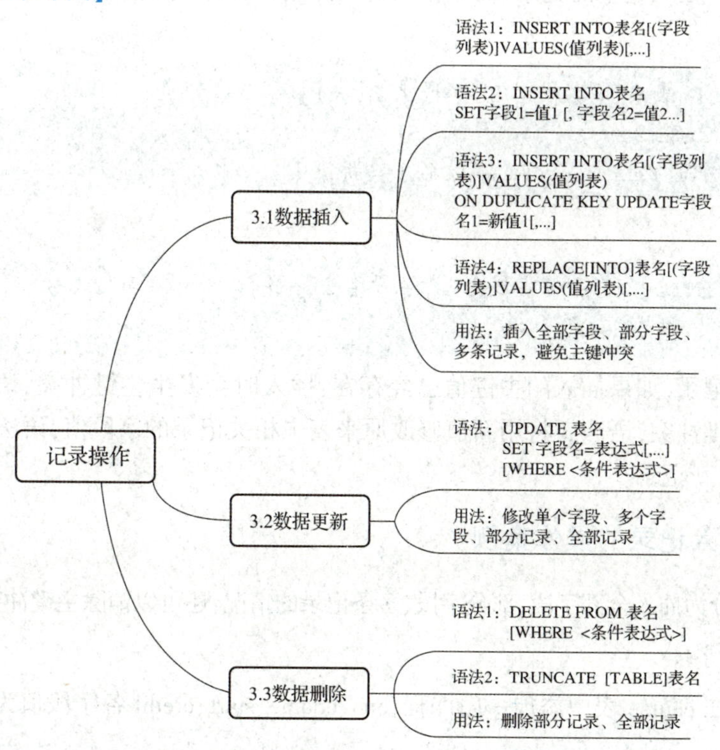

3.1 数据插入

3.1.1 插入记录的基本语法

在使用数据库之前，数据库中必须要有数据，MySQL 中使用 INSERT 语句向数据库表中插入新的数据记录。

其基本语法格式是：

语法 1：

```
INSERT INTO 表名[(字段名 1,字段名 2,…)]
VALUES (值 1,值 2,…)[,…]
```

语法 2：

```
INSERT INTO 表名
SET 字段名 1 = 值 1[,字段名 2 = 值 2,…]
```

使用语法 1 和语法 2 往表中插入记录时，要指定表名称、字段和插入新记录中的值。使用该语句时，字段列和数据值的数量必须相同。如果数据是字符型，必须使用单引号或者双引号将其引起来。

插入的方式有插入完整的记录、插入记录的一部分、插入多条记录。

语法 3：

```
INSERT INTO 表名[(字段名 1,字段名 2,…)]
VALUES(值 1,值 2,…)
ON DUPLICATE KEY UPDATE 字段名 1 = 新值 1[,…]
```

语法 4：

```
REPLACE [INTO] 表名[(字段名 1,字段名 2,…)]
VALUES(值 1,值 2,…)[,…];
```

往表中插入记录，如果插入的主键值已经存在，插入时会发生主键冲突，语法 3 和语法 4 可以用于解决主键冲突，语法 3 将用新值修改原来表中相关记录的字段值，语法 4 则将原来记录删除，重新插入新记录。

3.1.2 插入记录的操作案例

插入记录可分为插入全部字段、部分字段、多条记录的情况，还可以消除主键冲突的插入方式。

1. 插入全部字段

【案例 1】 往 course 表中添加一门课程，cno、cname、start、credit 各字段值为：07、形式与政策、1、1。

(1) 打开 MySQL 图形工具，单击“文件”→“新查询编辑器”，打开“新查询编辑器”窗口，或者使用快捷工具“新建查询编辑器”。

(2)打开 stu 数据库：

```
use stu;
```

执行。

(3)使用 INSERT 语句添加记录，输入命令：

```
INSERT INTO course(cno,cname,start,credit)
VALUES('07','形式与政策',1,1);
```

在书写常量表达式时，一定要注意，字符型和日期型的常量数据需要加单引号或双引号，所有符号必须是英文状态下的符号。

(4)单击“执行”工具按钮或者按键盘上的 F9 键，运行，命令执行成功。

(5)查看表中数据，观察新记录是否已经插入表中：

```
Select *  from course;
```

结果如图 3－1 所示。

可以看到新记录已插入表中。

cno	cname	start	credit
01	高等数学	1	4
02	大学英语	1	3
03	体育	1	1
04	数据库	2	2
05	化学	1	2
06	电子学	(NULL)	(NULL)
07	形式与政策	1	1

图 3－1　查看插入 07 号课程记录

【案例 2】　往 course 表中添加一门课程，cno、cname、start、credit 各字段值为 08、计算机基础、1、1。

(1)在“查询编辑器”窗口输入命令：

```
INSERT INTO course
set cno='08',cname='计算机基础',start=1,credit=1;
```

在 course 表中，cno 为主键，当不确定 08 号课程在 course 表中是否存在时，可以使用如下命令：

```
INSERT INTO course(cno,cname,START,credit)
VALUES('08','计算机基础',1,1)
ON DUPLICATE KEY UPDATE cno='08',cname='计算机基础',START=1,credit=1;
```

(2)单击“执行”工具按钮或者按键盘上的 F9 键，运行，命令执行成功。

(3)查看表中数据，观察新记录是否已经插入表中：

```
Select *  from course;
```

如图 3－2 所示。

可以看到新记录已插入表中。

这两种语法都能往表中插入数据，但是因为第一种形式的语法书写相对简单，从而被广泛使用。

cno	cname	start	credit
01	高等数学	1	4
02	大学英语	1	3
03	体育	1	1
04	数据库	2	2
05	化学	1	2
06	电子学	(NULL)	(NULL)
07	形式与政策	1	1
08	计算机基础	1	1

图 3－2　查看插入 08 号课程记录

2. 插入部分字段

表中有多个字段，但只给部分字段赋予新值时，需要在 insert 表名后的括号内列出字段名。

【案例 3】　往 student 表中添加一名学生，sid、sname、sex、birth、grade、department、addr 各字

段值为0303、关雨、男、2000－9－12、2019、机械电子系、北京市。

(1)在“查询编辑器”窗口输入命令：

```
INSERT INTO student(sid,sname,sex,birth,grade,department,addr)
VALUES('0303','关雨','男','2000-9-12',2019,'机械电子系','北京市');
```

同样,如果不确定0303号关键字在表中是否存在,可以使用如下命令：

```
REPLACE INTO student(sid,sname,sex,birth,grade,department,addr)
VALUES('0303','关雨','男','2000-9-12',2019,'机械电子系','北京市');
```

(2)单击“执行”工具按钮或者按键盘上的F9键,运行,命令执行成功。

(3)查看表中数据：

```
Select *  from student;
```

观察新记录是否已经插入表中。

可以看到新记录已插入表中,如图3－3所示。

sid	sname	sex	birth	grade	department	addr
0104	刘明明	男	2001-06-1	2020	信息工程系	河北省正定市
0201	李璐璐	女	2000-08-0	2019	化学工程系	河南省信阳市
0202	李小钱	男	2000-01-1	2019	化学工程系	河南省安阳市
0203	刘飞飞	男	2000-06-2	2019	化学工程系	河北省涿州市
0204	乔宇	女	2000-09-1	2020	化学工程系	安徽省潜山市
0301	关晓羽	男	2000-11-2	2019	机械电子系	山西省运城市
0302	张明娜	女	2000-02-0	2020	机械电子系	山西省忻州县
0303	关雨	男	2000-09-1	2019	机械电子系	北京市

图3－3　查看插入的0303号学生记录

【案例4】　往student表添加一名学生,sid、sname、sex、birth、grade、department、addr各字段值为:0304、张小丽、女、2000－11－12、2019、机械电子系、河南省郑州市。

(1)在“查询编辑器”窗口输入命令：

```
INSERT INTO student
VALUES('0304','张小丽','女','2000-11-12',2019,'机械电子系','河南省郑州市');
```

student表一共有7个字段,新插入的记录给7个字段都赋予新值,因此可以省略掉表名后的字段列表和括号。

(2)插入完成后,可查看表中数据：

```
select *  from student
```

观察新记录是否已经插入表中,如图3－4所示。

sid	sname	sex	birth	grade	department	addr
0104	刘明明	男	2001-06-1	2020	信息工程系	河北省正定市
0201	李璐璐	女	2000-08-0	2019	化学工程系	河南省信阳市
0202	李小钱	男	2000-01-1	2019	化学工程系	河南省安阳市
0203	刘飞飞	男	2000-06-2	2019	化学工程系	河北省涿州市
0204	乔宇	女	2000-09-1	2020	化学工程系	安徽省潜山市
0301	关晓羽	男	2000-11-2	2019	机械电子系	山西省运城市
0302	张明娜	女	2000-02-0	2020	机械电子系	山西省忻州县
0303	关雨	男	2000-09-1	2019	机械电子系	北京市
0304	张小丽	女	2000-11-1	2019	机械电子系	河南省郑州市

图3－4　查看插入的0304号记录

【案例5】　往student表中添加一名学生,sid、sname、department、addr各字段值为:0305、张晓晓、机械电子系、河南省郑州市。

(1)在“查询编辑器”窗口输入命令：

```
INSERT INTO student(sid,sname,department,addr)
VALUES('0305','张晓晓','机械电子系','河南省郑州市');
```

student 表一共有 7 个字段,新插入的记录只给 4 个字段赋予新值。只插入部分字段时,必须在表名后面带上字段名列表,VALUES 后面的值与字段顺序保持一致。

(2)单击“执行”工具按钮或者按键盘上的 F9 键,运行,命令执行成功。

(3)查看表中数据：

```
select *  from student;
```

观察新记录是否已经插入表中,如图 3 – 5 所示。

sid	sname	sex	birth	grade	department	addr
0201	李璐璐	女	2000-08-0	2019	化学工程系	河南省信阳市
0202	李小钱	男	2000-01-1	2019	化学工程系	河南省安阳市
0203	刘飞飞	男	2000-06-2	2019	化学工程系	河北省涿州市
0204	乔宇	女	2000-09-1	2020	化学工程系	安徽省潜山市
0301	关晓羽	男	2000-11-2	2019	机械电子系	山西省运城市
0302	张明娜	女	2000-02-0	2020	机械电子系	山西省忻州县
0303	关雨	男	2000-09-1	2019	机械电子系	北京市
0304	张小丽	女	2000-11-1	2019	机械电子系	河南省郑州市
0305	张晓晓	(.	(NULL)	(NULL)	机械电子系	河南省郑州市

图 3 – 5　查看插入的 0305 号记录

【案例 6】　往 student 表中添加一名学生,sid、sname、sex 各字段值为:0306、李晓晓、女。

(1)在“查询编辑器”窗口输入命令：

```
INSERT INTO student(sid,sname,sex)
VALUES('0306','李晓晓','女');
```

(2)单击“执行”工具按钮或者按键盘上的 F9 键,运行,命令执行成功。

(3)查看表中数据：

```
select *  from student;
```

如图 3 – 6 所示。

sid	sname	sex	birth	grade	department	addr
0202	李小钱	男	2000-01-1	2019	化学工程系	河南省安阳市
0203	刘飞飞	男	2000-06-2	2019	化学工程系	河北省涿州市
0204	乔宇	女	2000-09-1	2020	化学工程系	安徽省潜山市
0301	关晓羽	男	2000-11-2	2019	机械电子系	山西省运城市
0302	张明娜	女	2000-02-0	2020	机械电子系	山西省忻州县
0303	关雨	男	2000-09-1	2019	机械电子系	北京市
0304	张小丽	女	2000-11-1	2019	机械电子系	河南省郑州市
0305	张晓晓	(.	(NULL)	(NULL)	机械电子系	河南省郑州市
0306	李晓晓	女	(NULL)	(NULL)	信息工程系	(NULL)

图 3 – 6　查看插入的 0306 号记录

可以看到新记录已经插入表中,但是命令插入了三个字段值,新记录却有四个字段值,查看 student 表的结构,如图 3 – 7 所示。可以看到 department 字段设置了默认值,新记录值采用了默认值。创建表时,如果给表中某个字段设置了默认值,当插入新记录且该字段不赋予值时,就采用默认值。

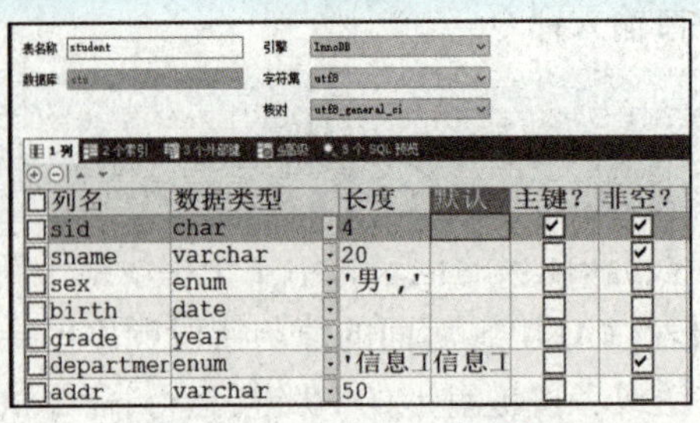

列名	数据类型	长度	默认	主键?	非空?
sid	char	4		☑	☑
sname	varchar	20		☐	☑
sex	enum	'男','		☐	☐
birth	date			☐	☐
grade	year			☐	☐
departmer	enum	'信息工信息工		☐	☑
addr	varchar	50		☐	☐

图 3－7　student 表结构

【案例 7】　往 student 表中添加一名学生，sid、sex 各字段值为：0307、男。

（1）在“查询编辑器”窗口输入命令：

```
INSERT INTO student(sid, sex)
VALUES('0307','男);
```

（2）单击“执行”工具按钮或者按键盘上的 F9 键，执行，出现错误，如图 3－8 所示。

```
1 queries executed, 0 success, 1 errors, 0 warnings

查询: INSERT INTO student(sid, sex) VALUES('0307','男')

错误代码: 1364
Field 'sname' doesn't have a default value
```

图 3－8　查看插入的 0307 号记录

错误原因是 sname 字段没有默认值。打开表 student 表结构，可以看到 sname 约束字段类型为非空，没有设置默认值，但是插入记录时没有给 sname 赋予新值，违反了表的定义，所以记录不能插入。

往表中插入记录时，要注意两点：第一，表创建时字段约束类型为非空，添加记录时，必须给这个字段赋新值；第二，必须遵循表定义时的各种约束。

往表中插入记录还会受到外键等因素的影响，这将在后面的学习中讲解。

3. 同时添加多条记录

同时往表中插入多条记录时，每条记录值为一组，每组之间用括号括起来，字段列表和每组值之间的类型和含义相对应。

【案例 8】　为学号为“0304”的学生添加多门课成绩：01、02、03、06 课程成绩分别为 78、88、92、85。

（1）在“查询编辑器”窗口输入命令：

```
INSERT INTO score(sid,cno,result)
 VALUES('0304','01',78),('0304','02',88),
     ('0304','03',92),('0304','06',85);
```

每条记录为一组，每组用括号括起来，每组之间用逗号分隔开。

（2）单击“执行”工具按钮或者按键盘上的 F9 键，执行。

（3）查看表中数据：

```
Select *  from  score;
```

可以看到四条记录都已插入表中，如图3－9所示。

scid	sid	cno	result
34	0301	03	78
35	0301	02	82
36	0301	06	90
37	0302	01	86
38	0302	03	72
39	0302	02	68
40	0302	06	76
49	0304	01	78
50	0304	02	88
51	0304	03	92
52	0304	06	85

图3－9 插入四条记录

还可以通过图形界面方式手动操作来插入记录，如图3－10所示。如打开course表，在表的最后插入“09，C语言，2，3”。单击“保存”按钮，就完成记录的插入了。这种方式只适合数据库专业人员少量插入记录，不适合通过应用程序往数据库中插入数据。

保存

cno	cname	start	credit
01	高等数学	1	4
02	大学英语	1	3
03	体育	1	1
04	数据库	2	2
05	化学	1	2
06	电子学	(NULL)	(NULL)
07	java程序设计	2	4
09	C语言	2	3

图3－10 SQLyog图形界面添加记录

4．消除主键冲突的插入

当不确定插入的记录在表中是否存在时，可以使用REPLACE命令往表中插入记录。使用REPLACE命令将不再发生主键冲突，新记录将替换原有记录。

【案例9】 同案例3，往student表中添加一名学生，sid、sname、sex、birth、grade、department、addr各字段值如下：0303、关雨、男、2000－9－12、2019、机械电子系、北京市。

(1)因为“0303”号关键字在表中存在，所以可以使用如下命令：

```
REPLACE INTO student(sid,sname,sex,birth,grade,department,addr)
VALUES('0303','关雨','男','2000-9-12',2019,'机械电子系','北京市');
```

(2)单击“执行”工具按钮或者按键盘上的F9键，运行，命令执行成功，如图3－11所示。

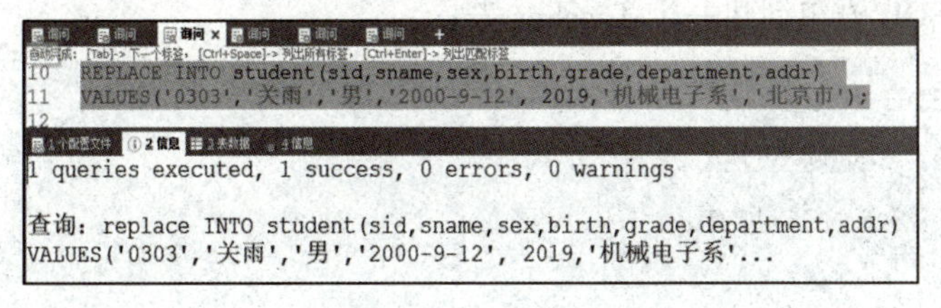

图3－11 使用REPLACE命令插入记录

【小结】

本节学习了INSERT语句的基本语法、能解决主键冲突的插入语句语法，以及插入数据的全部字段、部分字段和多条记录等常见的三种情况，请大家通过练习掌握这些知识。

对于插入记录，除了要掌握基本的命令，还要养成谨慎、精益求精的习惯。要插入数据，不是一条命令执行完成就算成功，每一条数据都不是一行静态的数据记录，它是与人们的工作、生产、生活或财产密切相关的数据，需要对数据进行认真核实和分析。

【学有所思】

1. 使用 INSERT 命令往表中插入记录时，在语法的书写上应注意哪些问题？

____

____

2. 使用 INSERT 命令插入记录和使用 REPLACE 命令插入记录有什么不同？

____

____

【课后测试】

1. 以下(　　)语句可以往表中添加记录。

A. CREATE　　B. DELETE　　C. INSERT　　D. SELECT

2. 以下(　　)语句可以查看当前表中的记录。

A. USE　　B. SELECT　　C. CREATE　　D. ALTER

3. INSERT 语句往数据库表中添加记录方式为(　　)。

A. 为表中所有字段添加数据、为表的指定字段添加数据、同时添加多条记录

B. 为表中所有字段添加数据、为表的非指定字段添加数据、同时添加多条记录

C. 为表中部分字段添加数据、为表的指定字段添加数据、同时添加多条记录

D. 为表中部分字段添加数据、为表的非指定字段添加数据、同时添加多条记录

4. 以下插入记录正确的是(　　)。

A. insert into emp(ename,hiredate,sal) values (value1,value2,value3);

B. insert into emp (ename,sal) values(value1,value2,value3);

C. insert into emp (ename) values(value1,value2,value3);

D. insert into emp (ename,hiredate,sal) values(value1,value2);

5. 用如下的 SQL 语句创建一个 Teacher 表：

```
CREATE TABLE Teacher (
TNO Char(6)  NOT NULL,
NAME Char(8)  NOT NULL,
SEX Char(2),
SDETP char(12) check (SDEPT IN('IS','MA','CS')));
```

可以插入 Teacher 表中的记录是(　　)，

A. ('T0203','李刚',NULL,'IS')

B. (NULL, '刘芳','女','CS')

C. ('T0111','NULL','男','MA')

D. ('T0101','王猛',男,'EN')

课后实训

1. 往 course 表中添加一门课程,各字段值为:09、C 语言、2、3。

2. 往 student 表中添加一名学生,各字段值为:0105、夏雨、男、2001-9-12、2020、信息工程系、河南省郑州市。

3. 往 student 表中添加一名学生,各字段值为:0106、刘筱、信息工程系、河南省郑州市。

4. 往 score 表中添加成绩记录,为 0101、0102、0103、0104、0105 和 0106 号学生添加 09 号课程成绩,分别为 78、88、92、85、87、65。

3.2 数据更新

修改记录

3.2.1 修改记录语法

当往数据库中输入数据时出现错误,或者在运行过程中数据发生变化,都需要对数据进行更新操作。MySQL 中使用 UPDATE 语句更新表中的记录,可以更新特定的行或者同时更新所有的行。UPDATE 语句的基本语法结构是:

```
UPDATE 表名
SET 字段1 = 值1[,字段2 = 值2,…,字段n = 值n]
[ WHERE  条件]
```

SET 子句用于确定修改后的字段值,可以同时更新一个或多个字段。WHERE 子句可以指定修改满足条件的记录行条件。

要保证 UPDATE 以 WHERE 子句结束,通过 WHERE 子句指定被更新的记录所需满足的条件,如果忽略 WHERE 子句,MySQL 将更新表中所有的行。

3.2.2 修改记录案例

修改表中数据时,可以修改全部记录、部分记录,可以同时修改单个字段,也可以同时修改多个字段。

1. 修改全部记录

修改全部记录时,不需要 where 条件。

【案例1】 在 student 表中添加 location 字段,并将所有记录的 location 字段值设置为"河南郑州"。

(1)修改表结构,添加字段:选中 student 表,单击鼠标右键,修改表,打开设计表界面,在字段后新增加一个字段 location,类型设置为 varchar,30 位,字段添加成功,如图 3-12 所示。

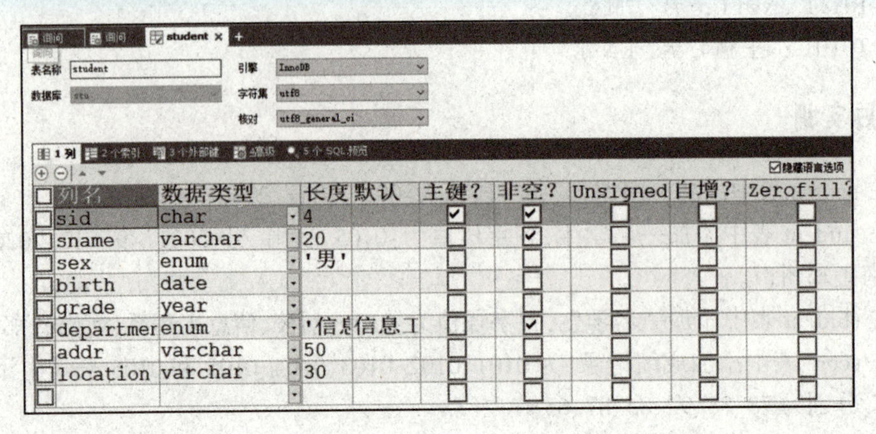

图 3-12 添加字段 location

(2)修改记录命令:

```
UPDATE student
SET location = '河南郑州';
```

查看表中记录,如图 3-13 所示。

sid	sname	sex	birth	grade	department	addr	location
0101	刘明	男	2000-09-0	2019	信息工程系	上海市	河南郑州
0102	李小璐	女	2000-01-0	2019	信息工程系	河南省洛阳市	河南郑州
0103	张龙飞	男	2001-05-1	2020	信息工程系	河北省涿州市	河南郑州
0104	刘明明	男	2001-06-1	2020	信息工程系	河北省正定市	河南郑州
0201	李璐璐	女	2000-08-0	2019	化学工程系	河南省信阳市	河南郑州
0202	李小钱	男	2000-01-1	2019	化学工程系	河南省安阳市	河南郑州
0203	刘飞飞	男	2000-06-2	2019	化学工程系	河北省涿州市	河南郑州
0204	乔宇	女	2000-09-1	2020	化学工程系	安徽省潜山市	河南郑州
0301	关晓羽	男	2000-11-2	2019	机械电子系	山西省运城市	河南郑州
0302	张明娜	女	2000-02-0	2020	机械电子系	山西省忻州县	河南郑州

图 3-13 查看 location 字段值

可以看出,表中所有记录的 location 字段值都为"河南郑州"。

2. 修改部分记录

修改部分记录时,需要使用 where 条件选定记录。

【案例 2】 将 course 表中 01 号课程学分增加 1。

(1)修改记录命令,并执行:

```
UPDATE course
SET credit = credit + 1
WHERE cno = '01';
```

(2)查询表中数据:

```
select *  from course;
```

观察记录变化。

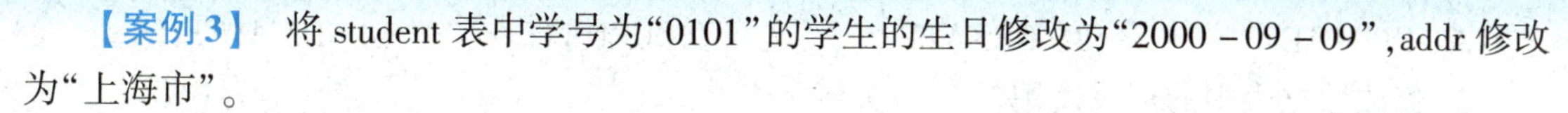

【案例3】 将 student 表中学号为“0101”的学生的生日修改为“2000－09－09”,addr 修改为“上海市”。

(1)修改记录命令:

```
UPDATE student
SET  birth = '2000 -09 -09',addr = '上海市'
WHERE sid = '0101';
```

对于同时修改的一条记录的多个字段,SET 后面的字段赋值用逗号分隔。

(2)查询表中数据:

```
select *  from student;
```

观察记录变化。

【案例4】 将 student 表中的“张晓晓”姓名改为“张潇潇”。

(1)修改记录命令,并执行:

```
UPDATE student
SET sname = '张潇潇'
WHERE sname = '张晓晓';
```

请注意:SET 设置修改后的值,因此 sname = '张潇潇';WHERE 是修改前的值,因此 WHERE 子句条件为

```
sname = '张晓晓'
```

(2)查询表中数据,观察记录变化:

```
SELECT * FROM student
```

除了使用命令方式之外,还可以用界面的方式修改记录。打开表,直接修改就可以,这种方式只适合数据库专业人员进行逐个字段的修改,不适合批量修改记录。

【小结】

UPDATE 语句用于修改表中记录,既可以修改一条记录,也可以同时修改多条记录,还可以同时修改一条记录的多个字段值。注意,三个子句的位置不能任意书写。使用 UPDATE 语句修改记录,一定要特别注意 WHERE 子句的使用,防止出现错误修改记录的情况出现。

【学有所思】

使用 UPDATE 语句修改记录时,WHERE 子句如果写错或者漏写,会产生什么后果?

____

____

【课后自测】

1. 修改数据库表结构的语句使用( )关键字。

A. UPDATE　　　B. CREATE　　　C. UPDATED　　　D. ALTER

2. 修改数据表中的记录使用(　　)关键字。

A. DELETE　　　B. ALTER　　　C. UPDATE　　　D. SELECT

3. 使用 UPDATE 语句修改记录时,确定被修改的记录使用(　　)子句。

A. UPDATE　　　B. WHERE　　　C. SET　　　D. ALTER

4. 使用 UPDATE 语句修改记录时,确定修改后的字段值使用(　　)子句。

A. UPDATE　　　B. WHERE　　　C. SET　　　D. ALTER

5. 使用 UPDATE 语句修改记录时,当缺省 WHERE 条件时,将修改(　　)。

A. 全部记录　　　B. 部分记录　　　C. 不修改任何记录　　　D. 不确定

课后实训

在 stu 数据库中完成下列数据的修改:

1. 在 student 表中添加字段 school、varchar(30),并将所有记录的 school 字段值设置为"XX 大学"。

2. 将 course 表中所有课程的 credit 增加 1。

3. 将 student 表中 0304 的学号修改为 0344。

4. 将 student 表中 0305 的 birth 修改为 2001 - 12 - 13,addr 字段修改为"北京市海淀区"。

3.3 数据删除

删除记录

3.3.1 删除记录语法

在 MySQL 中删除记录有两条语句:DELETE 和 TRUNCATE。语法分别如下。

1. DELETE 语句

基本语法格式如下:

```
DELETE   FROM 表名
[WHERE 条件]
```

删除表中记录时,WHERE 子句删除满足条件的记录。如果没有指定 WHERE 子句,MySQL 表中的所有记录将被删除。

2. TRUNCATE 语句

基本语法格式如下:

```
TRUNCATE [TABLE]表名
```

TRUNCATE 语句删除表中全部记录。

3.3.2 删除记录的操作案例

为了防止数据删除后无法使用,先将数据库备份。在 SQLyog 中,选中 stu 数据库,单击

"数据库"菜单下"备份/导出","备份数据库,转储到 SQL…",选择合适的目录,备份为"删除前.sql"。

删除记录操作有部分删除和全部删除。

1. 部分删除记录

【案例 1】 删除 score 表中课程号 cno 为"01"的记录。

(1)先查看 score 表中记录情况:

```
select *  from score where cno = '01';
```

如图 3-14 所示。

可以看到表中有多条 cno 等于"01"的记录。

(2)删除这些记录:

```
delete  from  score where  cno = '01';
```

如图 3-15 所示。

scid	sid	cno	result
1	0101	01	80
5	0102	01	68
9	0103	01	90
13	0104	01	98
17	0201	01	90
21	0202	01	66
25	0203	01	52
29	0204	01	86
33	0301	01	65
37	0302	01	86
49	0304	01	78
53	0306	01	60

图 3-14 查看课程号"01"的记录

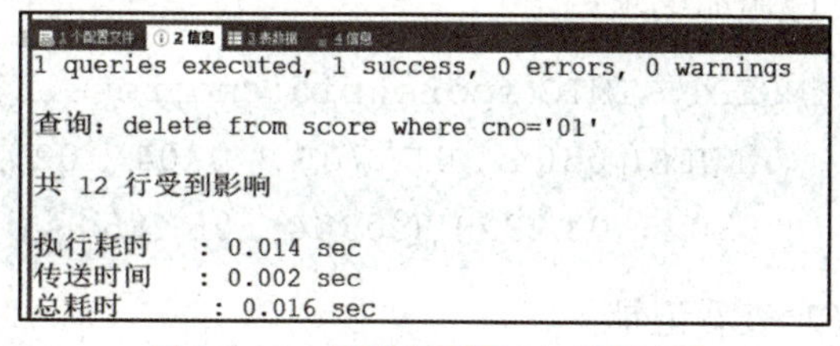

图 3-15 删除课程号"01"的记录

运行,共 12 行受影响

(3)再查看表中记录:

```
select *  from score where cno = '01';
```

如图 3-16 所示。

图 3-16 查看删除课程号"01"后的记录

可以看到,表中已经没有 cno 为"01"的记录了。

2. 删除全部记录

【案例 2】 使用 DELETE 语句删除 score 表中全部记录。

(1)先查看 score 表中记录:

```
select *  from score;
```

(2)删除表中所有记录:

```
delete  from  score;
```

执行，如图 3－17 所示，共 36 行受影响。

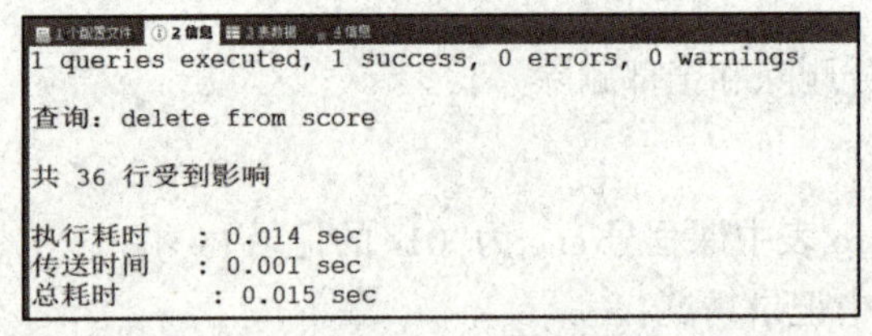
1 queries executed, 1 success, 0 errors, 0 warnings

查询：delete from score

共 36 行受到影响

执行耗时 : 0.014 sec
传送时间 : 0.001 sec
总耗时 : 0.015 sec

图 3－17　删除 score 表中全部记录

（3）再查看表中记录，可以看到已没有记录了，如图 3－18 所示。

scid	sid	cno	result

图 3－18　查看全部删除后的记录

【案例 3】　为“0304”号学生添加多门课成绩：01、02、03、06 课程成绩分别为 78、88、92、85。

（1）添加记录：

```
INSERT  INTO score(sid,cno,result)
  VALUES('0304','01',78),('0304','02',88),
  ('0304','03',92),('0304','06',85);
```

（2）查看记录：

```
SELECT  *  FROM score;
```

如图 3－19 所示。

scid	sid	cno	result
57	0304	01	78
58	0304	02	88
59	0304	03	92
60	0304	06	85

图 3－19　全部删除后添加四条记录

观察记录 scid 字段，会发现新记录的编号是在原来的序号基础上增长的，使用 delete 删除记录，自动增长字段的值仍被占用。

【案例 4】　使用 TRUNCATE 删除 score 表中的全部记录。

因为上面的命令已经把记录全部删除，这个数据库已被删掉，因此需重新导入。

（1）删除数据库：

```
DROP DATABASE STU;
```

也可以使用界面方式删除：选中 stu 数据库，单击右键，选择“更多数据库操作”下的“删除数据库”命令即可。

（2）重新导入：单击“数据库”菜单下的“导入”→“执行 SQL 脚本”，选择删除前备份的文件“删除前.sql”,如图3-20所示。

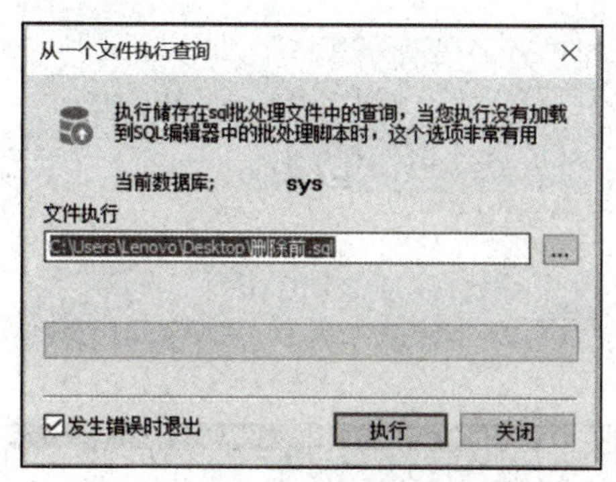

图3-20　选择导入文件

(3)单击“执行”按钮,在弹击的对话框中单击“是(Y)”按钮,如图3-21所示,完成。刷新对象浏览器,可以看到stu数据库已经被导入成功。

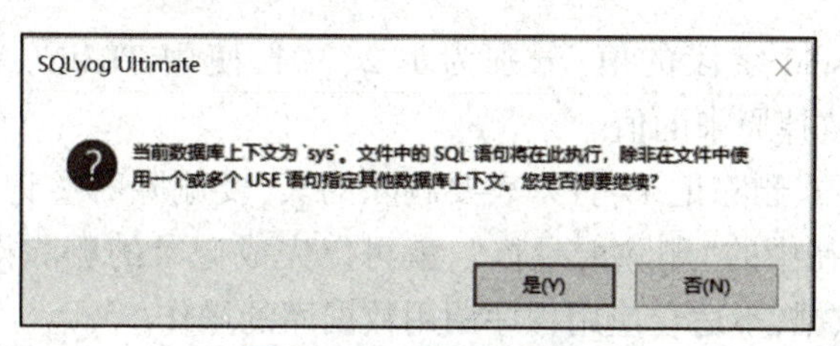

图3-21　导入数据库

(4)删除全部记录:

```
TRUNCATE  score;
```

执行成功,共0行受到影响,如图3-22所示。

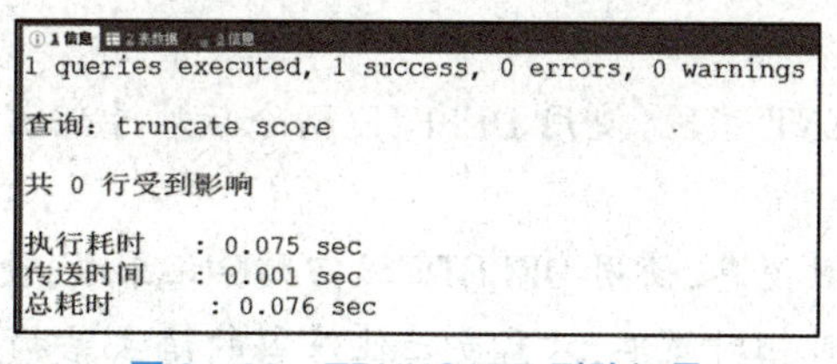

图3-22　TRUNCATE删除记录

(5)查看数据:

```
select * from score
```

可以看到表中的记录已经被全部删除,如图3-23所示。

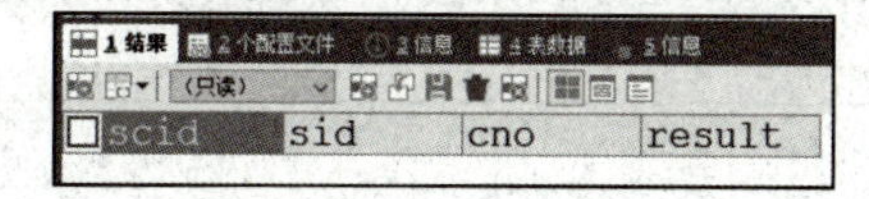

图3-23　TRUNCATE删除记录后表中记录

【案例5】　为“0304”号学生添加多门课成绩:01、02、03、06课程成绩分别为78、88、92、85。

(1)插入记录:

```
INSERT  INTO score(sid,cno,result)
  VALUES('0304','01',78),('0304','02',88),
  ('0304','03',92),('0304','06',85);
```

(2)查看记录:

```
select * from score;
```

如图3-24所示。

scid	sid	cno	result
1	0304	01	78
2	0304	02	88
3	0304	03	92
4	0304	06	85

图3-24　TRUNCATE 添加四条记录

请注意观察记录 scid 字段的值,分别为1、2、3、4,使用 TRUNCATE 删除记录,AUTO_INCREMENT字段将释放掉原来的值。

还可以使用界面方式删除记录:打开表要删除的表,要删除哪些记录,只需要勾选每条记录,单击"删除"工具按钮中的"删除记录行",就可以完成记录的删除操作。这种方式只适合数据库专业人员删除数据,不适合应用程序调用数据库的操作。

【小结】

有两条语句可以删除记录:DELETE 和 TRUNCATE,通过操作,可以看出 DELETE 和 TRUNCATE 语句有以下区别:

①从删除记录数量看来看,DELETE 能删除全部或部分记录;使用 TRUNCATE 只能删除全部记录。

②对 AUTO_INCREMENT 字段,使用 DELETE 删除后序号仍被占用;使用 TRUNCATE 则重新开始。

③对于返回删除记录数消息,使用 DELETE 返回删除记录数;使用 TRUNCATE 不返回。

删除记录的语句使用时相对简单,只需要记住基本的语法结构,按照语法规范要求书写,就可以完成记录的删除操作。但是需要提醒同学们注意的是:做删除操作时,一方面要注意备份,另一方面是要小心谨慎,误删数据将会带来很多麻烦。

【学有所思】

1. 使用 DELETE 和 TRUNCATE 删除记录有什么区别?做删除操作时,应注意什么问题?

____

____

2. 使用 DELETE 和 TRUNCATE 删除记录对 ATUO_INCREMENT 字段值有什么影响?

____

____

【课后测试】

1. 以下(   )是删除记录的关键字。

A. DELETE　　B. ALTER　　C. UPDATE　　D. CREATE

2. delete from employee 语句的作用是(   )。

A. 删除当前数据库中整个 employee 表,包括表结构

B. 删除当前数据库中 employee 表内的所有行

C. 由于没有 WHERE 子句,因此不删除任何数据

D. 删除当前数据库中 employee 表内的当前行

3. 以下删除记录的语句中,正确的(   )。

A. delete from emp where name ='dony';　　B. Delete * from emp where name ='dony';

C. Drop from emp where name ='dony';　　D. Drop * from emp where name ='dony';

4. 删除经销商"0001"的数据记录的代码为:

```
(    ) from goods where gid ='0001'
```

A. drop table　　B. delete *　　C. drop column　　D. delete

5. TRUNCATE 语句和 DETELE 语句都能实现删除表中的所有数据的功能,但两者有一定的区别:DELETE 语句是 DML 语句,TRUNCATE 语句通常被认为是(   )语句。

A. DML　　B. DDL　　C. ABC　　D. DBC

6. 使用 DELETE 语句时,每删除一条记录,都会在日志中记录,而使用 TRUNCATE 语句时,不会在日志中记录删除的内容,因此 TRUNCATE 语句的(   )比 DELETE 语句的高。

A. 时间效率　　B. 空间效率　　C. 执行效率　　D. 独立性

7. DELETE 语句后面可以跟(   )子句,通过指定子句中的条件表达式来只删除满足条件的部分记录,而 TRUNCATE 语句只能用于删除表中的所有记录。

A. WHERE　　B. SELECT　　C. USE　　D. FOR

课后实训

请你先做好备份,然后再进行下列操作:

1. 删除 score 表中课程号 cno 为 02 的记录。
2. 使用 DELETE 语句删除 score 表中所有记录。
3. 在 score 表添加一条新记录:0101,01,90,观察新记录的 scid 字段值。
4. 使用 TRUNCATE 语句删除 score 表中的记录。
5. 在 score 表添加一条新记录:0101,02,91,观察新记录的 scid 字段值。

【知识拓展】

1. IT 男入侵贵金属公司数据库赚大钱

生于1978 年的袁某某,大学文化,原是上海某计算机系统有限公司北京分公司(以下简称

某计算机公司)产品经理。2014 年春节前后,袁某某用自己的身份证在南京某贵金属现货电子交易公司(以下简称"某贵金属公司")开户,进行白银现货交易,并通过网银四次入账 25 万元。几次交易下来,袁某某全都亏损。"我发现此类期货性质的公司都是以各种手段欺骗、坑害客户。"被抓后袁某某说。袁某某认为不能白白被坑,他决定入侵贵金属公司网络后台搞点小动作。袁某某用电脑中的网站分析工具,分析某贵金属公司的客户端后,惊讶地发现客户端和服务器之间的交换协议竟然是明文的,没有加密,便尝试修改其中的"价格"和"买卖"的变量值。结果,修改后的数据能顺利传送回服务器,改变建仓时的价格点位和涨跌方向,袁某某立马从赔钱变成了赚钱。从 2014 年 1 月 30 日至 2 月 11 日,袁某某用上述方法交易 5 次,赚了 33 万余元。

法院以盗窃罪判刑六年三个月。

2. 离职员工故意删除办公电脑重要数据

【案例分析】因对原公司高层领导不满,林某离职后登录原公司邮箱服务器,恶意修改高管邮箱密码并删除邮件、邮箱,给公司造成实际损失 15 万余元。

【法律规定】为泄私愤,以删除、修改计算机数据的方式破坏生产经营,其行为已触犯《中华人民共和国刑法》第二百七十六条,构成破坏生产经营罪,可以向法院进行起诉。

考评表

项目	标准描述	评价				
		优	良	中	较差	差
知识评价	熟练掌握 INSERT 插入记录的操作	( )	( )	( )	( )	( )
	熟练掌握 UPDATE 修改记录的操作	( )	( )	( )	( )	( )
	熟练掌握删除记录的操作	( )	( )	( )	( )	( )
能力评价	能够通过自学视频学习记录操作的基础知识	( )	( )	( )	( )	( )
	能通过网络下载和搜索记录的各项资料	( )	( )	( )	( )	( )
	会主动做课前预习、课后复习	( )	( )	( )	( )	( )
	会咨询老师课前、课中、课后的学习问题	( )	( )	( )	( )	( )
素质评价	创新精神	( )	( )	( )	( )	( )
	协作精神	( )	( )	( )	( )	( )
	自我学习能力	( )	( )	( )	( )	( )
老师点评:						
课后反思:						

单元 4
查询与视图

【学习导读】

查询操作是数据库中最频繁的操作之一，对记录的查询可以分为单表查询、多表查询、子查询；外键用于对多个相关联的表之间设置约束，实现参照完整性；视图是用户从一个特定的角度来查看数据库中的数据，将查询结果作为一种数据库对象进行保存，用户可通过视图来操作基本表数据。

【学习目标】

1. 熟练掌握 SELECT 基本语法；
2. 熟练掌握单表查询；
3. 熟练掌握多表查询；
4. 熟练掌握子查询；
5. 掌握外键的概念与创建方法；
6. 掌握视图的概念、创建和使用。

【思维导图】

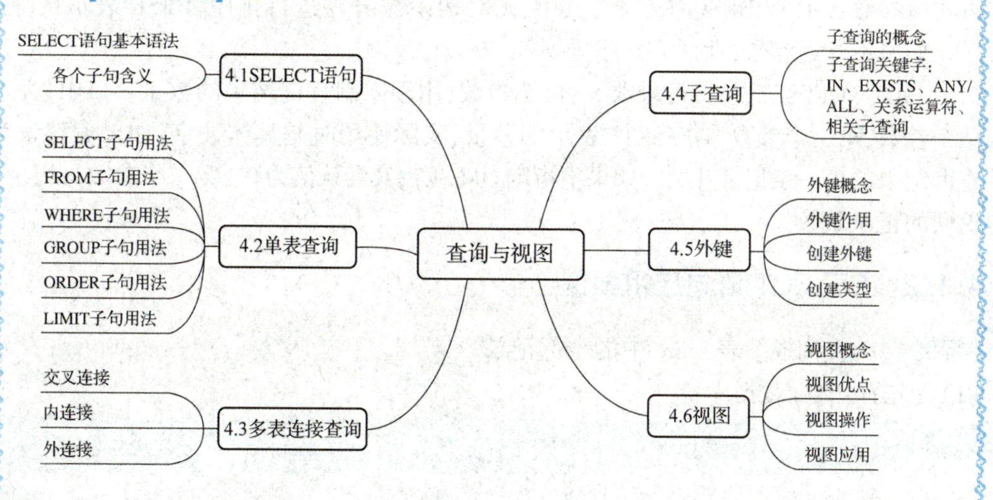

4.1 SELECT 语句

SELECT 语句

日常生活中,人们查询火车票、查询快递单号等,都是对数据表记录进行查询操作。对表中记录进行查询操作使用 SELECT 语句,首先来学习和了解 SELECT 语句的基本语法。

查询是数据库中最常使用的功能,在数据库中进行查询,可使用 SELECT 语句。

4.1.1 SELECT 语句基本语法

```
SELECT  [DISTINCT]  * |<表达式>
FROM <表名 |视图名>
[WHERE <条件表达式>]
[GROUP BY <字段名> [HAVING  <分组条件表达式>]]
[ORDER BY <表达式> [ASC |DESC]]
[LIMIT [OFFSET,] <记录数>]
```

这是 SELECT 语句常用的六个子句,其中,SELECT 和 FROM 是必选项,其余都是可选用项,下面来简单了解每个子句的含义。

(1) DISTINCT:可选参数,用于剔除查询结果中重复的数据。

(2) * 或 <表达式>:输出项。其中,* 表示表中所有字段;<表达式>可以是表中字段,也可以是由字段、常量或变量组成的式子,两者为互斥关系,任选其一。

(3) FROM <表名|视图名>:查询的数据源,可以是表,也可以是视图。

(4) WHERE:可选参数,用于指定查询条件。

(5) GROUP BY <字段名>:可选参数,用于将查询结果按照指定<字段名>进行分组,HAVING 也是可选参数,用于对分组后的结果进行过滤,与 GROUP 一起使用,不能单独使用。

(6) ORDER BY <表达式>:可选参数,用于将查询结果按照指定<表达式>进行排序。排序方式由参数 ASC 或 DESC 来控制,其中,ASC 表示按升序进行排序,DESC 表示按降序进行排序。如果不指定参数,默认为升序排列。

(7) LIMIT [OFFSET,] <记录数>:可选参数,用于限制查询结果的数量。LIMIT 后面可以跟两个参数,第一个参数"OFFSET"表示偏移量,实际使用时是具体数字,如果偏移量为 0,则从查询结果的第一条记录开始。如果不指定 OFFSET,其默认值为 0。第二个参数<记录数>确定返回的记录条数。

4.1.2 SELECT 语句应用案例

【案例 1】 查询成绩表 score 中的全部记录。

(1) 首先打开 stu 数据库:

```
use  stu;
```

(2) 写出查询语句:

```
SELECT  *  FROM  SCORE;
```

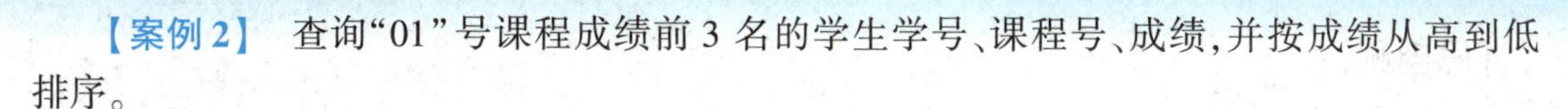

【案例2】 查询“01”号课程成绩前3名的学生学号、课程号、成绩，并按成绩从高到低排序。

(1)查询语句如下：

```
SELECT  sid,cno,result
FROM score
WHERE CNO ='01'
ORDER BY result DESC
LIMIT 0,3;
```

(2)执行语句。可以看到查询出“01”号课程成绩前3名的学生学号、课程号、成绩，并按成绩从高到低排序，如图4-1所示。

【案例3】 查询统计平均分高于70分的课程号、平均成绩，并按平均成绩从高到低排序，只显示前3条结果。

(1)查询语句如下：

```
SELECT  cno 课程号,AVG (result) AS 平均分
FROM  SCORE
GROUP BY cno
HAVING AVG (result)  >= 80
ORDER BY AVG (result) DESC
LIMIT 0,3;
```

(2)执行语句，查询统计平均分高于70分的课程号、平均成绩，并按平均成绩从高到低排序，只显示前3条结果，如图4-2所示。

SID	CNO	RESULT
0104	01	98
0201	01	90
0103	01	90

图4-1 “01”号课程成绩

课程号	平均分
06	83.66666666666667
04	82.4
02	81.5

图4-2 统计平均分高于70分的课程号与平均分

更多的应用将在后面学习。

【小结】

本节学习了SELECT语句的基本语法，请熟练记忆和掌握SELECT子句、FROM子句、WHERE子句、GROUP BY子句、ORDER BY子句、LIMIT子句的含义，后面将详细介绍每个子句的用法。SELECT语句功能十分强大，只有熟练掌握其基本语法，才能为后面的学习和将来解决各种复杂的实际问题打下基础。

【学有所思】

联系日常生活实际，我们在哪些方面有查询需求？

【课后自测】

1. 在 SQL 语言的 SELECT 语句中，用于实现选择运算的子句是(　　)。

A. FOR　　B. WHERE　　C. WHILE　　D. IF

2. select * from student 代码中的"*"号表示的正确含义是(　　)。

A. 普通的字符*号　　B. 错误信息

C. 所有的字段名　　D. 模糊查询

3. 以下语句不正确的是(　　)。

A. select * from emp;

B. select ename,hiredate,sal from emp;

C. select * from emp order deptno;

D. select * from where deptno = 1 and sal < 300;

4. 在 SQL 语言的 SELECT 语句中，用于对查询结果排序输出的子句是(　　)。

A. LIMIT　　B. WHERE　　C. GROUP　　D. ORDER

5. 在 SQL 语言的 SELECT 语句中，用于限制输出结果数目的子句是(　　)。

A. LIMIT　　B. WHERE　　C. GROUP　　D. HAVING

6. 熟练默写 SELECT 语句的基本语法。

____

____

____

____

课后实训

请下载数据库文件 stu. sql，完成以下操作：

1. 查询 student 表中学生的学号、学名、出生日期。
2. 查询 course 表中所有课程的信息，按学分 credit 值降序排序。
3. 查询 student 表中学生的学号、学名、年级，并按年级升序排序。
4. 查询"02"号课程成绩前 2 名的学生学号、课程号、成绩，并按成绩从高到低排序。

4.2 单表查询

单表查询

单表查询是查询的数据源只来自一个表或一个视图。本任务通过单表查询认识和掌握 SELECT 基本语法的各个子句的语法。

下面通过案例来介绍 SELECT 语句的各个子句的具体用法。

4.2.1 SELECT 输出项

```
SELECT [DISTINCT]|*|<表达式>[AS] 别名…
```

1. DISTINCT

用于消除查询结果的重复值。

【案例1】 查询 score 表中所有参与过考试的学生学号 sid（不含重复值），列名以“学号”显示。

（1）在 score 表中，每个学生可能选修多门课程，即有多行记录的学号（sid）字段值相同，使用 distinct 可以消除重复的行，列名可以使用 AS 关键字，命令可以这样写：

```
SELECT DISTINCT sid  AS  学号
FROM score;
```

（2）运行 SQL 语句，结果如图 4－3 所示。

【案例2】 查询 student 表中所有学生的系部名称 department（不含重复值）。

（1）student 表中每个系有多名学生，因此多行记录的 department 值相同，可以使用 DISTINCT 消除重复值，语句可以这样写：

```
SELECTDISTINCT department
FROM  student;
```

（2）运行 SQL 语句，结果如图 4－4 所示。

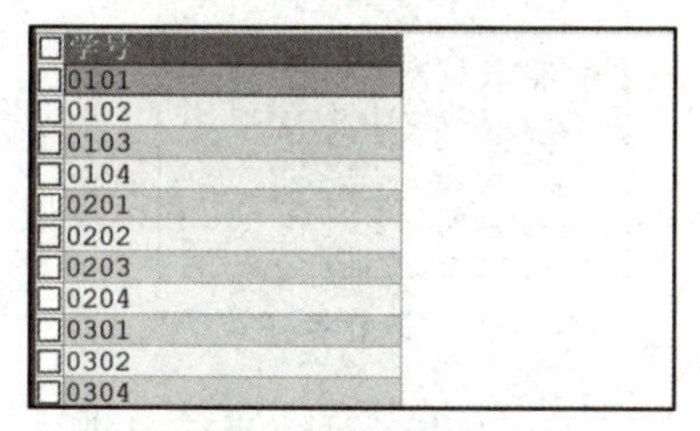

学号
0101
0102
0103
0104
0201
0202
0203
0204
0301
0302
0304

图 4－3　查询不重复的学号值

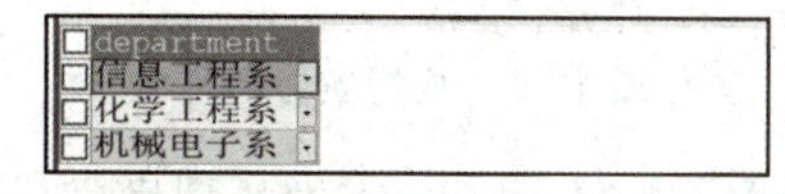

department
信息工程系
化学工程系
机械电子系

图 4－4　查询不含重复值的 department

2. ＊|<表达式>

这是查询的输出项，＊表示全部字段，<表达式>则可以是一个或多个字段，也可以是常量或计算的表达式。

【案例3】 查询 student 表的全部信息。

（1）查询语句：

```
SELECT *  FROM  student;
```

（2）运行 SQL 语句，结果如图 4－5 所示。

sid	sname	sex	birth	grade	department	addr
0101	刘明	男	2000-09-0	2019	信息工程系	上海市
0102	李小璐	女	2000-01-0	2019	信息工程系	河南省洛阳市
0103	张龙飞	男	2001-05-1	2020	信息工程系	河北省涿州市
0104	刘明明	男	2001-06-1	2020	信息工程系	河北省正定市
0201	李璐璐	女	2000-08-0	2019	化学工程系	河南省信阳市
0202	李小钱	男	2000-01-1	2019	化学工程系	河南省安阳市
0203	刘飞飞	男	2000-06-2	2019	化学工程系	河北省涿州市
0204	乔宇	女	2000-09-1	2020	化学工程系	安徽省潜山市
0301	关晓羽	男	2000-11-2	2019	机械电子系	山西省运城市
0302	张明娜	女	2000-02-0	2020	机械电子系	山西省忻州县
0303	关雨	男	2000-09-1	2019	机械电子系	北京市

图 4－5　查询 student 表的全部记录

【案例4】 查询 student 表中指定部分字段:学号(sid)、姓名(sname)。

(1)输出项可以是表中的多个字段值,每个输出项之间需要用逗号分隔开:

```
SELECT   sid,sname
FROM   student;
```

(2)运行 SQL 语句,结果如图 4-6 所示。

3. [AS] 别名

用于查询输出时表达式的别名,AS 可以省略。

【案例5】 查询 student 表中的学号(sid)、姓名(sname)、“xx 学校”。

(1)sid 和 sname 属于 student 表中的字段,但“xx 学校”是字符串常量,并不在 student 表中。语句可以这样写:

```
SELECT   sid,sname,'xx 学校' as   学校
FROM   student;
```

(2)运行 SQL 语句,结果如图 4-7 所示。

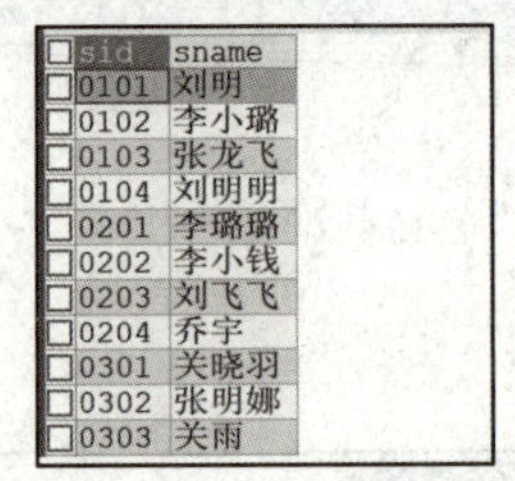

sid	sname
0101	刘明
0102	李小璐
0103	张龙飞
0104	刘明明
0201	李璐璐
0202	李小钱
0203	刘飞飞
0204	乔宇
0301	关晓羽
0302	张明娜
0303	关雨

图 4-6 查询学号与姓名

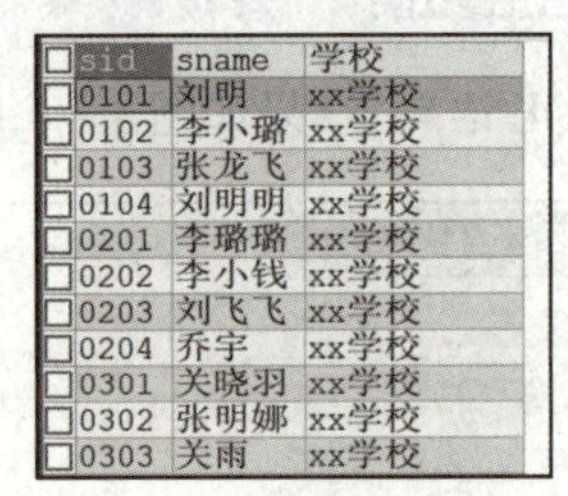

sid	sname	学校
0101	刘明	xx学校
0102	李小璐	xx学校
0103	张龙飞	xx学校
0104	刘明明	xx学校
0201	李璐璐	xx学校
0202	李小钱	xx学校
0203	刘飞飞	xx学校
0204	乔宇	xx学校
0301	关晓羽	xx学校
0302	张明娜	xx学校
0303	关雨	xx学校

图 4-7 查询字符常量

【案例6】 查询 student 表中的学号(sid)、姓名(sname)、日期(系统当前日期)。

(1)系统当前日期可以使用 NOW()函数返回,因此语句可以这样写:

```
SELECT   sid,sname,NOW()   as   日期
FROM   student;
```

(2)运行 SQL 语句,结果如图 4-8 所示。

sid	sname	日期
0101	刘明	2021-01-21 08:48:21
0102	李小璐	2021-01-21 08:48:21
0103	张龙飞	2021-01-21 08:48:21
0104	刘明明	2021-01-21 08:48:21
0201	李璐璐	2021-01-21 08:48:21
0202	李小钱	2021-01-21 08:48:21
0203	刘飞飞	2021-01-21 08:48:21
0204	乔宇	2021-01-21 08:48:21
0301	关晓羽	2021-01-21 08:48:21
0302	张明娜	2021-01-21 08:48:21
0303	关雨	2021-01-21 08:48:21
0304	张小丽	2021-01-21 08:48:21
0305	张潇潇	2021-01-21 08:48:21

图 4-8 查询输出函数

【案例7】 查询 student 表中的学号(sid)、姓名(sname)、年龄。

(1)学号(sid)和姓名(sname)是 student 表中的字段,年龄则等于当前年份减去出生日期的年份,属于计算的表达式。语句可以这样写:

```
SELECT   sid,sname,year(now()) -year(birth)  as   年龄
FROM  student;
```

请注意输出项及别名之间的分隔符,字段或表达书等输出项之间用逗号分隔,别名和表达式之间则用空格或者 AS 分隔。

(2)运行 SQL 语句,结果如图 4-9 所示。

sid	sname	年龄
0101	刘明	21
0102	李小璐	21
0103	张龙飞	20
0104	刘明明	20
0201	李璐璐	21
0202	李小钱	21
0203	刘飞飞	21
0204	乔宇	21
0301	关晓羽	21

图 4-9　输出表达式

4.2.2　条件查询

WHERE <条件表达式>作为查询的条件,筛选满足条件表达式的记录。在 MySQL 中,常用的条件表达式有三种:关系表达式、逻辑表达式、特殊表达式,每种表达式有不同的运算符。

1. 关系运算符

关系运算用于比较两个数据的大小关系。有 7 种运算符:>、>=、<、<=、=、<> 和!=。其中,不等于有 < > 和!=两个符号。关系运算符两边的表达式类型应保持一致或兼容。

【案例 8】　查询 student 表中“李璐璐”的所有字段信息。

(1)对于字符型字段,进行关系运算时,字符串常量需要加上单引号。命令可以这样写:

```
SELECT *
FROM    student
WHERE   sname ='李璐璐';
```

(2)运行 SQL 语句,结果如图 4-10 所示。

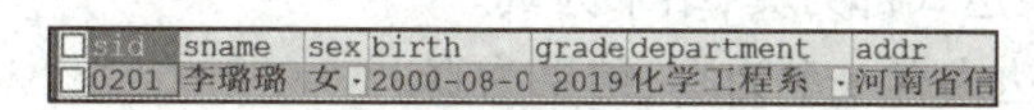

sid	sname	sex	birth	grade	department	addr
0201	李璐璐	女	2000-08-0	2019	化学工程系	河南省信

图 4-10　字符类型关系运算

WHERE 子句

【案例 9】　查询 score 表中成绩在 90 分以上的学号、课程号、成绩。

(1)数值型字段可直接与常量进行比较。命令可以这样写:

```
SELECT sid,cno,result
FROM score
WHERE result >=90;
```

(2)运行 SQL 语句,结果如图 4-11 所示。

sid	cno	result
0102	04	90
0103	01	90
0201	01	90
0203	05	90
0301	06	90
0103	02	92
0201	02	92
0304	03	92
0104	01	98
0305	04	99

图 4-11　数值型条件表达式

【案例 10】　查询 student 表中 2001 年以后出生的人员姓名、性别、出生日期。

(1)对于日期型,需要注意两个问题:一是日期型常量表达形式,出现在表达式中需要加上单引号;二是日期型数据大小问题,后面的日期比前面的大。查询语句可以这样写:

```
select   sname,sex,birth   from student
where birth >='2001-01-01';
```

或者

```
select   sname,sex,birth   from student
where year(birth) >=2001;
```

(2)运行 SQL 语句,结果如图 4-12 所示。

但是有一些初学者会这样写:

```
select   sname,sex,birth   from student
where birth >=2000;
```

运行,语法上没有错误,如图 4-13 所示,但可以发现查询结果不正确,原因是“ >= ”两边的数据类型不兼容,日期型是有固定格式的,而 2001 是一个整数,这两种类型不能进行比较运算。

sname	sex	birth
张龙飞	男	2001-05-1
刘明明	男	2001-06-1

图 4-12　日期型条件表达式

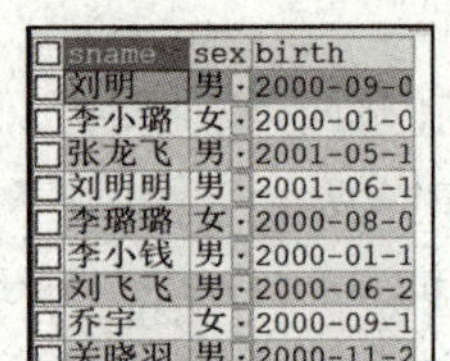

sname	sex	birth
刘明	男	2000-09-0
李小璐	女	2000-01-0
张龙飞	男	2001-05-1
刘明明	男	2001-06-1
李璐璐	女	2000-08-0
李小钱	男	2000-01-1
刘飞飞	男	2000-06-2
乔宇	女	2000-09-1
关晓羽	男	2000-11-2

图4-13　错误日期条件表达式

2. 逻辑运算符

逻辑运算符有三个:NOT、AND、OR。

NOT:非运算,求反运算。

AND:逻辑与,两个表达式都为真,结果为真。

OR:逻辑或,两个表达式有一个为真,结果为真。

【案例 11】　查询 student 表中非“信息工程系”的全体学生信息。

(1)查询条件可以有多种写法,既可以使用关系运算符!= 和 < >,也可以使用逻辑运算 NOT 与 = 的结合,有以下几种写法:

```
SELECT *   FROM student
WHERE department < >'信息工程系';
SELECT *   FROM student
WHERE department! ='信息工程系';
SELECT *   FROM student
WHERE NOT(department ='信息工程系');
```

(2)运行 SQL 语句,三种命令结果相同。结果如图 4-14 所示。

sid	sname	sex	birth	grade	department	addr
0201	李璐璐	女	2000-08-0	2019	化学工程系	河南省信
0202	李小钱	男	2000-01-1	2019	化学工程系	河南省安
0203	刘飞飞	男	2000-06-2	2019	化学工程系	河北省涿
0204	乔宇	女	2000-09-1	2020	化学工程系	安徽省潜
0301	关晓羽	男	2000-11-2	2019	机械电子系	山西省运
0302	张明娜	女	2000-02-0	2020	机械电子系	山西省忻
0303	关雨	男	2000-09-1	2019	机械电子系	北京市
0304	张小丽	女	2000-11-1	2019	机械电子系	河南省郑
0305	张潇潇	(.	(NULL)	NULL)	机械电子系	河南省郑

图 4-14　不等于条件表达式

【案例12】　查询 score 表中课程号 cno 为“01”且成绩 result 在 90 分以上的学号、课程号、成绩。

(1)查询条件 cno = '01' 和 result >= 90 是同时满足的关系,因此用 AND 连接。语句可以这样写:

```
SELECT sid,cno,result
FROM score
WHERE cno = '01' AND result >= 90;
```

(2)运行 SQL 语句,结果如图 4-15 所示。

sid	cno	result
0103	01	90
0104	01	98
0201	01	90

图 4-15　逻辑与表达式

【案例13】　查询 student 表中“李璐璐”和“李小钱”的所有字段信息。

(1)查询条件 sname = '李璐璐' 和 sname = '李小钱' 不能同时满足,满足任意一个就成立,因此语句可以这样写:

```
SELECT *  FROM student
WHERE sname = '李璐璐' OR sname = '李小钱';
```

还可以使用特殊运算符 in,来判断 sname 值是不是集合('李璐璐','李小钱')中的某一个元素,如果是,结果为真,否则,为假。

```
SELECT *  FROM student
WHERE sname IN ('李璐璐','李小钱');
```

(2)运行 SQL 语句,两种命令结果相同。结果如图 4-16 所示。

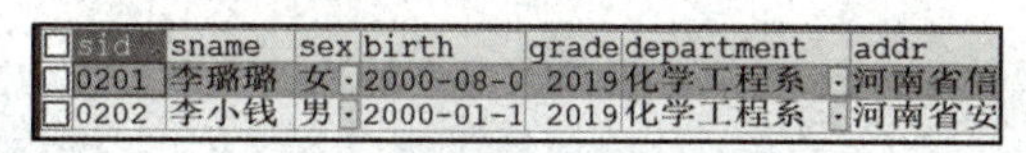

sid	sname	sex	birth	grade	department	addr
0201	李璐璐	女	2000-08-0	2019	化学工程系	河南省信
0202	李小钱	男	2000-01-1	2019	化学工程系	河南省安

图 4-16　逻辑或表达式

3. 特殊运算符

MySQL 常用的特殊运算符有 4 个:BETWEEN…AND、IN、LIKE、IS NULL。

BETWEEN…AND:判断某个数是否在某个范围之间,一般为数值型。

IN:是集合运算,判断某个数是否在某个集合内,如果在,条件为真,否则,为假。

LIKE:是模糊匹配,与% 和_结合进行模糊匹配。% 通配多个任意字符,_通配单个任意字符。

IS NULL:判断空值,判断字段值是否为空,如果为空,条件为真,否则,为假。

【案例14】　查询 score 表中成绩为 80~90 之间的成绩信息。

(1)判断成绩 result 在 80~90 之间,既可以用 result >= 80 and result <= 90,也可以用result BETWEEN　80　AND 90;两种写法。

```
SELECT * FROM score
WHEREresult >= 80 and result <= 90;
SELECT * FROM score
WHERE result BETWEEN  80  AND 90;
```

（2）运行 SQL 语句，两种命令结果相同。结果如图 4－17 所示。

scid	sid	cno	result
1	0101	01	80
2	0101	03	85
4	0101	04	80
6	0102	03	89
7	0102	02	88
8	0102	04	90
9	0103	01	90
15	0104	02	85
17	0201	01	90
18	0201	03	88

图 4－17　数值范围表达式

【案例 15】　查询 student 表中姓“李”的学生信息。

（1）先来认识两个函数：LEFT（srting1，n）的功能是将 srting1 左边的 n 个字符截取出来，substring（string1，n1，n2）的功能是将 string1 从第 n1 位置开始的 n2 个字符截取出来，因此这个查询有多种实现方法：

```
SELECT  *  FROM student
WHERE sname LIKE '李%';
SELECT  *  FROM student
WHERE LEFT(sname,1) ='李';
SELECT  *  FROM student
WHERE SUBSTRING(sname,1,1) ='李';
```

（2）运行 SQL 语句，三种命令结果相同。结果如图 4－18 所示。

sid	sname	sex	birth	grade	department	addr
0102	李小璐	女	2000-01-0	2019	信息工程系	河南省洛
0201	李璐璐	女	2000-08-0	2019	化学工程系	河南省信
0202	李小钱	男	2000-01-1	2019	化学工程系	河南省安
0306	李春晓	女	(NULL)	NULL)	信息工程系	(NULL)

图 4－18　多个字符模糊匹配表达式

【案例 16】　查询 student 表中姓“李”和“张”的学生信息。

（1）实现这个查询有多种方法，既可以用特殊运算符 like 和逻辑运算符 or 结合，也可以使用函数与 in 结合。

```
SELECT  *  FROM student
WHERE sname LIKE '李%' OR sname LIKE '张%';
SELECT  *  FROM student
WHERE LEFT(sname,1) = '李' OR LEFT(sname,1) = '张';
SELECT  *  FROM student
WHERE LEFT(sname,1) IN ('李','张');
```

（2）运行 SQL 语句，三种命令结果相同。结果如图 4－19 所示。

sid	sname	sex	birth	grade	department	addr
0102	李小璐	女	2000-01-0	2019	信息工程系	河南省洛
0103	张龙飞	男	2001-05-1	2020	信息工程系	河北省涿
0201	李璐璐	女	2000-08-0	2019	化学工程系	河南省信
0202	李小钱	男	2000-01-1	2019	化学工程系	河南省安
0302	张明娜	女	2000-02-0	2020	机械电子系	山西省忻
0304	张小丽	女	2000-11-1	2019	机械电子系	河南省郑
0305	张潇潇	(.	(NULL)	NULL)	机械电子系	河南省郑
0306	李春晓	女	(NULL)	NULL)	信息工程系	(NULL)

图 4－19　复杂模糊匹配

【案例 17】　查询 student 表中 sname 的第二个字是“小”的学生信息。

（1）第一个位置为单个任意字符，“小”在第二个位置上，后面可以为任意字符，语句可以这样写：

```
SELECT *  FROM student
WHERE sname LIKE '_小%';
```

(2)运行 SQL 语句,结果如图 4－20 所示。

sid	sname	sex	birth	grade	department	addr
0102	李小璐	女	2000-01-0	2019	信息工程系	河南省洛
0202	李小钱	男	2000-01-1	2019	化学工程系	河南省安
0304	张小丽	女	2000-11-1	2019	机械电子系	河南省郑

图 4－20　单个字符模糊匹配

【案例 18】　查询 student 表中 addr 为“郑州”的学生信息。

(1)由于地址中不确定“郑州”二字的具体位置,因此语句可以这样写:

```
SELECT *  FROM student
WHERE addr LIKE '% 郑州%';
```

(2)运行 SQL 语句,结果如图 4－21 所示。

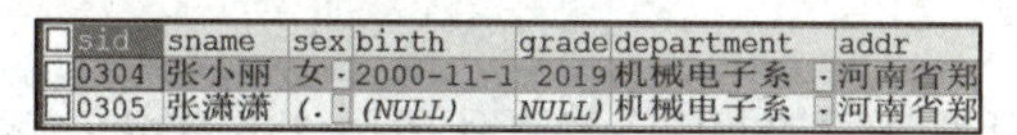

sid	sname	sex	birth	grade	department	addr
0304	张小丽	女	2000-11-1	2019	机械电子系	河南省郑
0305	张潇潇	(.	(NULL)	(NULL)	机械电子系	河南省郑

图 4－21　不确定位置模糊匹配

【案例 19】　查询 score 表中 result 为空的成绩信息。

(1)空值既不是字符型的空字符串,也不是数值型的零值,因此不能用相等或者不相等判断,只能使用 IS NULL 判断,语句如下:

```
SELECT *  FROM score
WHERE result IS NULL;
```

(2)运行 SQL 语句,结果如图 4－22 所示。

scid	sid	cno	result
57	0305	06	(NULL)

图 4－22　空值判断

4. 聚合函数

所谓聚合,是指对多条记录的某个字段进行统计计算,常用的聚合函数有:

(1)AVG([DISTINCT] <字段>):求<字段>的平均值,<字段>为数值型。

(2)SUM([DISTINCT] <字段>):求<字段>的总和,<字段>为数值型。

(3)COUNT([DISTINCT] <字段>|*):计数函数,统计<字段>值个数,可以是*,也可以是某个具体字段。*统计时包含空值,<字段>统计时不包含空值。使用 DISTINCT 可统计不同<字段>值的个数,DISTINCT 与*不能同时使用。

(4)MAX(<字段>):求<字段>的最大值,<字段>为数值型。

(5)MIN(<字段>):求<字段>的最小值,<字段>为数值型。

【案例 20】　统计 score 表中所有学生的总分、平均分、最高分和最低分。

(1)对 score 表中 result 字段进行聚合运算,查询语句如下:

```
SELECT SUM(result)总分,AVG(result) 平均分,MAX(result) 最高分,MIN
(result) 最低分  FROM score;
```

(2)执行,结果如图 4-23 所示。

【案例 21】 统计 score 表中课程号 cno 为“01”的课程的总分、平均分、最高分和最低分。

(1)对 score 表中课程号为“01”的 result 字段进行聚合运算,查询语句如下:

```
SELECT SUM(result)总分,AVG(result) 平均分,
MAX(result)最高分,MIN(result) 最低分
FROM score
WHERE cno = '01';
```

(2)执行,结果如图 4-24 所示。

总分	平均分	最高分	最低分
3793	79.02083333333333	99	52

图 4-23 全部记录聚合运算

总分	平均分	最高分	最低分
919	76.58333333333333	98	52

图 4-24 部分记录聚合运算

【案例 22】 统计 score 表中参与考试的学生人数和总人次数。

(1)查询语句如下:

```
SELECT COUNT(DISTINCT sid)人数,COUNT( * ) 人次
FROM score;
```

(2)执行,结果如图 4-25 所示。

人数	人次
13	49

图 4-25 DISTINCT 消除聚合重复值

【案例 23】 统计 student 表中男生人数。

(1)查询语句如下:

```
SELECT COUNT( * )男生人数
FROM student
WHERE sex = '男';
```

(2)执行,结果如图 4-26 所示。

男生人数
7

图 4-26 统计男生人数

【案例 24】 统计 student 表中女生人数。

(1)查询语句如下:

```
SELECT COUNT( * )女生人数
FROM student
WHERE sex = '女';
```

(2)执行,结果如图 4-27 所示。

女生人数
6

图 4-27 统计女生人数

group by 子句

4.2.3 聚合与分组

语法:

```
GROUP BY <字段> [ HAVING <分组条件>]
```

功能:按<字段>值对记录分组,聚合函数对每组进行聚合运算,HAVING <分组条件>用于输出满足<分组条件>的数据。

【案例25】 统计 student 表中男、女生人数。

(1)按照性别的不同值统计人数,需要先对记录按照 sex 字段分组,查询语句如下:

```
SELECT sex 性别,COUNT( * ) 人数
FROM student
GROUP BY sex;
```

(2)执行,结果如图 4-28 所示。

可以看到,表中记录 sex 字段值有三个不同值:男、女、空,都分别统计出记录行数。

【案例26】 查询统计 score 表中每门课平均分,显示平均分在 80 分以上的课程号和平均分。

(1)先使用 GROUP BY 对课程号进行分组,统计平均分,然后使用 HAVING 对分组后的统计结果进行筛选,查询语句如下:

```
SELECT cno 课程号,AVG(result) 平均分
FROM score
GROUP BY cno HAVING AVG(result) >=80;
```

(2)执行,结果如图 4-29 所示。

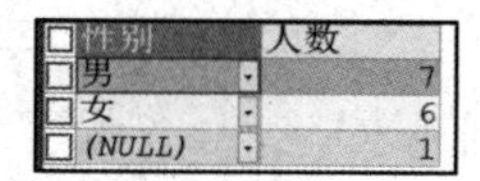

性别	人数
男	7
女	6
(NULL)	1

图 4-28 分组统计男生与女生人数

课程号	平均分
02	81.5
04	82.4
06	83.6666666666667

图 4-29 分组条件统计

注意:这个地方不能使用 WHERE AVG(result) >= 80;,因为聚合函数不能直接出现在 WHERE 子句中。

【案例27】 查询统计 score 表中"01""02""03"号课程平均分,显示平均分在 80 分以上的课程号和平均分。

(1)这个查询可以先筛选出"01""02""03"号课程的成绩信息,然后对筛选的记录按照课程号进行分组,求出三门课的平均分。在三门课的平均分中筛选出平均分在 80 分以上的结果并输出。查询语句如下:

```
SELECT cno 课程号,AVG(result) 平均分
FROM score
WHERE cno IN ('01','02','03')
GROUP BY cno HAVING AVG(result) >=80;
```

这个查询还可以先对表中所有记录按照课程号进行分组,求出所有课程的平均分,然后筛选出平均分在 80 分以上且课程是 01、02、03 的数据。查询语句如下:

```
SELECT cno 课程号,AVG(result) 平均分
FROM score
GROUP BY cno
HAVING AVG(result) >=80 AND cno IN ('01','02','03');
```

(2)执行,结果如图 4 - 30 所示。

可以看到,两种写法的查询结果相同。

注意 WHERE 和 HAVING 的区别。WHERE 是先过滤表中记录,满足条件的记录才进行分组聚合运算,而 HAVING 是对分组后的聚合运算结果进行筛选。

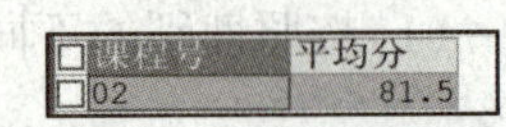

课程号	平均分
02	81.5

图 4 - 30　复杂分组条件聚合运算

4.2.4　结果排序

ORDER BY <表达式> [ASC|DESC]子句对查询结果排序输出,ASC 为升序,DESC 为降序,ASC 或 DESC 可以省略,默认为升序。可以有多个排序字段,当有多个排序字段时,结果首先按第一排序字段排序,当第一排序字段的值相同时,第一字段值相同的记录再按第二排序字段排序,依次类推。

【案例 28】　查询 score 表中的成绩,按成绩从高到低排序,当成绩相同时,按照学号从小到大排序。

(1)排序使用 ORDER BY 短语,查询语句如下:

```
SELECT *  FROM score
ORDER BY result DESC,sid ASC;
```

(2)执行,结果如图 4 - 31 所示。

可以看到,查询结果首先按照 result 字段降序排列,成绩相同的,再按照 sid 字段升序排列。

scid	sid	cno	result
56	0305	04	99
13	0104	01	98
11	0103	02	92
19	0201	02	92
51	0304	03	92
8	0102	04	90
9	0103	01	90
17	0201	01	90
28	0203	05	90
36	0301	06	90
6	0102	03	89

图 4 - 31　按课程号与成绩排序输出

【案例 29】　查询 student 表学生基本信息,按年龄从小到大排序输出。

(1)年龄从小到大,则出生年月从大到小,查询语句如下:

```
SELECT *  FROM student
ORDER BY birth DESC;
```

(2)执行,结果如图 4 - 32 所示。

sid	sname	sex	birth	grade	department	addr
0104	刘明明	男	2001-06-1	2020	信息工程系	河北省正定市
0103	张龙飞	男	2001-05-1	2020	信息工程系	河北省涿州市
0301	关晓羽	男	2000-11-2	2019	机械电子系	山西省运城市
0304	张小丽	女	2000-11-1	2019	机械电子系	河南省郑州市
0303	关雨	男	2000-09-1	2019	机械电子系	北京市
0204	乔宇	女	2000-09-1	2020	化学工程系	安徽省[illegible]
0101	刘明	男	2000-09-0	2019	信息工程系	上海市
0201	李璐璐	女	2000-08-0	2019	化学工程系	河南省信阳市
0203	刘飞飞	男	2000-06-2	2019	化学工程系	河北省涿州市
0302	张明娜	女	2000-02-0	2020	机械电子系	山西省忻州县

图 4 - 32　日期型排序输出

4.2.5　限制记录行

语法:

```
LIMIT [OFFSET,] <记录数>
```

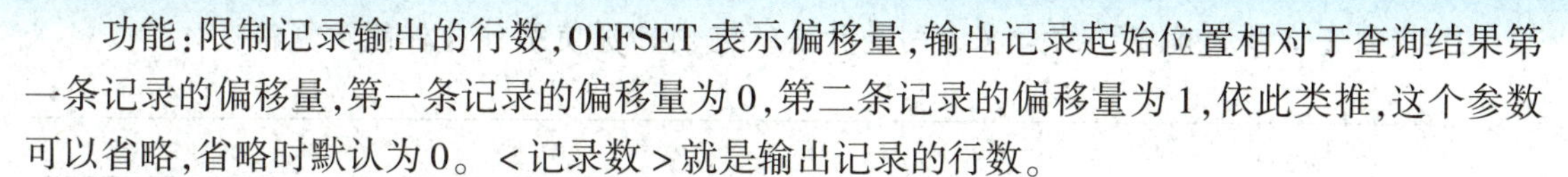

功能:限制记录输出的行数,OFFSET 表示偏移量,输出记录起始位置相对于查询结果第一条记录的偏移量,第一条记录的偏移量为0,第二条记录的偏移量为1,依此类推,这个参数可以省略,省略时默认为0。<记录数>就是输出记录的行数。

【案例30】 查询输出01号课程成绩前3名。

(1)将01号课程成绩从大到小排序,输出前3条结果,查询语句如下:

```
SELECT *  FROM score
WHERE cno ='01'
ORDER BY result DESC
LIMIT 0,3;
```

(2)执行,结果如图4-33所示。

【案例31】 查询输出score表中01号课程成绩的第2名和第3名。

(1)先对01号课程按照降序排序,从第2条记录开始,共输出2条记录,因此OFFSET偏移量为1,输出的记录数为2,查询语句如下:

```
SELECT *  FROM score
WHERE cno ='01'
ORDER BY result DESC
LIMIT 1,2;
```

(2)执行,结果如图4-34所示。

scid	sid	cno	result
13	0104	01	98
17	0201	01	90
9	0103	01	90

图4-33 输出01号课程成绩前3名

scid	sid	cno	result
17	0201	01	90
9	0103	01	90

图4-34 输出01号课程成绩的第2名和第3名

【小结】

本节学习了SELECT语句中的SELECT子句、WHERE子句、聚合函数、GROUP BY子句、ORDER BY子句、LIMIT子句的用法。SELECT子句是查询的输出项,可以是字段、常量、函数、计算的表达式;对于WHERE子句,学习了关系表达式、逻辑表达式、特殊表达式的使用。请通过练习掌握三种运算符的用法,在实际使用过程中,它们都不是孤立的,经常需要结合在一起解决复杂的条件问题。学习并掌握常用聚合函数的功能与用法,以及聚合函数与GROUP BY子句结合进行分组统计,掌握对查询结果排序输出和限制记录输出的个数。

【学有所思】

1. SELECT语句基本语法的每个子句的作用分别是什么?如何书写满足需求的SELECT查询?

2. 模糊查询和精确查询的含义分别是什么？它们分别使用什么样的运算符？

____

____

____

____

【课后测试】

1. 在 SELECT 语句中，使用关键字(　　)可以把重复行屏蔽。

A. TOP　　B. ALL　　C. UNION　　D. DISTINCT

2. 在 MySQL 中建立了“学生”表，表中有“学号”“姓名”“性别”和“入学成绩”等字段，执行如下 SQL 命令：Select 性别，avg(入学成绩) From 学生 Group by 性别，其结果是(　　)。

A. 计算并显示所有学生的性别和入学成绩的平均值

B. 按性别分组计算并显示性别和入学成绩的平均值

C. 计算并显示所有学生的入学成绩的平均值

D. 按性别分组计算并显示所有学生的入学成绩的平均值

3. 从学生(student)表中的姓名(name)字段查找姓“张”的学生，可以使用如下代码：select * from student where (　　)。

A. name = '_张 *'　　B. name like '张 %'　　C. name LIKE '张'　　D. name LIKE '张 *'

4. SQL 语言中，下列涉及空值的操作，不正确的是(　　)。

A. AGE IS NULL　　B. AGE IS NOT NULL

C. AGE = NULL　　D. NOT(AGE IS NULL)

5. 设有一个关系：DEPT(DNO,DNAME)，如果要找出倒数第三个字母为 W，并且至少包含 4 个字母的 DNAME，则查询条件子句应写成 WHERE DNAME LIKE(　　)。

A. '_ _W _%'　　B. '_ W _ %'　　C. '_ W _ _'　　D. '_ %W _ _'

6. 下列聚合函数中不忽略空值(null)的是(　　)。

A. SUM(字段)　　B. MAX(字段)　　C. AVG(字段)　　D. COUNT(*)

7. 下列聚合函数中，用于求和的是(　　)。

A. SUM(字段)　　B. MAX(字段)　　C. AVG(字段)　　D. COUNT(*)

8. 在 SELECT 语句中，可以使用(　　)子句将结果集中的数据行根据选择列的值进行逻辑分组，以便能汇总表内容的子集，即实现对每个组的聚集计算。

A. LIMIT　　B. GROUP BY　　C. WHERE　　D. ORDER BY

9. 统计每个部门的人数的语句是(　　)。

A. SELECT SUM(ID) FROM EMP GROUP BY DEPTNO;

B. SELECT SUM(ID) FROM EMP ORDER BY DEPTNO;

C. SELECT COUNT(ID) FROM EMP ORDER BY DEPTNO;

D. SELECT COUNT(ID) FROM EMP GROUP BY DEPTNO;

10. 使用 ORDER BY 子句对记录排序输出时未指明 ASC 或 DESC，采用默认的(　　)顺序输出。

A. ASC　　B. DESC

C. 不明确　　D. 随机 ASC 或 DESC

课后实训

1. 查询 student 表中的学生学号 sid、姓名 sname、家庭住址 addr 三个字段信息。
2. 查询输出 score 表中的所有选修过课程的课程号 cno(不得重复)。
3. 查询输出 student 表中的姓名、年龄(年龄 = 系统年份 - 出生年份)。
4. 查询 student 表中的学号、姓名、填表日期,其中日期为当前日期。
5. 查询 score 表中 cno 为“01”号课程、成绩在 80～90 分之间的成绩信息。
6. 查询 student 表中“2000 - 09 - 01”以后出生的学生的所有信息。
7. 查询“信息工程系”和“化学工程系”的学生的所有信息。
8. 查询“信息工程系”和“化学工程系”的女生的所有信息。
9. 查询 student 表中“王”姓学生的学号、姓名、性别。
10. 查询 student 表中“王”姓和“张”姓的“女”学生的 sid、sname、addr。
11. 查询 student 表中 addr 字段为空的学生所有信息。
12. 查询所有学生的总分、平均分、最高分和最低分。
13. 查询“02”科目的总分、平均分、最高分和最低分。
14. 查询学号为“0101”的总分、平均分、最高分和最低分。
15. 查询输出每个学生的学号、姓名、所在系,按所在系升序排列。
16. 查询所有学生的姓名和年龄,以列名 “姓名、年龄”输出,并按照年龄从小到大输出。
17. 查询所有学生的学号、姓名和性别,并按性别升序、姓名降序排序。
18. 查询出 score 表中选修“03”课程的学号和成绩,并按照成绩的降序排列。
19. 查询 student 表中的学生人数。
20. 按性别统计男、女生人数。
21. 查询统计系部人数,显示各系人数在 3 人以上的系部名称和人数。
22. 统计每门课的总分、平均分、最高分和最低分。
23. 统计“02”“03”“06”三科成绩的平均分、最高分、最低分。
24. 查询课程平均分在 75 分以上的课程的总分、平均分。
25. 统计每个学生的总分、平均分、最高分和最低分。
26. 查询出 score 表中总成绩前三名的学生学号、总分。
27. 查询出 score 表中总成绩最低的学生学号、总分。
28. 查询出 score 表中总成绩前 5 到前 10 名的学生学号、总分。

多表查询

4.3 多表连接查询

4.3.1 多表连接语法

一个数据库中会有多个表,我们经常会遇到需要查询的数据关系到多个表的情况,查询多个表中数据需要进行表与表之间的连接，多表之间的连接方式有三种：交叉连接、内连接和外连接。

多表连接的语法如下：

```
SELECT  [DISTINCT]   * |<表达式>
FROM <表名1>
[CROSS |INNER |LEFT |RIGHT] JOIN <表名2>
[ON <表名1. 字段 =表名2. 字段>]
[WHERE 条件表达式 ]
[GROUP  BY…]
[ORDER BY …]
[LIMIT …]
```

LEFT 和 RIGHT 是外连接的两种类型，分别是左外连接和右外连接。使用 LEFT JOIN 时，LEFT 左边表 <表名1> 中的记录全部输出，按照 ON <表名1. 字段 = 表名2> 字段条件匹配的记录输出相关 <表2> 字段值，不能匹配的，则输出空值；使用 RIGHT JOIN 时，则是右边表 <表名2> 中的记录全部输出，按照 ON <表名1.字段 = 表名2.字段> 条件匹配的记录输出相关 <表1> 字段值，不能匹配的，则输出空值。

4.3.2 交叉连接

语法：FROM <表名1> CROSS <表名2>

CROSS 表示是交叉连接，交叉连接是按照笛卡尔乘积的形式连接两个表中的数据，也就是 <表名1> 中的每一条记录和 <表名2> 的所有记录都连接一次，没有 ON 连接条件。

【案例1】 查询学生表 student 的所有学生的所有选课可能（假设 course 表中的每门课都可以选修）。

（1）student 表中每个学生可以对 course 表中的每门课程进行选修，可以使用交叉连接，语法如下：

```
SELECT sid,sname,cno,cname
FROM student CROSS JOIN course;
SELECT sid,sname,cno,cname
FROM student,course;
```

（2）执行，结果如图 4－35 所示。可以看出，student 表中的每一条记录都与 score 表中的每一条记录进行了连接。

sid	sname	cno	cname
0101	刘明	01	高等数学
0101	刘明	02	大学英语
0101	刘明	03	体育
0101	刘明	04	数据库
0101	刘明	05	化学
0101	刘明	06	电子学
0101	刘明	07	形式与政策
0102	李小璐	01	高等数学
0102	李小璐	02	大学英语
0102	李小璐	03	体育

图 4－35　交叉连接查询

4.3.3　内连接

语法：

```
FROM　<表名1> INNER JOIN　<表名2>
ON <表名1.字段>= <表名2.字段>
```

或者

```
FROM　<表名1>,<表名2>
WHERE　<表名1.字段> = <表名2.字段>
```

INNER 表示内连接，内连接只查询输出按照 ON <表名1.字段 = 表名2>字段条件匹配的记录。内连接还可以使用 where 条件连接实现。

【案例2】　查询选修课程的学号(sid)、姓名(sname)、课程号(cno)、成绩(result)。

(1)学号(sid)和姓名(sname)属于 student 表，课程号(cno)和成绩(result)属于 score 表，这两个表之间有共同字段 sid，需要使用内连接查询，因此查询可以这样写：

```
SELECT a.sid,sname,cno,result
FROM student a INNER JOIN score b
ON a.sid=b.sid;
```

为书写方便，将 student 表起别名 a、score 起别名 b。

内连接也可以使用 WHERE 连接实现，语句如下：

```
SELECT a.sid,sname,cno,result
FROM student a , score b
WHERE a.sid=b.sid;
```

多表连接查询时，当查询语句中使用的字段名是多个表中共同字段时，必须指明该字段所属的表名，如 sid 同时属于 student 表和 score 表，使用时必须加上所属的表名。

(2)执行，结果如图 4-36 所示。可以看出，查询结果只输出 student 表中 sid 字段与 score 表中 sid 字段相匹配的记录。

sid	sname	cno	result
0101	刘明	01	80
0101	刘明	03	85
0101	刘明	02	78
0101	刘明	04	80
0102	李小璐	01	68
0102	李小璐	03	89
0102	李小璐	02	88
0102	李小璐	04	90

图 4-36　两个表的连接查询

【案例3】　查询选修过课程的学生学号(sid)、姓名(sname)、课程名(cname)、成绩(result)。

(1)分析这个查询需求：学号 sid 和姓名 sname 属于 student 表，课程名 cname 属于 course 表，成绩 result 属于 score 表。这三个表之间的关系是：student 表和 score 表有共同字段 sid，score 表和 course 表有共同字段 cno。查询满足 student 表的字段 sid 值等于 score 表的字段 sid 值，score 表的字段 cno 值等于 course 表的字段 cno 值，因此，可以使用内连接，查询语句可以这样书写：

```
SELECT a.sid,sname,cname,result
FROM student a INNER JOIN score b
ON a.sid=b.sid
```

```
INNER JOIN course c
ON b.cno = c.cno;
```

同样,也可以使用 where 连接查询条件,语句如下:

```
SELECT a.sid,sname,cname,result
FROM student a, score b,course c
WHERE  a.sid = b.sid AND  b.cno = c.cno;
```

(2)执行,结果如图 4-37 所示。可以看出,查询输出的是 student 表中 sid 字段与 score 表中 sid 字段相匹配、score 表中 cno 字段与 course 表中 cno 字段相匹配的记录。

【案例 4】 查询选修了"体育"和"大学英语" 课程的学生姓名(sname)、课程名(cname)、成绩(result),并按科目和成绩高低排序。

(1)与上一个查询需求一样,只是增加了查询条件:课程名为"体育"和"大学英语",结果排序,因此查询语句可以这样书写:

```
SELECT sname,cname,result
FROM student a INNER JOIN score b
ON a.sid = b.sid
INNER JOIN course c
ON b.cno = c.cno
WHERE cname IN ('体育','大学英语')
ORDER BY cname,result DESC;
```

也可以使用 where 连接查询条件,语句如下:

```
SELECT sname,cname,result
FROM student a , score b,course c
WHERE  a.sid = b.sid AND  b.cno = c.cno AND cname IN ('体育','大学英语')
ORDER BY cname,result DESC;
```

(2)执行,结果如图 4-38 所示。

sid	sname	cname	result
0101	刘明	高等数学	80
0101	刘明	体育	85
0101	刘明	大学英语	78
0101	刘明	数据库	80
0102	李小璐	高等数学	68
0102	李小璐	体育	89
0102	李小璐	大学英语	88

图 4-37 多个表的连接查询

sname	cname	result
张小丽	体育	92
李小璐	体育	89
李璐璐	体育	88
刘明	体育	85

图 4-38 多个表的复杂条件查询

4.3.4 外连接

语法:

```
FROM <表名1> LEFT |RIGHT JOIN   <表名2>
[ON <表名1.字段=表名2.字段>]
```

LEFT 和 RIGHT 是外连接的两种类型，分别是左外连接和右外连接。使用 LEFT JOIN 时，LEFT 左边表 <表名 1> 中的记录全部输出，按照 ON <表名 1. 字段 = 表名 2> 字段条件匹配的记录输出相关 <表 2> 字段值，不能匹配的，则输出空值；使用 RIGHT JOIN 时，则是右边表 <表名 2> 中的记录全部输出，按照 ON <表名 1. 字段 = 表名 2. 字段> 条件匹配的记录输出相关 <表 1> 字段值，不能匹配的，则输出空值。

【案例 5】 查询所有学生学号(sid)、姓名(sname)、课程号(cno)、成绩(result)，没有选修课的学生也输出。

(1)要想输出 student 表中不能与 score 表中匹配的记录，可以分别使用左外查询和右外查询实现，命令如下：

```
SELECT a.sid,sname,cno,result
FROM student a LEFT JOIN score b
ON a.sid=b.sid;
SELECT b.sid,sname,cno,result
FROM score a RIGHT JOIN student  b
ON a.sid=b.sid;
```

(2)执行，结果如图 4-39 所示。可以看到，即使 student 表中 sid 字段与 score 表中 sid 字段不匹配，也同样输出了，但 cno、result 字段值为空值。

【案例 6】 查询“信息工程系”所有的学生学号(sid)、姓名(sname)、课程号(cno)、成绩(result)，没有选修过课程的学生也输出。

(1)与上例相比，增加系部为“信息工程系”的条件，查询语句如下：

```
SELECT a.sid,sname,cno,result
FROM student a LEFT JOIN score b
ON a.sid=b.sid
WHERE department ='信息工程系';
```

(2)执行，结果如图 4-40 所示。

sid	sname	cno	result
0302	张明娜	02	68
0302	张明娜	06	76
0303	关雨	(NULL)	(NULL)
0304	张小丽	01	78
0304	张小丽	02	88
0304	张小丽	03	92
0304	张小丽	06	85
0305	张潇潇	04	99
0305	张潇潇	06	(NULL)

图 4-39　外连接查询

sid	sname	cno	result
0101	刘明	01	80
0101	刘明	03	85
0101	刘明	02	78
0101	刘明	04	80
0102	李小璐	01	68
0102	李小璐	03	89
0102	李小璐	02	88
0102	李小璐	04	90
0103	张龙飞	01	90

图 4-40　有条件的外连接查询

4.3.5　联合查询

联合查询是将多个 SELECT 语句执行的结果集合并为一个结果集，语法如下：

```
SELECT 语句 1
UNION [ALL]
SELECT 语句 2
```

其中,UNION 为联合查询关键字;ALL 表示显示结果中所有行,省略则删除重复行。联合查询要求两个 SELECT 语句的列数和列的顺序必须相同,但类型能够兼容即可。列的含义可以不同,输出时会以第一个查询的列名作为列名输出。

【案例 7】 查询 course 表中“01”号课程的课程号(cno)、学分(credit)及 score 表中选修“01”号课程的学生的学号(cno)、成绩(result)。

(1)这是两个查询,查询的列数相同、类型兼容,可以使用 UNION 将结果合并到一个结果集,语句如下:

```
SELECT cno,credit FROM course
WHERE cno = '01'
UNION
SELECT sid,result FROM score
WHERE cno = '01';
```

(2)执行,结果如图 4-41 所示。

【案例 8】 查询成绩表中“01”号课程成绩的前 3 名和“02”号课程成绩前 5 名的学号、课程号、成绩。

(1)这个查询可以使用 UNION 联合查询实现。使用联合查询的语句如下:

```
(SELECT sid,cno,result FROM score
WHERE cno = '01' ORDER BY result DESC LIMIT 3)
UNION
(SELECT sid,cno,result FROM score
WHERE cno = '02' ORDER BY result DESC LIMIT 5)
```

当使用 ORDER BY、LIMIT 子句时,查询需要加括号;如果对联合查询的结果集排序,ORDER BY 子句在最后一个查询后指定排序。

(2)查询结果如图 4-42 所示。

cno	credit
01	4
0101	78
0102	68
0103	90
0104	98
0201	90

图 4-41 联合查询“01”号课程号与成绩

sid	cno	result
0101	02	88
0102	02	88
0304	02	88
0201	01	90
0103	01	90
0103	02	92
0201	02	92
0104	01	98

图 4-42 联合查询“01”和“02”号成绩信息

【小结】

本小节学习了多表查询。多表查询时,表与表之间的连接基本语法是:

```
FROM 表名 1 [CROSS |INNER |LEFT |RIGHT] JOIN  表名 2 ON <连接条件>
```

在实际应用时,有三种形式:

1. 交叉连接,连接语法是:

```
FROM  表名1  CROSS JOIN  表名2
```

2. 内连接,连接语法是:

```
FROM  表名1  [INNER] JOIN  表名2
ON 表名1.字段=表名2.字段
```

3. 外连接,连接语法是:

```
FROM  表名1  LEFT|RIGHT  JOIN  表名2
ON 表名1.字段=表名2.字段
```

4. 联合查询:

```
select 语句1 union select 语句2
```

不同的查询类型解决不同的查询需求,使用时根据需要选择合适的连接方式。

【学有所思】

1. 每种查询是如何实现表间数据连接的?如何根据不同的查询需求选择不同的查询类型?

____

____

2. 三种多表的连接中,哪些需要连接条件?哪些不需要?

____

____

【课后测试】

1. 多表连接查询不包含(　　)。

A. 交叉连接　　B. 内连接

C. 外连接　　D. 中间连接

2. 假定 A 表中有 100 条记录,B 表中有 1 000 条记录,则 select A. *,b. *　from A CROSS JOIN B,共输出(　　)条查询结果。

A. 100　　B. 1 000　　C. 100 000　　D. 1 000 000

3. 在连接类型中,不需要使用 ON <连接条件>的连接类型是(　　)。

A. 交叉连接　　B. 内连接

C. 左外连接　　D. 右外连接

4. 以下不一定能输出 A 表中全部记录的命令是(　　)。

A. select A. *,b. *　from A CROSS JOIN B

B. select A. *,b. *　from A INNER JOIN B ON A. ID=B. ID

C. select A. *,b. *　from A LEFT JOIN B ON A. ID=B. ID

D. select A. * ,b. * from B RIGHT JOIN A ON A. ID = B. ID

5. 假定 A 表中有 100 条记录,B 表中有 1 000 条记录,A 表中有 50 条记录的 id 字段值与 B 表中的 id 字段值相等,则 select A. * ,b. * from A INNER JOIN B ON A. ID = B. ID 共输出( )条查询结果。

A. 100　　B. 50　　C. 1 000　　D. 100 000

6. 假定 A 表中有 100 条记录,B 表中有 1 000 条记录,A 表中有 50 条记录的 id 字段值与 B 表中的 id 字段值相等,则 select A. * ,b. * from A LEFT JOIN B ON A. ID = B. ID 共输出( )条查询结果。

A. 100　　B. 50　　C. 1 000　　D. 100 000

7. 假定 A 表中有 100 条记录,B 表中有 1 000 条记录,A 表中有 50 条记录的 id 字段值与 B 表中的 id 字段值相等,则 select A. * ,b. * from A RIGHT JOIN B ON A. ID = B. ID 共输出( )条查询结果。

A. 100　　B. 50　　C. 100　　D. 100 000

8. 假设学生关系 S(S#,SNAME,SEX)、课程关系 C(C#,CNAME)、学生选课关系 SC(S#,C#,GRADE)。要查询选修"Computer"课的男生姓名,将涉及关系( )。

A. S　　B. S,SC　　C. C,SC　　D. S,C,SC

9. 有关系 S(S#,SNAME,SEX)、C(C#,CNAME)、SC(S#,C#,GRADE)。其中,S#是学生号、SNAME 是学生姓名、SEX 是性别、C#是课程号、CNAME 是课程名称。要查询选修"数据库"课的全体男生姓名的 SQL 语句是 SELECT SNAME FROM S,C,SC WHERE 子句。这里的 WHERE 子句的内容是( )。

A. S. S# = SC. S# and C. C# = SC. C# and SEX = '男' and CNAME = '数据库'

B. S. S# = SC. S# and C. C# = SC. C# and SEX in '男' and CNAME in '数据库'

C. SEX '男' and CNAME '数据库'

D. S. SEX = '男' and CNAME = '数据库'

10. 有关系 S(S#,SNAME,SAGE)、C(C#,CNAME)、SC(S#,C#,GRADE)。其中,S#是学生号、SNAME 是学生姓名、SAGE 是学生年龄、C#是课程号、CNAME 是课程名称。要查询选修"ACCESS"课的年龄不小于 20 的全体学生姓名的 SQL 语句是 SELECT SNAME FROM S,C,SC WHERE 子句。这里的 WHERE 子句的内容是( )。

A. S. S# = SC. S# and C. C# = SC. C# and SAGE >= 20 and CNAME = ' ACCESS '

B. S. S# = SC. S# and C. C# = SC. C# and SAGE in >= 20 and CNAME in ' ACCESS '

C. SAGE in >= 20 and CNAME in ' ACCESS '

D. SAGE >= 20 and CNAME = ' ACCESS '

11. 请写出交叉连接的语法。

____

____

12. 请写出内连接的语法。

____

____

13. 请写出外连接的语法。

____

____

课后实训

1. 导入数据库 Student. sql。

打开 SQLyog，选中“数据库”菜单，在下级菜单中找到“导入”菜单项，选择“执行 SQL 脚本”，在随后打开的“从一个文件执行查询”对话框中单击“打开文件”按钮，选择“student. sql”文件，单击“执行”命令按钮，即可导入成功。

2. 完成下列查询。

(1)查找并输出有成绩的学生的姓名、课程号和成绩。

(2)查找并输出有成绩的学生的姓名、课程名和成绩。

(3)查找班级名为“计算机应用 001 班”的学生姓名、课程名和成绩。

(4)查找班级名为“计算机应用 001 班”的学生学号、姓名、性别和电话号码。

(5)列出所有选修“大学英语”课程的学生姓名、课程号和成绩。

(6)查询输出第 1 学期(start 字段)所有课程的成绩。

(7)查找并输出有成绩的“女”学生的姓名、课程号和成绩。

(8)查找并输出全体学生的姓名、课程号和成绩，没有成绩的也输出(分别使用左、右外连接)。

(9)查找并输出全体“女”学生的姓名、课程号和成绩，没有成绩的也输出(分别使用左、右外连接)。

4.4 子查询

子查询

4.4.1 子查询的概念

前面学习的单表查询和多表查询能解决大多数查询问题，但是仍有一些特殊需求的查询无法实现。例如查询 1 号课程成绩高于该课程平均分的成绩信息。命令如果这样写：

```
SELECT  *  FROM  score
WHERE  sno = '01' AND result >= avg(result);
```

则执行时会出现错误，聚合函数不能直接出现在 WHERE 表达式中。要解决这个问题，必须使用子查询。以下就从子查询概念、子查询关键字和子查询在记录的增、删、改、查语句中的应用来认识和学习子查询。

在一个 SQL 语句(如 SELECT、INSERT、UPDATE、DELETE)中嵌入一个查询语句，嵌入的查询语句被称为子查询。子查询需要用小括号括起来，执行时，先执行子查询的语句，然后再将返回的结果作为外层 SQL 语句的过滤条件来执行外层查询。

实现子查询的关键字通常有 IN、EXISTS、ANY | ALL、比较运算符等。

4.4.2 子查询在 SELECT 中的应用

1. IN 关键字

用于判断字段值在不在某个集合内,而这个集合是由子查询的返回值构成的。

【案例 1】 查询 score 表中每门课程分数最高的学号、课程号、成绩。

(1)可以先查出每门课的课程号和最高分,然后再查询出课程号和分数与之都匹配的记录信息。查询语句可以这样写:

```
SELECT sid,cno,result  FROM score
WHERE  (cno,result)  IN
 ( SELECT  cno,MAX(result)
   FROM  score
   GROUP  BY  cno);
```

(2)执行,结果如图 4-43 所示。

sid	cno	result
0103	02	92
0104	01	98
0201	02	92
0203	05	90
0301	06	90
0304	03	92
0305	04	99

图 4-43 查询每门课程分数最高的学号、课程号与成绩

如果语句这样写:

```
SELECT sid,cno,result  FROM score
  WHERE result  IN
 (SELECT  MAX(result)
   FROM  score
   GROUP  BY  cno);
```

请同学们思考会出现什么问题。

【案例 2】 查询选修了“01”号课程的所有学生的学号、姓名、系部。

(1)这个查询可以用连接查询实现,也可以用子查询实现,使用子查询语句如下:

```
SELECT sid,sname,department
FROM student
WHERE sid IN
(SELECT sid FROM score
WHERE cno = '01');
```

(2)执行,结果如图 4-44 所示。

【案例 3】 查询选修了“大学英语”的所有学生的学号、姓名、系部。

sid	sname	department
0101	刘明	信息工程系
0102	李小璐	信息工程系
0103	张龙飞	信息工程系
0104	刘明明	信息工程系
0201	李璐璐	化学工程系
0202	李小钱	化学工程系
0203	刘飞飞	化学工程系
0204	乔宇	化学工程系

图 4－44 “01”号课程的所有学生的学号、姓名、系部

(1)这个查询可以用连接查询实现,用子查询也可以实现,子查询语句如下:

```
SELECT sid,sname,department
FROM student
WHERE sid IN
(SELECT sid FROM score
WHERE cno IN
(SELECT cno FROM course
WHERE cname ='大学英语'));
```

执行时,先执行最内层查询 SELECT cno FROM course WHERE cname ='大学英语',将结果作为另一个子查询 SELECT sid FROM score WHERE cno IN ( )的条件,最后执行最外层的查询。

(2)执行,结果如图 4－45 所示。

2. 关键字 EXISTS

判断是否存在。子查询不为空,EXISTS 返回真,否则为假。

【案例 4】 如果成绩表 score 中有“04”号课程的成绩记录,则查询出学生表中“信息工程系”的全部学生信息。

(1)这个查询需要使用子查询实现,使用 EXISTS 判断是否存在“04”号课程成绩,语句如下:

sid	sname	department
0101	刘明	信息工程系
0102	李小璐	信息工程系
0103	张龙飞	信息工程系
0104	刘明明	信息工程系
0201	李璐璐	化学工程系
0202	李小钱	化学工程系
0203	刘飞飞	化学工程系
0204	乔宇	化学工程系
0301	关晓羽	机械电子系

图 4－45 查询选修“大学英语”的学号、姓名、系部

```
SELECT  * FROM student
WHERE department ='信息工程系'
 AND EXISTS
 (SELECT * FROM score WHERE cno =' 04');
```

当子查询的结果不为空时,EXISTS 条件为真。

(2)执行,结果如图 4－46 所示。

sid	sname	sex	birth	grade	department	addr
0101	刘明	男	2000-09-0	2019	信息工程系	上海市
0102	李小璐	女	2000-01-0	2019	信息工程系	河南省洛阳市
0103	张龙飞	男	2001-05-1	2020	信息工程系	河北省涿州市
0104	刘明明	男	2001-06-1	2020	信息工程系	河北省正定市
0306	李春晓	女	(NULL)	NULL)	信息工程系	(NULL)

图 4－46 EXISTS 子查询

3. 比较运算符

包括 >、>=、<、<=、=、<> 和 != ，比较数据的大小关系。

【案例 5】 查询“01”号课程成绩高于该课程平均分的学号、课程号、成绩。

(1)先查询出“01”号课程的平均分，再查询比平均分高的记录，查询语句如下：

```
SELECT sid,cno,result
FROM  score
WHERE cno = '01'  AND result >
(  SELECT  AVG(result)  FROM  score
WHERE  cno = '01');
```

(2)执行，结果如图 4－47 所示。

4. ANY/ALL 子查询

使用时，一般要结合关系运算符一起使用。ALL 表示与所有子查询结果满足关系时为真，ANY 表示与部分子查询结果满足关系时为真。

【案例 6】 查询比“02”号课程成绩都高的“01”号课程成绩信息。

(1)先查询出“02”号课程的全部成绩，再用大于 ALL 进行比较，语句如下：

```
SELECT * FROM score
 WHERE cno = '01' AND result >ALL
 (SELECT result FROM score
 WHERE cno = '02');
```

(2)执行，结果如图 4－48 所示。

sid	cno	result
0101	01	80
0103	01	90
0104	01	98
0201	01	90
0204	01	86
0302	01	86
0304	01	78

图 4－47 比较运算符子查询

scid	sid	cno	result
13	0104	01	98

图 4－48 关系运算与 ALL 子查询

【案例 7】 查询 score 表中与“01”号课程成绩相等的“02”号课程成绩信息。

(1)这个查询可以用子查询实现，语句如下：

```
SELECT * FROM score
WHERE cno = '02' AND result =ANY
 (SELECT result FROM score
   WHERE cno = '01');
```

语句还可以这样写：

```
SELECT * FROM score
WHERE cno = '02' AND result in
 (SELECT result FROM score
   WHERE cno = '01');
```

请同学们思考能否用连接查询实现。

(2)执行,结果如图 4-49 所示。

5. 相关子查询

这是一类特殊的子查询,一般子查询不调用外部数据,但是有一些情况子查询的条件与外查询相关,这种查询叫相关子查询。

【案例 8】 查询 score 表中每门课程成绩高于该课程平均分的学号、课程号、成绩。

(1)先查询出相关课程的平均分,子查询在查询时,约束条件是课程号与外查询当前记录的课程号相同,外查询再根据这个平均分进行比较判断,这类子查询叫相关子查询,语句如下:

```
SELECT sid,cno,result
FROM  score  a
WHERE  result >
(
SELECT  AVG(result)
FROM  score b
WHERE b.cno = a.cno );
```

(2)执行,结果如图 4-50 所示。

scid	sid	cno	result
3	0101	02	78
39	0302	02	68
54	0306	02	80

图 4-49 关系运算与 ANY 子查询

sid	cno	result
0101	01	80
0101	03	85
0102	03	89
0102	02	88
0102	04	90
0103	01	90
0103	02	92
0104	01	98

图 4-50 相关子查询

【思考】 查询选修了全部课程的学生姓名。

分析:查询这样的学生,没有一门课是他没选修的。

```
SELECT sname  From student
Where  not exists
(select * from course
Where  not exists
(select *  from sc
   where sid = student.sid  and cno = course.cno))
```

4.4.3 子查询在 INSERT、DELETE 和 UPDATE 语句中的应用

子查询 2

【案例 9】 新建"xxgc"表,包含两个字段:sid、sname,将 student 表中"信息工程系"学生的学号和姓名插入该表中。

(1)创建表 xxgc,语句如下:

```
CREATE TABLE xxgc
(sid CHAR(4),
sname VARCHAR(20));
```

(2)使用子查询语句将查询结果插入 xxgc 表中:

```
INSERT INTO xxgc
SELECT sid,sname FROM student
WHERE department ='信息工程系';
```

(3)查看表中数据:

```
SELECT * FROM xxgc;
```

结果如图 4-51 所示。

【案例 10】 新建 userinfo 表,包含三个字段:uno、uid、psw,请将 student 表中的所有学号 sid 导入 user 表的 uid 字段,每行记录的 psw 设置为"888888"。

(1)新建表 userinfo:

```
CREATE TABLE userinfo
(uno INT PRIMARY KEY AUTO_INCREMENT,
uid CHAR(4),
psw CHAR(6));
```

(2)插入新记录:

```
INSERT INTO userinfo(uid,psw)
SELECT sid,'888888' FROM student;
```

(3)查看表中记录:

```
SELECT * FROM userinfo;
```

结果如图 4-52 所示。

sid	sname
0101	刘明
0102	李小璐
0103	张龙飞
0104	刘明明
0306	李春晓

图 4-51　xxgc 表中数据

uno	uid	psw
1	0101	888888
2	0102	888888
3	0103	888888
4	0104	888888
5	0201	888888
6	0202	888888
7	0203	888888
8	0204	888888

图 4-52　子查询结果插入 userinfo 表中

【案例 11】 将 score 表中"数据库"课程成绩低于 70 的增加 1 分。

(1)先查看 score 表中"数据库"课程成绩低于 70 的记录情况,如图 4-53 所示。

```
SELECT * FROM  score
  WHERE cno IN
(SELECT  cno
FROM course
WHERE cname ='数据库') AND result <=70;
```

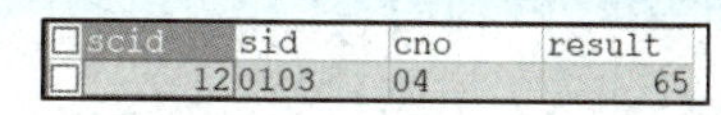

scid	sid	cno	result
12	0103	04	65

图 4－53 数据库课程成绩低于 70 的记录情况

(2)要修改 score 表中成绩字段 result，可使用 UPDATE 语句。“数据库”课程是 cname 字段值，属于 course 表，UPDATE 语句并不能同时修改相关联的两个表，因此必须使用子查询，用子查询查询出的相关结果作为 UPDATE 语句的条件，语句如下：

```
UPDATE score
SET result = result +1
WHERE cno IN
(SELECT  cno
FROM course
WHERE cname = '数据库') AND result <=70;
```

(3)查看修改后的记录情况，如图 4－54 所示。

scid	sid	cno	result
12	0103	04	66

图 4－54 UPDATE 语句中使用子查询

【案例 12】 将 score 表中成绩为空的设置为平均分。

(1)查看表中成绩为空的记录：

```
SELECT *  FROM score WHERE result IS NULL;
```

结果如图 4－55 所示。

scid	sid	cno	result
57	0306	04	(NULL)

图 4－55 成绩为空的记录

(2)尝试用以下方法修改：

```
UPDATE score
SET  result = (SELECT AVG(result) FROM score)
WHERE result IS NULL;
```

执行，出现错误，结果如图 4－56 所示。

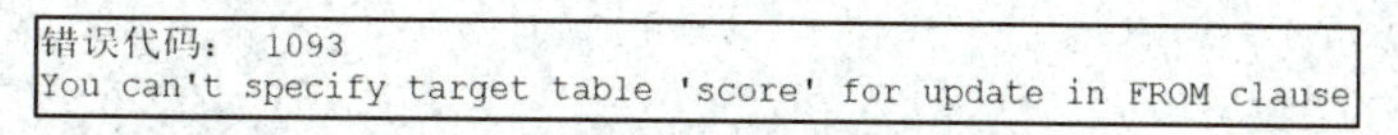

错误代码： 1093
You can't specify target table 'score' for update in FROM clause

图 4－56 执行错误代码与说明

(3)可以将非空记录复制到另外一个表中，然后通过子查询修改成绩。步骤如下。

首先复制表结构：

```
CREATE TABLE score1 LIKE score;
```

然后复制非空记录：

```
INSERT INTO score1
SELECT *  FROM score
WHERE result IS NOT NULL;
SELECT * FROM score1;            --查看 score1 表中记录,记录已复制
```

修改空值字段:

```
UPDATE score
SET  result =(SELECT AVG(result) FROM score1 )
WHERE result IS NULL;
SELECT *  FROM score WHERE result IS NULL;
```

执行,结果如图 4-57 所示。

可以看到成绩为空的记录已被填充为平均值。

后面将学习基于派生表的子查询,其也能解决这个问题。

【案例 13】 删除 score 表中学生“刘明”的全部成绩。

(1)先查询 score 表中学生“刘明”的全部成绩。

```
SELECT *  FROM score
WHERE sid IN
 (SELECT  sid
  FROM student
  WHERE sname ='刘明')
```

结果如图 4-58 所示。

scid	sid	cno	result
57	0306	04	79.0208

图 4-57 将成绩为空的修改为平均值

scid	sid	cno	result
1	0101	01	80
2	0101	03	85
3	0101	02	78
4	0101	04	80

图 4-58 score 表中学生“刘明”的全部成绩

(2)删除成绩使用 DELETE 语句。DELETE 语句只能对一个表中的数据进行操作,“刘明”所属的姓名字段 sname 属于 student 表,成绩字段 result 属于 score 表,因此,在删除记录时,需要将子查询的结果作为约束条件,语句如下:

```
DELETE  FROM score
WHERE sid IN
(SELECT  sid
FROM student
WHERE sname ='刘明');
```

(3)删除后,查询 score 表中学生“刘明”的全部成绩,可以看到记录已被全部删除,结果如图 4-59 所示。

4.4.4 基于派生表的查询

子查询不仅可以出现在 select 语句的 WHERE 子句中，还可以出现在 FROM 子句中，子查询结果生成的临时派生表作为主查询的数据源。

【案例 14】 查询每个学生的成绩超出他选修所有课程平均分的课程号。

可以查询出每个的学号和平均分，并把查询结果看作临时表，作为主查询的数据源，查询可以这样写：

```
SELECT score.sid,cno
FROM score,(SELECT sid,AVG(result)  AS avgall
FROM score GROUP BY sid) AS avgstu
WHERE score.sid=avgstu.sid  AND score.result>avgstu.avgall
```

子查询的 AVG(result)列别名为 avgall，如果没有聚合函数，可以不用别名，子查询结果作为派生表，命名为 avgstu，作为主查询的数据源。结果如图 4-60 所示。

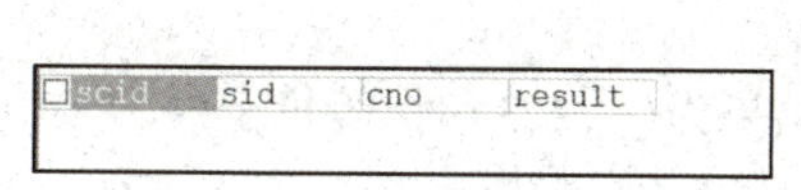

scid	sid	cno	result

图 4-59 删除后的成绩信息

sid	cno
0102	06
0102	07
0102	06
0102	07
0103	01
0103	02
0103	05
0104	01
0104	02
0201	01

图 4-60 基于派生表的查询

思考：如果使用基于派生表的子查询，可以怎么书写呢？可以用如下代码实现。

```
UPDATE score
SET result =
(SELECT avg1 FROM (
SELECT AVG(result) AS avg1 FROM score   WHERE result IS NOT NULL)
 AS avgtable)
WHERE result IS NULL
```

【小结】

本节学习了子查询的概念、子查询的关键字及子查询在 SELECT、INSERT、UPDATE、DELETE 语句中的应用，子查询的常用关键字有 IN、EXISTS、ANY、ALL、关系表达式。熟练掌握基于派生表的子查询，能解决一些复杂问题。

【学有所思】

子查询都能用连接查询实现吗？哪些情况不能？

【课后测试】

一、单选题

1. 在 SQL 语言中,子查询是(　　)。

A. 返回单表中数据子集的查询语言

B. 选取多表中字段子集的查询语句

C. 选取单表中字段子集的查询语句

D. 嵌入另一个查询语句之中的查询语句

2. 如有 where s in(子查询),当子查询的结果为(1,2,3)时,等价于(　　)。

A. s = 1　　B. s = 3

C. s = 1 and s = 2 and s = 3　　D. s = 1 or s = 2 or s = 3

3. 如有 where s = any(子查询),当子查询的结果为(1,2,3)时,不等价于(　　)。

A. s in (1,2,3)　　B. s = 1 and s = 2 and s = 3

C. s = 1 or s = 2 or s = 3　　D. NOT(s! = 1 AND s! = 2 AND s! = 3)

4. 对于 EXISTS 子查询,以下说法不正确的是(　　)。

A. 不需要字段与子查询结果进行比较　　B. 子查询结果为空,则 EXISTS 为假

C. 子查询结果不为空,则 EXISTS 为真　　D. 子查询结果不为空,则 EXISTS 为假

二、多选题

1. 如有 where s > all(子查询),当子查询的结果为(1,2,3)时,等价于(　　)。

A. s > 1　　B. s > 3

C. s > 1 and s > 2 and s > 3　　D. s > 1 or s > 2 or s > 3

2. 如有 where s > any(子查询),当子查询的结果为(1,2,3)时,等价于(　　)。

A. s > 1　　B. s > 3

C. s > 1 and s > 2 and s > 3　　D. s > 1 or s > 2 or s > 3

3. 如有 where s < any(子查询),当子查询的结果为(1,2,3)时,等价于(　　)

A. s < 1　　B. s < 3

C. s < 1 and s < 2 and s < 3　　D. s < 1 or s < 2 or s < 3

课后实训

导入 student. sql,使用子查询完成下列查询:

1. 查询“计算机应用 001 班”的全体学生的姓名和性别。
2. 查询选修了“数据库原理”的全体女生姓名。
3. 查询“陈白露”所在班级的学生信息。
4. 查询“陈白露”所在班级的学生成绩信息。
5. 查询“王涛”辅导员所带的学生基本信息。
6. 查询所有辅导员(除“熊学酪”外)所带的学生信息。
7. 查询“王涛”辅导员所带的学生的成绩信息。
8. 新建 user 表,user(userid CHAR(10),psword CHAR(6)),将 student 表中的所有学号作

为 userid 值插入 user 表中，密码为 000000。

9. 将“大学英语”成绩全部置为 0。

10. 将“张小强”的成绩全部删除。

11. 将未选修过课程的学生记录删除。

12. 查询至少选修了“0101”同学选修的全部课程的其他学生学号。

13. 将 score 表中成绩为空的设置为该门课的最低分。

4.5 外键

外键

4.5.1 外键概念

在一个数据库中，多个表的数据之间会存在关联关系，即表与表之间的参照完整性，操作某一个表的数据时，会受限或影响与之关联的表数据。外键技术是数据库中实现表与表之间参照完整性的技术，不同的业务需求对表之间的数据有不同的约束，需要我们先认识和学习外键的概念与类型。

外键用于建立两个表之间的联系，是指引用另一个表中的一列或多列，被引用的列应该具有主键约束或唯一性约束。

建立外键联系的两个表，其中一个叫主表（或父表），另外一个叫从表（或子表）。主表是被引用表，引用列在该表中具有主键约束或唯一性约束；从表是外键所在的表。两个表通过共同字段建立联系，如果共同字段在两个表中都是主键或唯一性约束，则可以在任意一个表中创建外键，表与表之间是一对一（1∶1）关系；如果共同字段只在一个表中是主键约束或唯一性约束，那么就只能在另外一个表中创建外键，表与表之间是一对多关系（1∶n）。

外键通常能进行阻止（限制）执行和级联执行、置空等操作。

1. 阻止（限制）操作

（1）外键可以对从表进行如下阻止操作：

①从表插入新行，其外键值不是主表的主键值时，便阻止插入。

②从表修改外键值，新值不是主表的主键值时，便阻止修改。

（2）外键可以对主表进行以下阻止操作：

①主表删除行，其主键值在从表里存在时，便阻止删除（要想删除，必须先删除从表的相关行）。

②主表修改主键值，原值在从表里存在时，便阻止修改（要想修改，必须先删除从表的相关行）。

2. 级联执行

通常是主表操作，从表自动关联执行相关操作：

（1）主表删除行，连带从表的相关行一起删除。

（2）主表修改主键值，连带从表相关行的外键值一起修改。

3. 置空操作

当主表删除记录时，从表相关外键值设置为空值。

4.5.2 外键操作

1. 创建外键

创建外键有两种方法:一是在创建表时创建;二是在已存在的表中通过修改表添加外键。

创建表时创建外键约束的语法如下:

```
CREATE TABLE  <表名>(
 <字段1> 类型 [约束],
 …
 <字段n> 类型 [约束],
CONSTRAINT[ <外键名> ]  FOREIGN KEY [ <index_name> ]( <外键字段> )
 REFERENCE <主表>( <字段>,…)
 [ON DELETE {RESTRICT |CASCADE |SET NULL |NO ACTION }]
 [ON UPDATE {RESTRICT |CASCADE |SET NULL |NO ACTION }]
 )
```

通过修改表结构来添加外键约束的语法如下:

```
ALTER  TABLE  <表名>
 ADD CONSTRAINT [ <外键名> ]  FOREIGN KEY [ <index_name> ]( <外键字段> )
  REFERENCE <主表>( <字段>,…)
  [ON DELETE {RESTRICT |CASCADE |SET NULL |NO ACTION }]
  [ON UPDATE {RESTRICT |CASCADE |SET NULL |NO ACTION }];
```

语法说明:

(1)[CONSTRAINT <外键名>]:用于定义外键约束的名称,如果省略,MySQL会自动生成一个名字。

(2)<index_name>(<外键字段>):可选参数,表示外键索引名称,如果省略,MySQL也会在建立外键时自动创建一个索引,外键字段是从表中引用主表的字段。

(3)REFERENCE <主表>(<字段>,…):相关主表中的字段,该字段在主表中为主键或唯一性约束。

(4)[ON DELETE]和[ON UPDATE]:可选项,分别定义外键对修改和删除操作的约束,RESTRICT|CASCADE|SET NULL|NO ACTION就是MySQL中的外键类型。在MySQL中,无论哪种外键,都必须要求从表中的外键值在主表中存在。省略时为RESTRICT。

2. 查看外键

同查看表命令:

```
SHOW CREATE TABLE 表名;
```

3. 删除外键约束

通过修改表结构删除外键:

```
ALTER TABLE 表名 DROP FOREIGN KEY 外键名;
```

4.5.3 外键类型

MySQL 中可以定义四种外键类型，每种类型对主表和从表数据操作的约束不同。

RESTRICT：限制，拒绝主表删除或修改关联字段（这是默认的外键类型，设置外键不说明类型时，为 RESTRICT 类型）。

CASCADE：级联，删除或更新主表关联字段时，从表同步更新或删除外键字段。

SET NULL：置空，删除或更新主表关联字段时，从表外键字段设置为空值（不适用 NOT NULL 字段）。

NO ACTION：禁止操作，拒绝主表删除或修改关联字段，同 RESTRICT。

外键对表的数据操作约束大致分为三类：限制主表，级联从表，置空从表。在具体的工作中，根据具体的业务需求选择合适的外键类型。

4.5.4 外键案例

【案例 1】 在 stu 数据库的 student 表和 score 表间创建外键约束：只要某学生有成绩记录，就不允许删除 student 表中该学生信息；如果修改 student 学号 sid，则 score 表中的 sid 同步更新，并验证外键。

（1）由于 score 表已存在，因此可以在 score 表中添加外键，命令如下：

```
ALTER  TABLE  score
ADD CONSTRAINT FK_SID FOREIGN KEY(SID)
REFERENCES STUDENT(SID)
ON DELETE RESTRICT ON UPDATE CASCADE;
```

（2）验证 score 表中外键，请分别执行以下操作：从表 score 中插入记录：9999，01，70（学号“9999”外键字段值不在主表中）。

```
INSERT INTO score(sid,cno,result)
VALUES('9999','01',70);
```

可以看到，如图 4－61 所示，从表中不能插入在主表中不存在的外键值。

```
1 信息  2 表数据  3 信息
1 queries executed, 0 success, 1 errors, 0 warnings

查询: INSERT INTO score(sid,cno,result) VALUES('9999','01',70)

错误代码: 1452
Cannot add or update a child row: a foreign key constraint fails
(`stu`.`score`, CONSTRAINT `FK_SID` FOREIGN KEY (`sid`) REFERENCES
`student` (`sid`) ON DELETE RESTRICT ON UPDATE CASCADE)
```

图 4－61 插入记录失败

（3）删除主表 student 中学号为“0102”的学生记录。

可以先查看 student 表和 score 表中学号为“0102”的学生记录，如图 4－62 和图 4－63

所示。

```
SELECT * FROM student WHERE sid ='0102';
```

sid	sname	sex	birth	grade	department	addr
0102	李小璐	女	2000-01-0	2019	信息工程系	河南省洛阳市

图 4-62　student 中学号为"0102"的学生记录

```
SELECT * FROM score WHERE sid ='0102';
```

scid	sid	cno	result
5	0102	01	68
6	0102	03	89
7	0102	02	88
8	0102	04	90

图 4-63　score 表中学号为"0102"的记录

接下来尝试删除 student 表记录：

```
DELETE FROM student
WHERE sid ='0102';
```

可以看到，如图 4-64 所示，由于在 score 表创建了对 UPDATE 操作的 RESTRICT 类型外键，删除 student 表中学号为"0102"的记录是不允许的。

```
1 queries executed, 0 success, 1 errors, 0 warnings

查询: DELETE FROM student WHERE sid='0102'

错误代码: 1451
Cannot delete or update a parent row: a foreign key constraint fails
(`stu`.`score`, CONSTRAINT `FK_SID` FOREIGN KEY (`sid`) REFERENCES
`student` (`sid`) ON DELETE RESTRICT ON UPDATE CASCADE)
```

图 4-64　删除 student 表记录

（4）修改主表 student 中的相关记录，将学号"0102"改为"2222"，观察 score 表中学号"0102"的记录信息。

```
UPDATE student
SET sid ='2222'
WHERE sid ='0102';
```

查看表中数据：

```
SELECT * FROM student WHERE sid ='2222';
```

结果如图 4-65 所示。

sid	sname	sex	birth	grade	department	addr
2222	李小璐	女	2000-01-0	2019	信息工程系	河南省

图 4-65　student 中学号为"2222"的学生记录

```
SELECT * FROM score WHERE sid ='2222';
```

如图4-66所示,可以看到,由于在score表创建了UPDATE操作CASCADE类型外键,将student表中“0102”的学号修为“2222”后,score表中相关记录学号也同步修改为“2222”。

scid	sid	cno	result
5	2222	01	68
6	2222	03	89
7	2222	02	88
8	2222	04	90

图4-66　score表中学号为“2222”的学生记录

【案例2】　假定有表stud(id,NAME,typeid)和表type(typeid,comm),请创建外键实现以下功能:如果type表中删除一条记录,则stud表中相关字段值设置为空。

(1)创建学生类型表type:

```
CREATE TABLE type(
typeid CHAR(2) PRIMARY KEY ,
comm VARCHAR(20));
```

输入以下几条记录:

```
INSERT INTO TYPE
VALUES('01','建档立卡'),('02','残疾'),('03','正常');
```

结果如图4-67所示。

(2)创建学生表stud,并创建外键约束:

```
CREATE TABLE stud(
Id CHAR(4) PRIMARY KEY COMMENT '学号',
NAME VARCHAR(10) COMMENT '姓名',
typeid CHAR(2) COMMENT '学生类型',
CONSTRAINT fk_id FOREIGN KEY(typeid)
REFERENCES stu.type(typeid) ON DELETE SET NULL);
```

输入如下记录:

```
INSERT stud(id,NAME,typeid)
VALUES('0001','张晓','01'),('0002','李明','03'),('0003','王武','02');
```

结果如图4-68所示。

typeId	comm
01	建档立卡
02	残疾
03	正常

图4-67　表type插入记录

Id	NAME	typeid
0001	张晓	01
0002	李明	03
0003	王武	02

图4-68　表stud插入记录

(3)验证外键:删除type表中typeid为“01”的记录,查看stud表中的记录情况。

```
DELETE FROM TYPE WHERE typeid = '01';
 SELECT *  FROM stud;
```

结果如图4－69所示。可以看到，当删除掉type表中的typeid为“01”的记录后，stud表中的typeid值为“01”的字段被设置为空值。

Id	NAME	typeid
0001	张晓	(NULL)
0002	李明	03
0003	王武	02

图4－69　删除type表中“01”记录后stud表中的记录情况

需要注意的是，设置SET NULL类型的外键时，一定要在定义从表时将外键字段设为允许空值。

不同的外键类型对主表和从表的操作有不同的约束，在实际使用中，需要根据不同的业务需求选择不同的外键类型。

【小结】

本节学习了外键的概念和作用，以及MySQL中的外键类型和创建外键的方法。外键能实现表与表之间的参照完整性。表与表之间通过建立外键联系，可以对表记录的增加、删除和修改操作进行约束。外键通常能进行阻止（限制）执行和级联执行、置空等操作。

创建外键有两种方法：创建表时创建；表创建后通过修改表添加。

MySQL的外键有四种类型：RESTRICT、CASCADE、SET NULL和NO ACTION，每种类型对主表或从表有不同的操作约束。

（1）RESTRICT：限制，拒绝主表删除或修改关联字段。

（2）CASCADE：级联，删除或更新主表关联字段时，从表同步更新或删除外键字段。

（3）SET NULL：置空，删除或更新主表关联字段时，从表中该外键字段设置为空值（不适用NOT NULL字段）。

（4）NO ACTION：禁止操作，拒绝主表删除或修改关联字段，同RESTRICT。

【学有所思】

1. 每种外键对于往从表中添加记录有什么约束？

2. 每种外键对删除和修改主表与从表分别有什么约束？

【课后测试】

1. 实现表与表之间的参照完整性可使用（　　）。

A. 主键　　B. 外键　　C. 索引　　D. check 约束

2. 假定 A 表与 B 表有共同字段 S,S 字段在 A 表中是主键,在 B 表中不是主键,则可以创建外键的表是(　　)。

A. A 表　　B. B 表　　C. 任意表　　D. 都不能

3. 假定 A 表与 B 表有共同字段 S,S 字段在 A 表、B 表中都是主键,则可以创建外键的表是(　　)。

A. 只能 A 表　　B. 只能 B 表　　C. 任意表　　D. 都不能

4. 假定 A 表与 B 表有共同字段 S,S 字段在 A 表中是主键,在 B 表中是外键,则主表、从表分别是(　　)。

A. A 表、B 表　　B. B 表、A 表　　C. 都可以　　D. A 表、A 表

5. 假定 A 表与 B 表有共同字段 S,S 字段在 A 表中是主键,在 B 表中是外键,则执行插入记录操作时,(　　)。

A. A 表可任意插入　　B. B 表可任意插入

C. A 表和 B 表都可以任意插入　　D. A 表、B 表都不可以任意插入

6. 假定 A 表与 B 表有共同字段 S,S 字段在 A 表中是主键,在 B 表中是外键,则 B 表执行插入记录操作时,(　　)。

A. B 表可任意插入

B. B 表不能执行插入操作

C. B 表外键值在 A 表存在时方可插入

D. B 表外键值在 A 表不存在时,A 表自动插入新记录

7. A 表与 B 表有外键关联,则以下操作不受外键影响的是(　　)。

A. INSERT　　B. UPDATE　　C. DELETE　　D. SELECT

8. 在 MySQL 中,当两个表之间有外键约束时,不能拒绝主表删除或修改关联字段的外键类型是(　　)。

A. 默认外键类型　　B. RESTRICT　　C. SET NULL　　D. NO ACTION

9. 在 MySQL 中,当两个表之间有外键约束时,主表删除或修改关联字段,从表外键值同步更新的外键类型是(　　)。

A. 默认外键类型　　B. RESTRICT　　C. CASCADE　　D. NO ACTION

10. 在 MySQL 中,当两个表之间有外键约束时,主表删除或修改关联字段,从表外键值置为空值的外键类型是(　　)。

A. 默认外键类型　　B. SET NULL　　C. RESTRICT　　D. NO ACTION

课后实训

1. 限制操作类型外键设置(分别使用默认外键、RESTRICT、NO ACTION 三种外键类型)。

(1)导入数据库 stu. sql。

(2)创建 student 表中的 stu_id 字段为主键。

(3)为 score 表创建外键 fk_sid,score 表中的 sid 与 student 表中的 sid 建立外键关联,该外键不允许删除和修改主表的 sid 字段。

(4)为 score 表添加记录:1234,01,90("1234"学号不在 student 表中,请记录命令执行情况,并分析错误原因)。

(5)将 score 表中 sid 字段"0101"修改为"1111"(请记录命令执行情况,并分析错误原因)。

(6)删除 student 表中的学号为"0101"的学生记录(请记录命令执行情况,并分析错误原因)。

(7)将 student 表中 sid 字段"0101"修改为"1111"(请记录命令执行情况,并分析错误原因)。

(8)删除 score 表中 sid 字段"0101"的记录。

(9)删除 student 表中 sid 字段"0101"的记录。

2. 级联类型外键设置(CASCADE 类型外键)。

(1)删除 stu 数据库。

(2)重新导入 stu 数据库。

(3)为 score 表创建外键 fk_sid,score 表中的 sid 与 student 表中的 sid 建立主键关联,update 类型:级联;delete 类型:级联。

(4)将 student 表中 sid 字段"0101"修改为"1111"。

(5)观察 score 表中 sid 字段"0101"的记录变化。

(6)删除 student 表中 sid 字段"1111"的记录。

(7)观察 score 表中 sid 字段"1111"的记录是否存在。

3. 置空型外键设置(SET NULL 类型外键)。

在 stu 数据库的 student 表和 score 表间创建外键约束:修改 student 表的 sid,则 score 表中 sid 字段值同步修改;当删除 student 表中记录时,score 表中 sid 置为空值。创建好外键后,完成下列操作:

提示:创建外键时,注意 score 表中的 sid 设置为允许为空。

(1)修改 student 表中 sid 字段"0101"为"1111"。

(2)删除 student 表中 sid 为"1111"的记录,观察 score 表中 sid 为"1111"的字段值有何变化。

4.6 视图

视图

4.6.1 视图的概念

视图是用户从一个特定的角度来查看数据库中的数据,是从基本表中导出来的虚表,其内容由查询定义,但是视图并不在数据库中以存储的数据值集形式存在。行和列数据来自定义视图的查询所引用的表,并且在引用视图时动态生成。

一、视图的优点

使用视图有几个优点:

(1)简化查询语句。如果视图本身就是一个复杂查询的结果集,那么在每一次执行相同的查询时,就不必重新写这些复杂的查询语句,只要一条简单的查询视图语句即可。

(2)安全性。视图可以设置权限,能够实现让不同的用户以不同的方式看到不同或相同的数据集。用户只能通过视图查询和修改他们所能见到的数据,对于视图之外的数据,则无法操作。

(3)屏蔽数据库的复杂性。当数据库结构复杂时,用户可以通过视图访问数据,不必了解复杂的数据库中的表结构,并且数据库表的更改也不影响用户对数据库的使用。

二、视图操作

1. 创建视图

创建视图的语法如下:

```
CREATE [OR REPLACE]
    [ALGORITHM = {UNDEFINED |MERGE| TEMPTABLE}]
    [DEFINER = {USER |CURRENT_USER }]
    [SQL SECURITY {DEFINER |INVOKER }]
VIEW 视图名[(列名,…)]
AS SELECT 语句
[WITH [CASCADED |LOCAL] CHECK OPTION]
```

各子句的含义:

(1)CREATE [OR REPLACE] VIEW 视图名[(<列名>,…)]:新建或替换原来视图,并可以设置视图的列名。大多数情况下,如果视图列来自表的字段,可忽略列名;如果是表达式,则需要设置列名。

(2)ALGORITHM = {UNDEFINED | MERGE | TEMPTABLE}。查询算法选择,是可选项。UNDEFINED 表示自动选择算法,为默认值;MERGE 表示视图定义和查询该视图的语句合并执行;TEMPTABLE 表示将查询结果放入临时表,然后用临时表查询。

(3)DEFINER = {USER | CURRENT_USER}:定义视图的用户。该项为可选项,可以是某个具体的用户,也可以是当前用户 CURRENT_USER,默认为当前用户。

(4)SQL SECURITY {DEFINER | INVOKER}:可选项,视图的安全控制。DEFINER 表示按定义者指定的用户权限执行,INVOKER 表示按调用视图的用户的权限来执行。

(5)WITH [CASCADED|LOCAL] CHECK OPTION:视图的约束检查条件,可选项。CASCADED 表示满足所有视图和表定义的条件;LOCAL 表示满足该视图本身定义的条件。

2. 查看视图

(1)查看视图属性:

```
DESC[RIBE]视图名
```

(2)查看视图创建信息:

```
SHOW CREATE VIEW 视图名
```

3. 修改视图

```
ALTER VIEW 视图名
```

4. 删除视图

```
DROP VIEW 视图名
```

4.6.2 视图应用案例

视图2

1. 创建视图,并通过视图查询数据

【案例1】 创建视图 v1,查询 student 表中“化学工程系”的 sid、sname、sex、department、age。

(1)输出项中,有一个输出项不是 student 表中的字段,因此,在视图名的后面添加列名,语句如下:

```
DELIMITER $$
CREATE VIEW v1(sid,sname,sex,department,age)
AS
SELECT sid,sname,sex,department,YEAR(NOW())-YEAR(birth)
FROM student
WHERE department ='化学工程系' $$
DELIMITER;
```

DELIMITER $$ 表示将结束符修改为“$$”。结束后,将结束符修改为“;”。

(2)视图创建成功后,可以查看视图中的数据,使用 SELECT * FROM v1 或者展开“stu”数据库下的“视图”,右击“v1”,在快捷菜单选择“查看数据”,结果如图 4-70 所示。

sid	sname	sex	department	age
0201	李璐璐	女	化学工程系	21
0202	李小钱	男	化学工程系	21
0203	刘飞飞	男	化学工程系	21
0204	乔宇	女	化学工程系	21
(NULL)	(NULL)	(NULL)	信息工程系	(NULL)

图 4-70 视图 v1

【案例2】 创建多表视图 v2,包含 sid、sname、cno、cname、result 字段。

(1)这个视图的数据都来自 student 表的字段,语句可以这样写:

```
DELIMITER $$
CREATE VIEW v2
AS
  SELECT a.sid, a.sname,c.cno,c.cname, b.result
  FROM student a,score b,course c
  WHERE a.sid = b.sid AND b.cno =c.cno $$
DELIMITER;
```

(2)查看视图 v2 数据:

```
SELECT *  FROM v2;
```

结果如图 4-71 所示。

sid	sname	cno	cname	result
2222	李小璐	01	高等数学	68
0103	张龙飞	01	高等数学	90
0104	刘明明	01	高等数学	98
0201	李璐璐	01	高等数学	90
0202	李小钱	01	高等数学	66
0203	刘飞飞	01	高等数学	52
0204	乔宇	01	高等数学	86

图4-71 视图v2

【案例3】 查询“化学工程系”的女生的sid、sname、sex、department、age。

这个查询的数据源可以是student,也可以是视图v1,通过视图v1查询数据的语句如下:

```
SELECT * FROM v1 WHERE sex='女';
```

结果如图4-72所示。

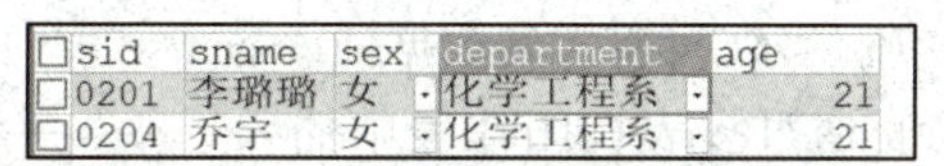

sid	sname	sex	department	age
0201	李璐璐	女	化学工程系	21
0204	乔宇	女	化学工程系	21

图4-72 通过视图v1查询数据

【案例4】 通过视图v1往student表中插入记录,sid、sname、sex、department字段值为:8888,张敏敏,女,信息工程系。

(1)尝试通过视图往基本表中添加数据,语句这样写:

```
Insert into v1(sid,sname,sex,department)
Values('8888','张敏敏','女','信息工程系');
```

(2)执行失败,如图4-73所示,失败的原因是v1视图含有表达式,MySQL不允许通过含有表达式的视图向表中插入数据。

```
1 queries executed, 0 success, 1 errors, 0 warnings

查询: Insert into stu.v1(sid,sname,sex,department)
Values('8888','张敏敏','女','信息工程系')

错误代码: 1471
The target table v1 of the INSERT is not insertable-into

执行耗时   : 0 sec
传送时间   : 0 sec
总耗时     : 0 sec
```

图4-73 向含表达式的视图中插入记录

【案例5】 通过视图v2插入记录,sid、sname、cno、cname、result字段值为:9999,张萌萌,01,大学英语,90。

(1)尝试通过视图往基本表中添加数据,语句这样写:

```
Insert into v2
Values('9999','张萌萌','01','大学英语',90);
```

(2)执行,如图4-74所示,出现错误,不能通过视图往多个表中插入记录。

【案例6】 通过视图v2往course表中插入记录,cno、cname字段值为:55,人工智能。

(1)cno、cname字段是视图v2的列,这两个字段都属于course表,通过视图v2添加记录的语句如下:

```
1 queries executed, 0 success, 1 errors, 0 warnings

查询: Insert into v2
Values('9999','张萌萌','01','大学英语',90)

错误代码: 1394
Can not insert into join view 'stu.v2' without fields list
```

图 4-74　通过视图往多个表中插入记录

```
Insert into v2(cno,cname)
Values('55','人工智能');
```

(2)执行,结果如图 4-75 所示,可以看到数据插入 course 表中。

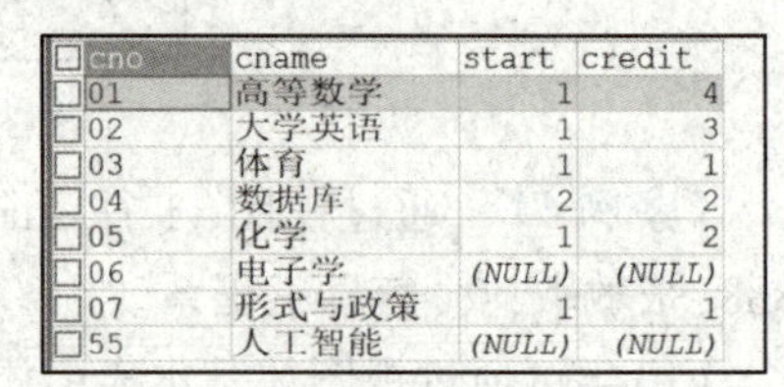

cno	cname	start	credit
01	高等数学	1	4
02	大学英语	1	3
03	体育	1	1
04	数据库	2	2
05	化学	1	2
06	电子学	(NULL)	(NULL)
07	形式与政策	1	1
55	人工智能	(NULL)	(NULL)

图 4-75　通过视图 v2 插入记录

通过这个案例可以看到,通过多表视图往表中插入记录时,一次只能插入表中一个数据。

通过视图往表中插入记录失败的原因通常有以下几种:

①定义视图的 SELECT 语句后面有数学表达式或聚合函数。

②操作的视图定义在多个表上。

③没有满足视图定义的基本条件。

④定义视图的 SELECT 语句中使用 DISTINCT、UNION、TOP、GROUP BY 等短语。

2. 修改视图

修改视图有两种语句,语法如下:

第一种:

```
CREATE OR REPLACE VIEW …
```

同 CREATE VIEW 参数。

第二种:

```
    ALTER [ALGORITHM = {UNDEFINED |MERGE |TEMPTABLE}]
    [DEFINER = { USER |CURRENT_USER }]
    [SQL SECURITY { DEFINER |INVOKER }]
VIEW 视图名[列…]
AS SELECT 语句
[WITH [CASCADED |LOCAL] CHECK OPTION]
```

其中,CREATE OR REPLACE 表示可以新建或替代视图,如果新建的视图在数据库中存在,则被新创建视图替代;ALTER 则是修改视图。

【案例 7】　修改视图 v1,去掉计算列 age,查询全体学生的学号、姓名、性别;通过该视图添加数据,sid、sname、sex、department 字段值如下:8888,张敏敏,女,信息工程系。

(1)修改视图,可以使用语句:

```
DELIMITER $$
ALTER VIEW v1(sid,sname,sex,department)
AS
SELECT sid,sname, sex,department
FROM student  $$
DELIMITER;
```

(2)通过视图往基本表中添加数据,语句如下:

```
INSERT INTO v1(sid,sname,sex,department)
VALUES('8888','张敏敏','女','信息工程系');
```

结果如图 4-76 所示,数据添加成功。

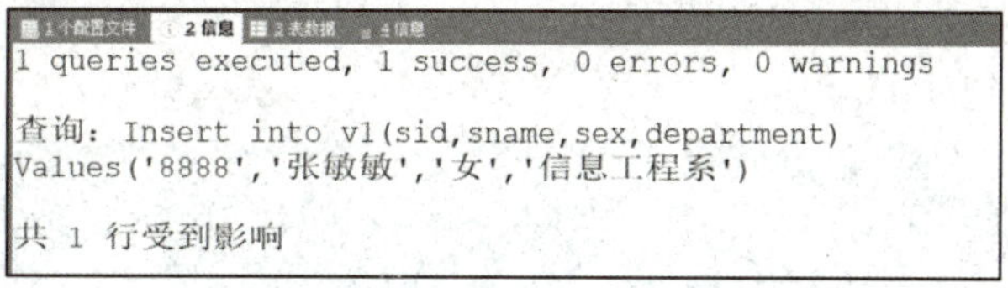

```
1 个配置文件  2 信息  3 表数据  4 信息
1 queries executed, 1 success, 0 errors, 0 warnings

查询: Insert into v1(sid,sname,sex,department)
Values('8888','张敏敏','女','信息工程系')

共 1 行受到影响
```

图 4-76　通过修改后的 v1 视图插入记录

3. 通过视图操作基本表数据

视图创建成功以后,可以通过视图查询基本表的数据,还可以通过视图对基本表中的数据进行增加、修改和删除的操作。

【案例 8】 通过视图 v1 修改 student 表中的记录,将"8888"的学号 sid 修改为"6688"。

(1)通过视图修改学号的语句如下:

```
UPDATE v1
SET sid = '6688'
WHERE sid = '8888';
```

(2)执行,查看表中数据,如图 4-77 所示,数据修改成功。

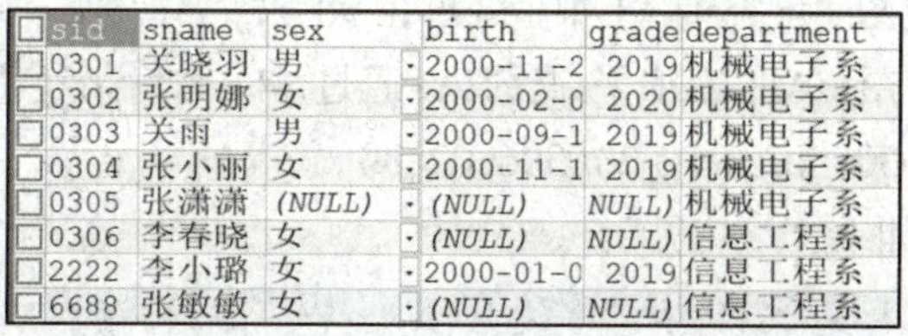

sid	sname	sex	birth	grade	department
0301	关晓羽	男	2000-11-2	2019	机械电子系
0302	张明娜	女	2000-02-0	2020	机械电子系
0303	关雨	男	2000-09-1	2019	机械电子系
0304	张小丽	女	2000-11-1	2019	机械电子系
0305	张潇潇	(NULL)	(NULL)	NULL)	机械电子系
0306	李春晓	女	(NULL)	NULL)	信息工程系
2222	李小璐	女	2000-01-0	2019	信息工程系
6688	张敏敏	女	(NULL)	NULL)	信息工程系

图 4-77　通过视图 v1 修改学号 8888 为 6688

【案例 9】 通过视图 v1 将 student 表中学号 sid 为"6688"的记录删除。

(1)通过视图删除记录的语句如下:

```
DELETE v1 WHERE sid = '6688';
```

(2)执行,查看表中数据,如图 4－78 所示,数据删除成功。

sid	sname	sex	birth	grade	department
0202	李小钱	男	2000-01-1	2019	化学工程系
0203	刘飞飞	男	2000-06-2	2019	化学工程系
0204	乔宇	女	2000-09-1	2020	化学工程系
0301	关晓羽	男	2000-11-2	2019	机械电子系
0302	张明娜	女	2000-02-0	2020	机械电子系
0303	关雨	男	2000-09-1	2019	机械电子系
0304	张小丽	女	2000-11-1	2019	机械电子系
0305	张潇潇	(NULL)	(NULL)	NULL)	机械电子系
0306	李春晓	女	(NULL)	NULL)	信息工程系
2222	李小璐	女	2000-01-0	2019	信息工程系

图 4－78　通过视图 v1 删除学号为 6688 的记录

4. WITH CHECK OPTION 用法

[WITH [CASCADED|LOCAL] CHECK OPTION]子句用于设置视图的检查约束;CASCADED 表示满足所有视图和表定义的条件;LOCAL 表示满足该视图本身定义的条件。

【案例 10】 新建视图 v3,查询 score 表中 result 在 70 以上的 sid、cno、result,不启用检查约束;通过 v3 视图插入如下记录:0306,01,60。

(1)创建视图,语句如下:

```
DELIMITER $$
CREATE VIEW v3
 AS
(SELECT sid,cno,result FROM score
WHERE result >=70) $$
DELIMITER;
```

其中,DELIMITER $$ 用于修改语句结束符,创建视图结束后,将语句结束符改为分号。

(2)通过视图添加数据,语句如下:

```
INSERT INTO V3
VALUES('0306','01',60);
```

(3)查看 score 表中数据,如图 4－79 所示,可以看到记录插入成功。需要注意的是,插入的 result 字段值 60 并不满足视图创建的大于 70 的条件,但由于未启用检查约束,插入时不受约束的影响。

【案例 11】 新建视图 v4,查询 v3 中 result 在 90 以下的 sid、cno、result,并使用 CASCADE 检查约束;通过 v4 视图完成记录添加:(1)0306,02,60;(2)0306,02,80。

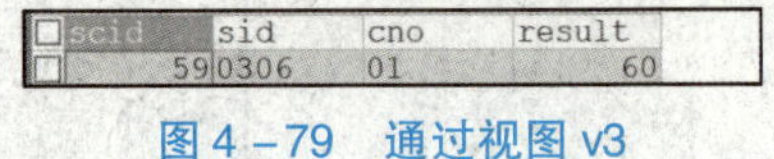

scid	sid	cno	result
59	0306	01	60

图 4－79　通过视图 v3 插入成绩为 60 的记录

(1)创建视图,语句如下:

```
DELIMITER $$
CREATE VIEW v4 AS
SELECT sid,cno,result
FROM v3
WHERE (result <= 90)WITH CASCADED CHECK OPTION $$
DELIMITER;
```

(2)通过视图 v4 添加记录:0306,02,60,语句如下:

```
INSERT INTO v4
VALUES('0306','02',60)
```

结果如图 4－80 所示。

```
1 queries executed, 0 success, 1 errors, 0 warnings
查询: Insert into v4 Values('0306','02',60)
错误代码: 1369
CHECK OPTION failed 'stu.v4'
```

图 4－80　通过视图 v4 插入成绩为 60 的记录

可以看到,因为创建视图时启用了 CASCADED 检查约束,v3 视图的约束条件对 v4 视图仍然具有约束作用,result 字段值 60 满足视图 v4 小于等于 90 的约束条件,但不满足视图 v3 的大于 70 的约束条件,因此插入记录不成功。

(3)通过视图 v4 添加记录:0306,02,80,语句如下:

```
Insert into v4
Values('0306','02',80)
```

执行成功,如图 4－81 所示。可以看到,成绩 80 在 60～90 之间,满足视图 v3 和 v4 的约束条件。

```
1 queries executed, 1 success, 0 errors, 0 warnings
查询: Insert into v4 Values('0306','02',80)
共 1 行受到影响
```

图 4－81　通过视图 v4 插入成绩为 80 的记录

【案例 12】　新建视图 v5,查询 v3 中 result 在 90 以下的 sid、cno、result,并使用 LOCAL 检查约束。通过视图 v5 完成记录添加:(1)0306,03,95;(2)0306,03,80。

(1)创建视图,语句如下:

```
DELIMITER $$
CREATE VIEW v5
AS
SELECT sid,cno,result
FROM v3
WHERE (result <= 90)WITH LOCAL CHECK OPTION $$
DELIMITER;
```

(2)通过视图 v4 添加记录:0306,03,95,语句如下:

```
INSERT INTO v5
VALUES('0306','03',95);
```

如图 4－82 所示,因为视图创建时启用了 LOCAL 检查约束,result 字段值 95 不满足视图

v5 小于等于 90 的约束条件，因此插入记录不成功，v3 视图的约束条件对 v5 视图不起作用。

```
1 queries executed, 1 success, 0 errors, 0 warnings

查询：Insert into v4 Values('0306','02',80)

共 1 行受到影响
```

图 4-82　通过视图 v5 插入成绩为 95 的记录

(3)通过视图 v4 添加记录：0306，03，60，语句如下：

```
INSERT INTO v5
VALUES('0306','03',60);
```

如图 4-83 所示，由于视图 v5 启用了 LOCAL 检查约束，result 字段值 60 满足视图 v5 小于等于 90 的约束条件，因此插入记录成功，v3 视图的约束条件对 v5 视图不起作用。

```
1 queries executed, 1 success, 0 errors, 0 warnings

查询：Insert into v5 Values('0306','03',60)

共 1 行受到影响
```

图 4-83　通过视图 v5 插入成绩为 60 的记录

启用 WITH CASCADED|LOCAL CHECK OPTION 选项时，CASCADED 选项是级联相关视图都遵循视图定义的条件，LOCAL 选项则只启用当前视图定义的约束条件。

尽管视图使用起来有很多优点，但是也存在性能差、修改限制等缺点，在实际工作中合理设计和使用视图才能提高效率。

【小结】

本小节学习了视图的相关知识，主要内容有：①视图的概念与优点：了解和掌握视图是基于基本表创建的虚表，视图中并不存储数据，创建视图有简化查询语句、设置安全性、屏蔽逻辑复杂性等优点；②视图的创建、修改与删除：熟练掌握视图的创建、修改和删除的操作；③通过视图操作基本表数据：视图创建成功后，可以当作基本表使用，可以通过视图查看、插入、修改和删除基本表的数据，但是在对基本表记录进行插入、修改和删除时，需要遵守约束，如只能一次操作一个基本表的数据，则遵守表定义的约束等。

【学有所思】

1. 为什么引入视图？使用视图的优缺点分别有哪些？

____

____

____

2. 创建视图时，使用 WITH CHECK OPTION、LOCAL 和 CASCADED 分别有什么作用？

____

____

【课后测试】

一、选择题

1. SQL 的视图是从(　　)中导出的。

A. 基本表　B. 视图　C. 数据库　D. 基本表或视图

2. 在 SQL 中,建立视图用的是(　　)命令。

A. CREATE VIEW　B. CREATE TABLE

C. CREATE SCHEMA　D. CREATE INDEX

3. SQL 语言中,删除一个视图的命令是(　　)。

A. DELETE　B. DROP　C. CLEAR　D. REMOVE

4. 在视图上不能完成的操作是(　　)。

A. 更新视图　B. 查询

C. 在视图上定义新的表　D. 在视图上定义新的视图

5. 在关系数据库系统中,为了简化用户的查询操作,而又不增加数据的存储空间,常用的方法是创建(　　)。

A. 另一个表　B. 游标　C. 视图　D. 索引

6. 当对视图进行 UPDATE、INSERT 和 DELETE 操作时,为了保证被操作的元组满足视图定义中子查询语句的谓词条件,应在视图定义语句中使用可选择项(　　)。

A. WITH REVOKE OPTION　B. WITH CHECK OPTION

C. WITH ROLE OPTION　D. WITH GRANT OPTION

二、简答题

1. 什么是基本表？什么是视图？两者的区别和联系是什么？

____

____

____

____

2. 试述视图的优点。

____

____

____

____

课后实训

在 stu 数据库完成下列操作：

1. 创建视图 t1,包含学号、姓名、性别、系部。
2. 查询 t1 的全部数据。
3. 查询 t1 中“信息工程系”全体学生信息。
4. 通过 t1 删除学号为 0306 的记录。

5. 通过 t1 添加记录:3317,李元元,女,信息工程系。

6. 通过 t1 修改记录,将“李元元”修改为“李媛媛”。

7. 添加学号为 3318 的记录。

8. 创建视图 t2:学号,姓名,课程名,成绩。

9. 添加记录:3318,刘缓缓,数据库原理及应用,87(记录命令执行状态,并分析错误原因)。

10. 创建视图 t3,查询所有男生的学号、姓名、性别,并启用本地检查约束。

11. 通过 t3 添加如下记录(记录命令执行状态,并分析错误原因):

(1)1234,张明娜,女。

(2)2233,刘利,男。

12. 创建视图 t4,通过视图 t2 查询选修了“数据库”课程的学生学号、姓名、课程名、成绩。

13. 查询选修了“数据库”课程且成绩在 80 分以上的学生学号、姓名、课程名、成绩。

【知识拓展】

【法律解读】侵犯公民个人信息罪

侵犯公民个人信息罪是指通过窃取或者以其他方法非法获取公民个人信息。

《中华人民共和国刑法修正案(七)》第二百五十三条规定:国家机关或者金融、电信、交通、教育、医疗等单位的工作人员,违反国家规定,将本单位在履行职责或者提供服务过程中获得的公民个人信息,出售或者非法提供给他人,情节严重的,处三年以下有期徒刑或者拘役,并处或者单处罚金。窃取或者以其他方法非法获取上述信息,情节严重的,依照前款的规定处罚。单位犯前两款罪的,对单位判处罚金,并对其直接负责的主管人员和其他直接责任人员,依照该款的规定处罚。

《中华人民共和国刑法修正案(九)》:十七、将《刑法》第二百五十三条之一修改为:违反国家有关规定,向他人出售或者提供公民个人信息,情节严重的,处三年以下有期徒刑或者拘役,并处或者单处罚金;情节特别严重的,处三年以上七年以下有期徒刑,并处罚金。

违反国家有关规定,将在履行职责或者提供服务过程中获得的公民个人信息,出售或者提供给他人的,依照前款的规定从重处罚。

窃取或者以其他方法非法获取公民个人信息的,依照第一款的规定处罚。

单位犯前三款罪的,对单位判处罚金,并对其直接负责的主管人员和其他直接责任人员,依照该款的规定处罚。

考评表

项目	标准描述	评价				
		优	良	中	较差	差
知识评价	熟悉 SELECT 语句的基本语法	(　)	(　)	(　)	(　)	(　)
	熟练掌握单表查询	(　)	(　)	(　)	(　)	(　)
	熟练掌握多表查询	(　)	(　)	(　)	(　)	(　)
	了解外键的概念与种类,掌握外键的创建	(　)	(　)	(　)	(　)	(　)
	了解视图的概念与优点,掌握视图的创建和使用	(　)	(　)	(　)	(　)	(　)
能力评价	能够通过自学视频学习查询和视图的基础知识	(　)	(　)	(　)	(　)	(　)
	能通过网络下载和搜索查询与视图的各项资料	(　)	(　)	(　)	(　)	(　)
	会主动做课前预习、课后复习	(　)	(　)	(　)	(　)	(　)
	会咨询老师课前、课中、课后的学习问题	(　)	(　)	(　)	(　)	(　)
素质评价	创新精神	(　)	(　)	(　)	(　)	(　)
	协作精神	(　)	(　)	(　)	(　)	(　)
	自我学习能力	(　)	(　)	(　)	(　)	(　)

老师点评：

课后反思：

单元 5 高级操作

【学习导读】

本单元主要学习 MySQL 中的函数,包括系统函数和用户自定义函数两类;流程控制语句,包括分支语句和循环语句;事务的概念与操作;游标的定义和使用;存储过程的概念、创建和调用;触发器的概念、类型、创建。

【学习目标】

1. 熟悉常用系统函数的功能,能根据自己的需求创建函数;
2. 掌握分支语句和循环语句的基本语法;
3. 掌握事务的概念和事务的特性,能根据不同业务需要设置不同事务隔离级别;
4. 掌握游标的使用步骤和方法;
5. 熟练掌握存储过程的创建和调用,能根据需求熟练编写存储过程;
6. 掌握触发器的概念和类型,能根据业务需求设计和创建不同的触发器。

【思维导图】

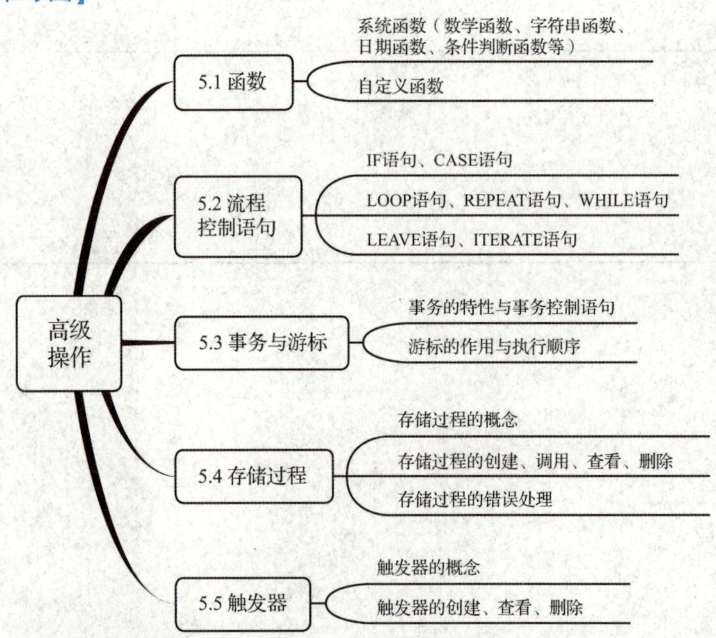

5.1 函数

在 MySQL 中,函数分为系统函数和用户自定义函数两大类,系统函数是系统预定义的函数,用户可直接调用;用户自定义函数则是用户根据需要自己定义的函数,一般为经常使用的功能,函数定义后,方便多次调用,简化代码的书写。

函数

5.1.1 系统函数

系统函数调用语法:

```
SELECT 函数名(参数);
```

注意:系统函数不能被修改或删除。

MySQL 中常用的系统函数功能包括数学函数、字符串函数、日期函数、条件判断函数、系统信息函数、加密函数、其他函数。下面就来学习这几种常用的系统函数。

1. 数学函数(表 5-1)

表 5-1　数学函数

函数名	作用
ABS(x)	返回 x 的绝对值
SQRT(x)	返回 x 的非负平方根
MOD(x,y)	返回 x 被 y 除后的余数
CEILING(x)	返回不小于 x 的最小整数
FLOOR(x)	返回不大于 x 的最大整数
ROUND(x,y)	对 x 进行四舍五入操作,小数点后保留 y 位
TRUNCATE(x,y)	舍去 x 中小数点 y 位后的数字
SIGN(x)	返回 x 的符号,-1、1 或 0

【案例 1】　求 -14.26 的绝对值。

```
SELECT ABS(-14.26);
```

执行结果如图 5-1 所示。

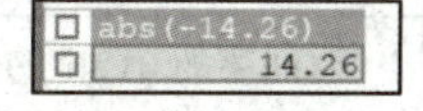

图 5-1　求 -14.26 的绝对值

【案例 2】　求 1/4 的非负平方根。

```
SELECT SQRT(1/4);
```

执行结果如图 5 - 2 所示。

sqrt(1/4)
0.5

图 5 - 2　求 1/4 的非负平方根

【案例 3】　求不小于 3. 141 592 6 的最小值。

```
SELECT CEILING(3.1415926);
```

执行结果如图 5 - 3 所示。

ceiling(3.1415926)
4

图 5 - 3　求不小于 3. 141 592 6 的最小值

【案例 4】　对 3. 141 592 6 四舍五入,保留小数点后 3 位。

```
SELECT ROUND(3.1415926,3);
```

执行结果如图 5 - 4 所示。

round(3.1415926,3)
3.142

图 5 - 4　对 3. 141 592 6 四舍五入

【案例 5】　舍去 3. 141 592 6 小数点后 3 位的数字。

```
SELECT TRUNCATE(3.1415926,3);
```

执行结果如图 5 - 5 所示。

truncate(3.1415926,3)
3.141

图 5 - 5　舍去 3. 141 592 6 小数点后 3 位的数字

2. 字符串函数(表 5 - 2)

表 5 - 2　字符串函数

函数名	作用
LENGTH(str)	返回字符串 str 的长度
CONCAT(s1,s2,…)	返回一个或者多个字符串连接产生的新的字符串
TRIM(str)	删除字符串两侧的空格
REPLACE(str,s1,s2)	使用字符串 s2 替换字符串 str 中所有的字符串 s1
SUBSTRING(str,n,len)	返回字符串 str 的子串,起始位置为 n,长度为 len
REVERSE(str)	返回字符串反转后的结果
LOCATE(s1,str)	返回子串 s1 在字符串 str 中的起始位置

【案例 6】　求字符串‘China’的长度。

```
SELECT LENGTH('China');
```

执行结果如图 5 -6 所示。

length('China')
5

图 5 -6 求字符串'China'的长度

【案例 7】 将字符串'llaw taerg'反转输出。

```
SELECT REVERSE('llaw taerg');
```

执行结果如图 5 -7 所示。

reverse('llaw taerg')
great wall

图 5 -7 将字符串'llaw taerg'反转输出

【案例 8】 将字符串'it is an interesting story'中的所有'i'用'I'代替。

```
SELECT REPLACE('it is an interesting story','i','I');
```

执行结果如图 5 -8 所示。

REPLACE('it is an interesting story','i','I')
It Is an InterestIng story

图 5 -8 替换字符串中的'i'

【案例 9】 将字符串'It is Monday!'中的星期输出。

```
SELECT SUBSTRING('It IS Monday!',7);
```

执行结果如图 5 -9 所示。

substring('It IS Monday!',7)
Monday!

图 5 -9 输出字符串中的星期

3. 日期函数(表 5 -3)

表 5 -3 日期函数

函数名	作用
CURDATE()/CURTIME()/NOW()	获取系统当前日期
YEAR()/MONTH()	获取给定日期的年份/月份
SYSDATE()	获取系统当前的日期和时间
TIME_TO_SEC()	返回将时间转换成秒的结果
ADDDATE()	执行日期的加运算(以天为单位)
SUBDATE()	执行日期的减运算(以天为单位)
DATE_FORMAT()	格式化输出日期和时间值

【案例10】 使用不同方法获取系统当前时间。

```
SELECT NOW();
```

```
SELECT CURTIME();
```

执行结果如图5-10和图5-11所示。

now()
2021-07-29 11:37:42

图5-10 使用函数NOW()获取系统时间

curtime()
11:38:14

图5-11 使用函数CURTIME()获取系统时间

【案例11】 获取系统当前时间所在的年份与月份。

```
SELECT YEAR(NOW());
```

```
SELECT MONTH(NOW());
```

执行结果如图5-12和图5-13所示。

year(Now())
2021

图5-12 获取年份

month(now())
7

图5-13 获取月份

【案例12】 将系统当前时间增加一个月输出。

```
SELECT ADDDATE(NOW(),31);
```

执行结果如图5-14所示。

adddate(now(),31)
2021-08-29 11:41:08

图5-14 将系统当前时间增加一个月输出

4. 条件判断函数(表5-4)

表5-4 条件判断函数

函数名	作用
IF(expr,v1,v2)	如果表达式expr的值为ture(1),则返回v1;否则,返回v2
IFNULL(v1,v2)	如果v1不为NULL,返回v1;否则,返回v2
CASE expr WHEN v1 THEN r1 [WHEN v2 THEN r2 …] [ELSE m] END	如果expr值等于v1、v2等,则返回与其对应的THEN后面的r1、r2;否则,返回ELSE后面的结果m

【案例13】 输出学生的姓名与性别,要求性别为男的输出M,性别为女的输出F。

(1)先选择数据库stu:

```
USE stu;
```

(2)执行查询：

```
SELECT sname,IF(sex='男','M','F')FROM student;
```

执行结果如图5-15所示。

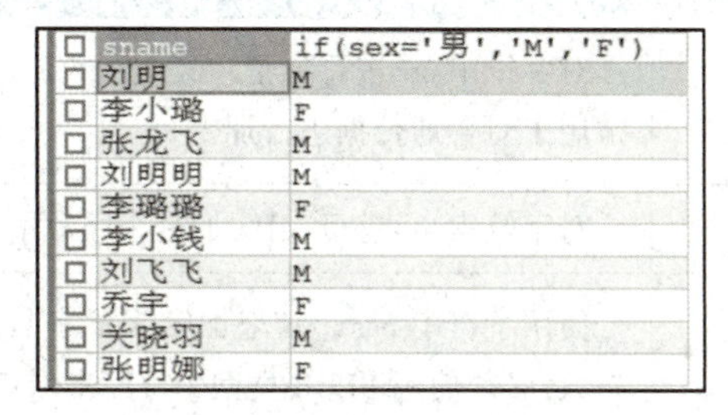

sname	if(sex='男','M','F')
刘明	M
李小璐	F
张龙飞	M
刘明明	M
李璐璐	F
李小钱	M
刘飞飞	M
乔宇	F
关晓羽	M
张明娜	F

图5-15　输出学生的姓名与性别

【案例14】　输出课程的名称及与其对应的学分。如果该课程无学分(空值),则输出'该课程暂无学分'。

```
SELECT cname,IFNULL(credit,'该课程暂无学分')FROM course;
```

执行结果如图5-16所示。

cname	ifnull(credit,'该课程暂无学分')
高等数学	3
大学英语	3
体育	1
数据库	2
化学	2
电子学	该课程暂无学分

图5-16　输出课程的名称及与其对应的学分

5. 系统信息函数(表5-5)

表5-5　系统信息函数

函数名	作用
VERSION()	获取数据库的版本号
CONNECTION_ID()	获取服务器的连接数
DATABASE()、SCHEMA()	获取当前数据库名
USER()、SYSTEM_USER()、SESSION_USER()	获取当前用户名
CURRENT_USER()	获取当前用户名
CHARSET(str)	获取字符串str的字符集
COLLATION(str)	获取字符串str的字符排序方法
LAST_INSERT_ID()	获取最近生成的AUTO_INCREMENT值

6. 加密函数(表5-6)

表5-6 加密函数

函数名	作用
PASSWORD(str)	对字符串 str 进行加密。经此函数加密后的数据是不可逆的。其经常用于对普通数据进行加密
MD5(str)	对字符串 str 进行 MD5 加密。经常用于对普通数据进行加密
ENCODE(str,pass_str)	使用字符串 pass_str 来加密字符串 str。加密后的结果是一个二进制数,必须使用 BLOB 类型的字段来保存它
DECODE(crypt_str,pass_str)	使用字符串 pass_str 来为 crypt_str 解密

7. 其他函数(表5-7)

表5-7 其他函数

函数名	作用
FORMAT(X,D)	将数字 X 格式化,将 X 保留到小数点后 D 位,截断时要进行四舍五入
CONV(N,from_base,to_base)	不同进制数之间的转换,返回值为数值 N 的字符串表示,由 from_base 进制转换为 to_base 进制
INET_ATON(expr)	给出一个作为字符串的网络地址的点地址表示,返回一个代表该地址数值的整数,地址可以使 4 bit 或 8 bit
INET_NTOA(expr)	给定一个数字网络地址(4 bit 或 8 bit),返回作为字符串的该地址的点地址表示
BENCHMARK(count,expr)	重复执行 count 次表达式 expr,它可以用于计算 MySQL 处理表达式的速度,结果值通常是 0(0 只是表示很快,并不是没有速度)。另一个作用是在 MySQL 客户端内部报告语句执行的时间
CONVERT(str USING charset)	使用字符集 charset 表示字符串 str

5.1.2 自定义函数

MySQL 数据库虽然提供了一些内置的函数,但是在开发过程中,有些业务仅靠现有的内置函数并不能满足,这时就可以使用自定义函数。自定义函数(user - defined function,UDF)是对 SQL 的扩展,其语法和函数相同。

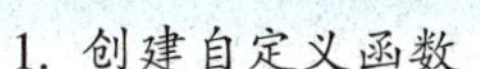


```
CREATE FUNCTION <函数名>([参数名 类型[(宽度)][,…]])
RETURNS <返回值类型>
[DETERMINISTIC |NO SQL |READS SQL DATA]
 <函数体>
```

参数说明：

(1)函数名不能与系统函数相同。

(2)创建函数可以带参数,也可以不带参数,但括号不能省略。

(3)RETURNS <返回值类型>,确定函数返回值类型,函数只能返回一个值,不允许返回结果集。

(4)[DETERMINISTIC | NO SQL | READS SQL DATA]:函数类型。其中,DETERMINISTIC 表示函数是确定的,即对于相同的输入参数,始终产生相同的结果,非确定函数是修改数据(即具有更新、插入或删除语句)的函数;NO SQL 表示函数不仅仅包含 SQL 语句;READS SQL DATA 表示仅从数据库中读取数据,包含读取数据的 SQL 指令(即 SELECT),但不包含修改数据的指令。

(5) <函数体>用于实现函数功能,一定要包含 return 语句,用于返回函数运行值,当函数体超过一条语句时,须加 begin…end。

2. 查看自定义函数

查看数据库中存在哪些自定义函数:

```
SHOW FUNCTION STATUS;
```

查看数据库中某个具体的自定义函数:

```
SHOW CREATE FUNCTION <函数名>;
```

3. 调用自定义函数

```
SELECT <函数名>([参数列表]);
```

4. 删除自定义函数

```
DROP FUNCTION [IF EXISTS] <函数名>;
```

注意:MySQL 8.0 的 log_bin(也称作 binlog)默认是开启的,在调用函数、存储过程、触发器时,会出现错误号为 1418 的错误,这是因为需要使用 DETERMINISTIC 或 NO SQL 与 READS SQL DATA 等语句对函数进行声明。当 log_bin 处于关闭状态时,可省略前面的声明语句,而大多数情况下 log_bin 是不需要开启的,所以本节均指的是 log_bin 关闭状态(关闭 log_bin 的具体操作见下面的案例)。

【案例 15】 创建一个自定义函数 hello(),返回一行信息"Hello MySQL!",然后对该函数进行查看、调用和删除。

(1)输入命令查看 log_bin。

```
show variables like 'log_bin';
```

执行结果如图 5-17 所示。

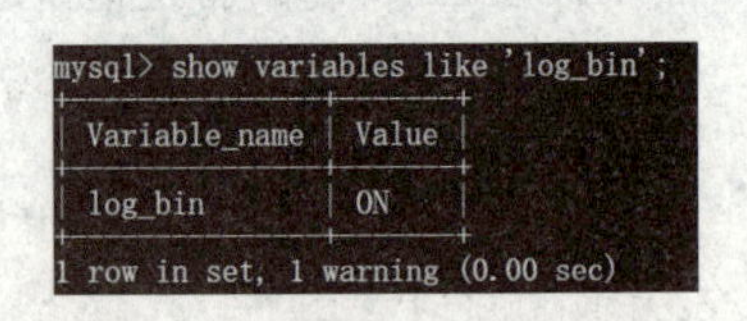

图 5-17　在命令窗口查看 log_bin

由图 5-17 所示的结果可以看出,log_bin 的值为 ON(MySQL 8.0 默认 log_bin 是开启的),所以要先关闭 log_bin。

(2)在 MySQL 安装目录下找到 my.ini 文件,如图 5-18 所示。

打开 my.ini 文件,在[mysqld]下面添加 skip-log-bin,如图 5-19 所示,然后保存并关闭文档。

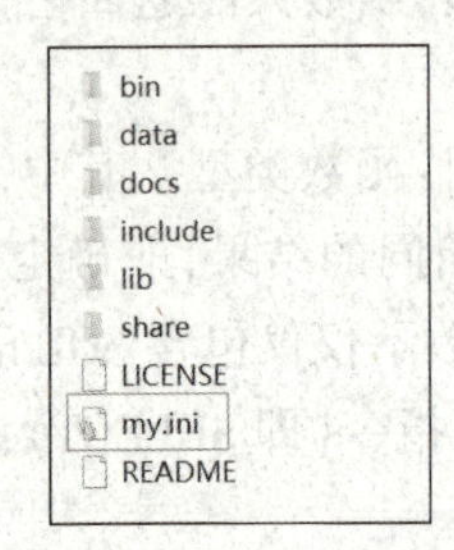

图 5-18　my.ini 文件

图 5-19　修改 my.ini 文件

(3)重新启动 MySQL 服务器。

重启方式一:

右键单击"我的电脑",选择"管理",在弹出的窗体中单击"服务与应用程序"中的"服务",在右侧列表中找到 MySQL,选中 MySQL,单击"重新启动"按钮。

重启方式二:

单击"开始"菜单,打开"运行"窗口(快捷键 Win+R)。输入"net stop mysql",单击"确定"按钮,关闭 MySQL 服务器。然后再次打开"运行"窗口,输入"net start mysql",单击"确定"按钮,开启 MySQL 服务器。

(4)切换到前面的命令窗口,输入"\q"退出 MySQL,然后重新登录,查看 log_bin,效果如图 5-20 所示,此时 log_bin 的值为 OFF,表示 log_bin 关闭。

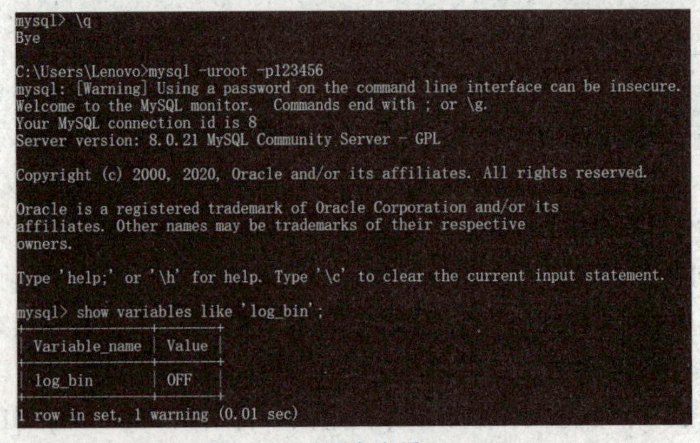

图 5-20　再次查看 log_bin

(5)创建自定义函数 hello()。

```
DELIMITER $$
CREATE FUNCTION hello()
RETURNS VARCHAR(255)
BEGIN
RETURN 'Hello MySQL!';
END $$
DELIMITER;
```

使用 DELIMITER 是因为 MySQL 中默认是使用分号来结束一个命令的,我们定义的函数体中,一条命令写完时,会用分号来结束,而 MySQL 会误以为函数体已经定义完成,因而需要定义一个新的标识符来标识一个命令的结束,这就可以使用 DELIMITER。

(6)查看该自定义函数。

```
SHOW CREATE FUNCTION hello;
```

运行结果如图 5-21 所示。

图 5-21　查看自定义函数

(7)调用该自定义函数。

```
SELECT hello();
```

运行结果如图 5-22 所示。

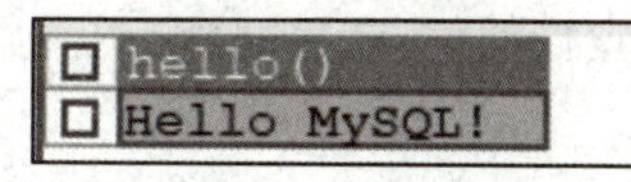

图 5-22　调用函数

(8)删除该自定义函数。

```
DROP FUNCTION hello;
```

【课后自测】

1. 返回当前日期的函数是(　　)。

A. curtime()　　B. adddate()

C. curnow()　　D. curdate()

2. 格式化日期的函数是(　　)。

A. DATEDIFF()　　B. DATE_FORMAT()

C. DAY()　　D. CURDATE()

3. 返回字符串长度的函数是(　　)。

A. len()　　B. length()　　C. left()　　D. long()

4. 下列函数中,与处理日期和时间的函数无关的是(　　)。

A. round　　B. WeekDay　　C. curdate　　D. DayofMonth

5. 拼接字段的函数是(　　)。

A. SUBSTRING()　　B. TRIM()　　C. SUM()　　D. CONCAT()

【小结】

本节主要学习了 MySQL 的系统函数和自定义函数。对于系统函数,除了介绍函数的调用方法外,还列举了数学函数、字符串函数、日期函数、条件判断函数、系统信息函数、加密函数,在案例中列举了一些常见函数的使用。对于自定义函数,介绍了函数定义、查看、调用和删除基本语法。

【学有所思】

如果不关闭 log_bin,自定义函数有哪些声明方式?

____

____

课后实训

1. 完成下列数值函数的调试。

(1)分别求大于或等于 3.6、3.4 的最小整数。

(2)分别求返回小于或等于 3.6 和 3.4 的最大整数。

(3)求 9 除以 4 的余数。

(4)对数值 3.998 进行四舍五入到小数点后两位。

(5)对数值 3.998 保留到小数点后两位,截去尾数。

2. 完成下列字符函数的调试。

(1)返回“强国有我,请党放心”和“I love China”的长度。

(2)截取“中华人民共和国”的前两个汉字和“人民”两个汉字。

(3)去掉“　中华人民共和国”左边空格。

3. 完成下列日期函数的调试。

(1)获取系统当前日期。

(2)在今天的日期上增加两个月。

(3)获取当前系统日期的年份。

(4)获取当前系统日期的月份。

4. 完成下列空值函数的调试。

(1)查询 student 表中 ADDR 字段,当 ADDR 值为空时,返回“ ******* ”;否则,返回该地址(使用 if 函数)。

(2)返回 score 表中 result 字段,当成绩为 60 以上时,返回“通过”;否则,显示“不合格”。

(3)查询 student 表中 ADDR 字段,当 ADDR 值为空时,返回“ ******* ”;否则,返回该地址(ifnull)。

(4)查询 student 表中的所有记录,将各个字段值使用下划线“_”连接起来。

(5)查询 student 表中的 sid 和 sex 字段值,如果 sex 字段的值为“男”,则返回 1;如果不为“男”,则返回 0。

5. 自定义函数。

(1)创建一个函数,使之返回 student 表中的学生人数,要求返回值 int 类型。

(2)创建一个函数,输入不同的专业(department),返回 student 表中该专业的学生人数,要求返回 int 类型。

5.2 流程控制语句

流程控制语句

在存储过程和自定义函数中,可以使用流程控制语句来控制程序的流程。MySQL 中,流程控制语句有分支语句和循环语句两大类,分支语句有 IF 语句、CASE 语句;循环语句有 LOOP 语句、LEAVE 语句、ITERATE 语句、REPEAT 语句和 WHILE 语句等。

5.2.1 分支语句

1. IF 语句

IF 语句用来进行条件判断,根据是否满足条件(可包含多个条件)来执行不同的语句,是流程控制中最常用的判断语句。

语法:

```
IF <条件 1 >THEN <语句 1 >
[ELSEIF <条件 2 >THEN] <语句 2 >
…
[ELSE] <语句 n >
END IF
```

当 <条件 1> 为真时,执行 <语句 1>;当没有条件成立时,执行 <语句 n>。

2. CASE 语句

CASE 语句也是用来进行条件判断的,它提供了多个条件进行选择,可以实现比 IF 语句更复杂的条件判断。

语法 1:

```
CASE <表达式 >
    WHEN <值 1 >THEN <语句 1 >
    WHEN <值 2 >THEN <语句 2 >
    …
    ELSE <语句 n +1 >
END CASE
```

语法2：

```
CASE
    WHEN <表达式1> THEN <语句1>
    WHEN <表达式2> THEN <语句2>
    …
    ELSE <语句n+1>
END CASE
```

功能：执行语法1时，<表达式>的值与WHEN后面的<值1>，<值2>，…进行比较，找到相等的值，就执行THEN后面相应的语句；未找到匹配项，就执行ELSE后面的语句。语法2执行时，先判断<表达式1>是否为真，如果为真，就执行THEN后面相应的<语句1>，执行后CASE语句结束；如果<表达式1>不为真，则判断<表达式2>，依此类推。如果所有表达式不为真，执行ELSE后面的<语句n+1>。

【案例1】 创建一个函数，根据输入的学号查询student表中对应的学生性别，如果是男生，则返回1；如果是女生，则返回2（分别使用IF语句和CASE语句）。

首先选择数据库stu：

```
USE stu;
```

(1)使用IF语句创建函数。

```
DELIMITER $$
CREATE FUNCTION fun_if(a CHAR(4))
RETURNS CHAR(4)
BEGIN
DECLARE s CHAR(4)DEFAULT '1';
    SELECT sex INTO s FROM student WHERE sid = a;
    -- IF 语句开始
    IF s = '男' THEN SET s = '1';
    ELSEIF s = '女' THEN SET s = '2';
    ELSE SET s = '0';
    END IF;
    -- IF 语句结束
    RETURN s;
END $$
DELIMITER;
```

调用函数fun_if，执行结果如图5-23和图5-24所示。学号“0101”的学生返回1，表示是男生；学号“0102”的学生返回2，表示是女生。

```
SELECT fun_if('0101');
```

图 5 - 23 函数 fun_if 测试(1)

```
SELECT fun_if('0102');
```

图 5 - 24 函数 fun_if 测试(2)

(2)使用 CASE 语句创建函数。

```
DELIMITER $$
CREATE FUNCTION fun_case(a CHAR(4))
RETURNS CHAR(4)
BEGIN
    DECLARE s CHAR(4)DEFAULT '1';
    SELECT sex INTO s FROM student WHERE sid = a;
    -- CASE 语句开始
    CASE
        WHEN s = '男' THEN SET s = '1';
        WHEN s = '女' THEN SET s = '2';
        ELSE SET s = '0';
    END CASE;
    -- CASE 语句结束
    RETURN s;
END $$
DELIMITER;
```

调用函数 fun_if,执行结果如图 5 - 25 和图 5 - 26 所示。学号“0101”的学生返回 1,学号“0102”的学生返回 2。

```
SELECT fun_case('0101');
```

fun_case('0101')
1

图 5 - 25 函数 fun_case 测试(1)

```
SELECT fun_case('0102');
```

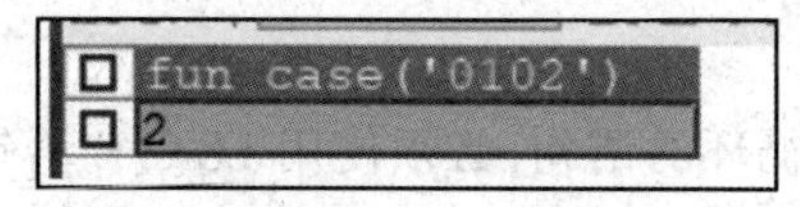

图 5 - 26 函数 fun_case 测试(2)

5.2.2 循环语句

1. LOOP 语句

LOOP 语句可以使某些特定的语句重复执行。与 IF 和 CASE 语句相比,LOOP 只实现了一个简单的循环,并不进行条件判断。语法如下:

```
[开始标签:]LOOP
    语句块
END LOOP
```

2. LEAVE 语句

LEAVE 语句主要用于跳出循环控制。此外,LEAVE 语句还经常与 BEGIN…END 一起使用。语法如下:

```
LEAVE[标签];
```

3. REPEAT 语句

REPEAT 语句是有条件控制的循环语句,每次语句执行完毕后,都会对条件表达式进行判断,如果表达式返回值为 TRUE,则循环结束;否则,重复执行循环中的语句。语法如下:

```
[开始标签:] REPEAT
    语句块
    UNTIL <条件>
END REPEAT;
```

4. WHILE 语句

WHILE 语句与 REPEAT 语句相似,也是有条件控制的循环语句。每次执行循环体前,先对条件表达式进行判断,如果表达式返回值为 TRUE,则执行循环;否则,跳出循环。语法如下:

```
[开始标签:] WHILE <条件> DO
    语句块
END WHILE;
```

注意:WHILE 语句和 REPEAT 语句不同的是,WHILE 语句是当满足条件时,执行循环内的语句;否则,退出循环。

【案例 2】 创建一个函数,要求输入任意正整数 n,如果 n < 100,则循环进行 n + 2 运算,直至 n = 100 结束循环,同时返回循环执行的次数(分别使用 LOOP 语句、REPEAT 语句和 WHILE 语句)。

(1)使用 LOOP 语句。

LOOP 语句本身没有停止循环的语句,必须使用 LEAVE 语句等才能停止循环,跳出循环过程。

```
DELIMITER $$
CREATE FUNCTION fun_loop(n INT)
RETURNS INT
BEGIN
    DECLARE c INT DEFAULT 0;
    -- LOOP 语句开始
    myloop:LOOP
        SET n = n + 2;
        SET c = c + 1;
        IF n >= 100 THEN
            LEAVE myloop;
        END IF;
    END LOOP;
    -- LOOP 语句结束
    RETURN c;
END $$
DELIMITER;
```

调用函数 fun_loop,执行结果如图 5-27 和图 5-28 所示。当 n 值为 6 时,循环次数是 47;当 n 值为 50 时,循环次数是 25。

```
SELECT fun_loop(6);
```

图 5-27 函数 fun_loop 测试(1)

```
SELECT fun_loop(50);
```

图 5-28 函数 fun_loop 测试(2)

(2)使用 REPEAT 语句。

```
DELIMITER $$
CREATE FUNCTION fun_repeat(n INT)
RETURNS INT
BEGIN
    DECLARE c INT DEFAULT 0;
    -- REPEAT 语句开始
```

```
        REPEAT
            SET n = n + 2;
            SET c = c + 1;
            UNTIL n >= 100
        END REPEAT;
        -- REPEAT 语句结束
        RETURN c;
    END $$
    DELIMITER;
```

调用函数 fun_repeat,执行结果如图 5－29 和图 5－30 所示。当 n 值为 6 时,循环次数是 47;当 n 值为 50 时,循环次数是 25。

```
SELECT fun_repeat(6);
```

fun_repeat(6)
47

图 5－29　函数 fun_repeat 测试(1)

```
SELECT fun_repeat(50);
```

fun_repeat(50)
25

图 5－30　函数 fun_repeat 测试(2)

(3)使用 WHILE 语句。

```
DELIMITER $$
CREATE FUNCTION fun_while(n INT)
RETURNS INT
BEGIN
    DECLARE c INT DEFAULT 0;
    -- REPEAT 语句开始
    WHILE n <100 DO
        SET n = n + 2;
        SET c = c + 1;
    END WHILE;
    -- REPEAT 语句结束
    RETURN c;
END $$
DELIMITER;
```

调用函数 fun_while,执行结果如图 5－31 和图 5－32 所示。当 n 值为 6 时,循环次数是 47;当 n 值为 50 时,循环次数是 25。

```
SELECT fun_while(6);
```

图 5－31 函数 fun_while 测试(1)

```
SELECT fun_while(50);
```

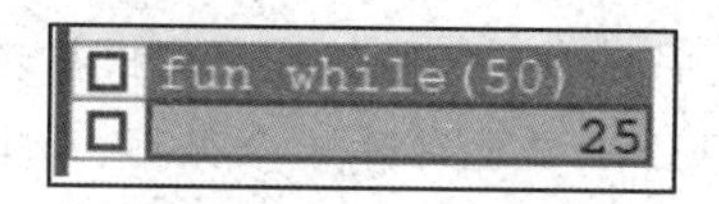

图 5－32 函数 fun_while 测试(2)

5. ITERATE 语句

ITERATE 是“再次循环”的意思,用来跳出本次循环,直接进入下一次循环。语法如下:

```
ITERATE 标签名;
```

注意:ITERATE 与 LEAVE 的语法结构相同,但作用不同,LEAVE 语句是离开一个循环,而 ITERATE 语句是重新开始一个循环。

【案例 3】 求 0～50 以内的奇数之和(使用 ITERATE 语句)。

```
DELIMITER $$
CREATE FUNCTION fun_iterate()
RETURNS INT
BEGIN
    DECLARE i INT DEFAULT -1;
    DECLARE num INT DEFAULT 0;
    myloop:LOOP
        SET i = i + 2;
        IF i > 50 THEN LEAVE myloop;
        END IF;
        IF(i MOD 2 ! = 0) THEN SET num = num + i;
        ELSE ITERATE myloop;
        END IF;
    END LOOP;
RETURN num;
END $$
DELIMITER;
```

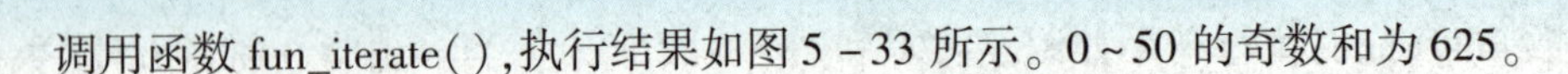

调用函数 fun_iterate( ),执行结果如图 5－33 所示。0~50 的奇数和为 625。

```
SELECT fun_iterate();
```

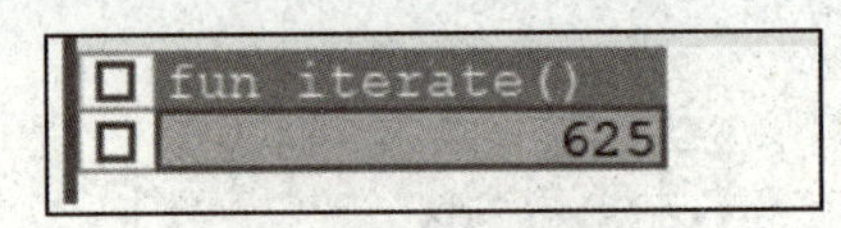

图 5－33　函数 fun_iterate 测试

【小结】

本节主要介绍了流程控制语句,包括分支语句:IF 语句、CASE 语句,循环语句:LOOP 语句、REPEAT 语句、WHILE 语句,另外,还有两个用于跳出循环的语句:LEAVE 语句和 ITERATE 语句。需要注意的是,LEAVE 语句是离开一个循环,而 ITERATE 语句是重新开始一个循环。

【学有所思】

本节流程控制语句都用于函数中,除此之外,还可以用在哪些地方?

____

____

【课后测试】

1. 流程控制语句不包括(　　)。

A. 出错处理语句　　B. 分支语句　　C. 循环语句　　D. 跳出循环语句

2. IF 语句和 CASE 语句都属于分支语句。(　　)

A. 正确　　B. 错误

3. 下列语句不属于循环语句的是(　　)。

A. LOOP 语句　　B. REPEAT 语句　　C. WHILE 语句　　D. LEAVE 语句

4. ITERATE 只可以出现在 LOOP 语句、REPEAT 语句和 WHILE 语句内。(　　)

A. 正确　　B. 错误

5. LEAVE 语句和 ITERATE 语句的作用相同,都是跳出循环。(　　)

A. 正确　　B. 错误

课后实训

1. 创建一个函数,根据输入的学号查询课程号为“04”的成绩,要求成绩≥60 时,输出“及格”;成绩 <60 时,输出“不及格”。

2. 创建一个函数,根据输入的学号及输入的课程名查询该学生此课程的成绩,要求成绩≥90 时,输出“优秀”;成绩≥70 时,输出“良好”;成绩≥60 时,输出“及格”;成绩 <60 时,输出“不及格”。

3. 求 0~100 的偶数之和。

4. 创建一个函数,要求输入一个1～100的正整数,求此正整数到100之间的所有正整数之和(分别用LOOP、REPEAT、WHILE语句)。

5.3　事务与游标

事务与游标

5.3.1　事务

1. 事务的概念

事务是MySQL中一个最小的不可再分的工作单元,通常一个事务对应一个完整的业务。在MySQL中,只有使用了InnoDB数据库引擎的数据库或表才支持事务。事务处理可以用来维护数据库的完整性,保证成批的SQL语句要么全部执行,要么全部不执行。事务用来管理INSERT、UPDATE、DELETE语句。

2. 事务的属性

一般来说,事务需要满足4个条件(ACID):原子性(Atomicity)、一致性(Consistency)、隔离性(Isolation)、持久性(Durability)。

(1)原子性(A):事务是最小的单位,不可再分。事务开始后,所有操作要么全部做完,要么全部不做,不可能停滞在中间环节。

(2)一致性(C):事务要求所有的DML语句在操作时必须保证同时成功或者同时失败。

(3)隔离性(I):事务A和事务B之间具有隔离性,同一时间只允许一个事务请求同一数据,不同的事务之间彼此没有任何干扰。比如A正在从一张银行卡中取钱,在A取钱的过程结束前,B不能向这张卡转账。

(4)持久性(D):是事务的保证,事务终结的标志(内存的数据持久保存到硬盘文件中)。事务完成后,事务对数据库的所有更新将被保存到数据库,不能回滚。

事务的原子性、一致性、持久性由数据库系统实现,无须用户设置,但用户可根据不同的业务需要对事务的隔离性进行设置。

3. 事务的隔离级别

根据事务所包含的操作不同,选择设置不同的隔离级别。如果两个事务都查询数据,则不必隔离;如果两个事务都修改数据,则必须隔离;如果一个事务修改数据,另一个事务查询数据,会出现以下可能:

①脏读:一个事务读取了另一个未提交的数据。

②不可重复读:一个数据多次读取同一条记录,读取的字段值不同。

③虚读(幻读):一个数据多次查询总表的数据,由于其他事务对记录行的增加或者删除,导致读取的数据行不一致。

(1)设置与查看事务隔离级别。

设置事务隔离级别语法:

```
SET SESSION |GLOBAL TRANSACTION ISOLATION LEVEL
READ UNCOMMITTED /READ COMMITTED /REPEATABLE READ /SERIALIZABLE;
```

说明：

READ UNCOMMITTED：读未提交事务类型。不做任何隔离，存在脏读、不可重复读、幻读等问题。

READ COMMITTED：读提交事务类型。防止脏读，存在不可重复读、幻读等问题。

REPEATABLE READ：可重复读类型。防止脏读、不可重复读，存在幻读问题。

SERIALIZABLE：可串行化类型。防止脏读、不可重复读、幻读等问题。

其中，REPEATABLE READ 为默认类型；SERIALIZABLE 可解决一切问题，但效率受影响。

(2)查看事务隔离级别。

语法如下：

```
SELECT @@ TRANSACTION_ISOLATION;
```

4. 事务的控制语句

(1)显式地开始一个事务：

```
START TRANSACTION/BEGIN;
```

(2)设置保存点(一个事务中可以有多个保存点)：

```
SAVEPOINT 保存点名称;
```

(3)提交事务，并使数据库中进行的所有修改成为永久性的：

```
COMMIT/COMMIT WORK;
```

(4)回滚结束用户的事务，并撤销正在进行的所有未提交的修改：

```
ROLLBACK/ROLLBACK WORK;
```

(5)删除一个事务的保存点：

```
RELEASE SAVEPOINT 保存点名称;
```

(6)将事务滚回标记点：

```
ROLLBACK TO 标记点;
```

【案例1】 使用提交事务的方式将表5-8的数据录入数据表 course 中。

表5-8 录入数据

cno	cname	start	credit
07	Java 程序设计	2	4
08	MySQL 数据库技术	3	4

(1)选择 stu 数据库：

```
USE stu;
```

(2)开启事务:

```
START TRANSACTION;
```

(3)插入两条记录:

```
INSERT INTO course VALUES('07','java 程序设计',2,4);
INSERT INTO course VALUES('08','MySQL 数据库技术',3,4);
```

(4)提交事务:

```
COMMIT;
```

(5)查看数据表 course:

```
SELECT * FROM course;
```

执行结果如图 5-34 所示,因提交了事务,两条记录插入 course 表中。

cno	cname	start	credit
01	高等数学	1	3
02	大学英语	1	3
03	体育	1	1
04	数据库	2	2
05	化学	1	2
06	电子学	(NULL)	(NULL)
07	java程序设计	2	4
08	MySQL数据库技术	3	4

图 5-34 查看数据

【案例 2】 使用提交事务的方式将表 5-9 中的数据录入数据包 course 中,但在提交事务前,回滚该事务。

表 5-9 录入数据

cno	cname	start	credit
09	Oracle 数据库技术	6	4

(1)开启事务:

```
START TRANSACTION;
```

(2)插入一条记录:

```
INSERT INTO course VALUES('09','Oracle 数据库技术',6,4);
```

(3)回滚事务:

```
ROLLBACK;
```

(4)查看数据表 course:

```
SELECT * FROM course;
```

执行结果如图 5-35 所示,可以看到,因回滚事务,记录未被插入 course 表中。

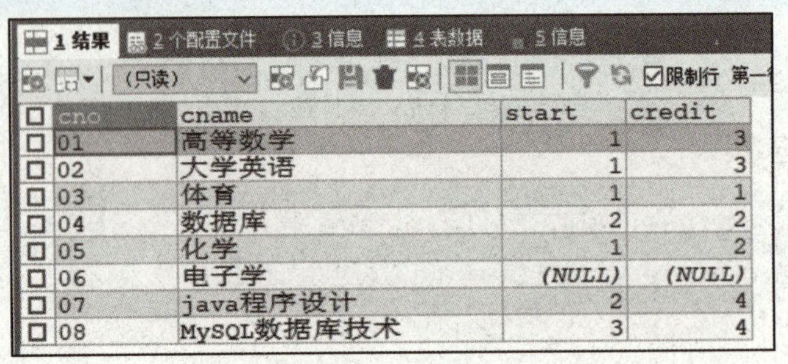

cno	cname	start	credit
01	高等数学	1	3
02	大学英语	1	3
03	体育	1	1
04	数据库	2	2
05	化学	1	2
06	电子学	(NULL)	(NULL)
07	java程序设计	2	4
08	MySQL数据库技术	3	4

图 5-35　查看数据

5.3.2　游标

游标实际上是一种能从包括多条数据记录的结果集中每次提取一条记录的机制。在读取游标保存的内容时,游标充当指针的作用,尽管游标能遍历结果中的所有行,但它一次只指向一行。游标的作用就是对查询数据库所返回的记录进行遍历,以便进行相应的操作。另外,游标只能用于函数和存储过程。

使用游标流程如下:

(1)声明一个游标:

```
declare 游标名称 CURSOR for 查询语句;
```

(2)打开定义的游标:

```
open 游标名称;
```

(3)读取游标:

```
FETCH 游标名称 into 变量名;
```

变量名需要声明,变量的数量与查询结果的数量必须相同。

(4)需要执行的语句:

```
用户自定义(增删查改 SQL 语句等);
```

(5)释放游标:

```
CLOSE 游标名称;
```

【案例3】　创建一个函数,要求使用游标实现查询 student 表中 sname 列的数据。

```
DELIMITER $$
CREATE FUNCTION fun_cur()
RETURNS VARCHAR(200)
BEGIN
```

```
        DECLARE finished INT DEFAULT 0;
        DECLARE LIST VARCHAR(255)DEFAULT "";
        DECLARE n_name VARCHAR(255)DEFAULT "";
        DECLARE cur CURSOR FOR SELECT sname FROM student;
        DECLARE CONTINUE HANDLER FOR NOT FOUND SET finished =1;
        OPEN cur;
        curLoop:LOOP
            FETCH cur INTO n_name;
            IF finished THEN LEAVE curLoop;
            END IF;
            SET LIST =CONCAT(LIST,",",n_name);
        END LOOP;
        CLOSE cur;
        RETURN SUBSTR(LIST,2);
    END $$
    DELIMITER;
```

游标(cursor)必须在声明处理程序之前被声明,并且变量和条件必须在声明游标或处理程序之前被声明。

因为 LIST 的初始值是空字符串,调用 CONCAT 函数时,LIST 的开头会有一个“,”,所以函数 substr 中的第二个参数为 2 时,截取的字符串开始不再显示“,”。调用函数 fun_cur,执行结果如图 5－36 所示。

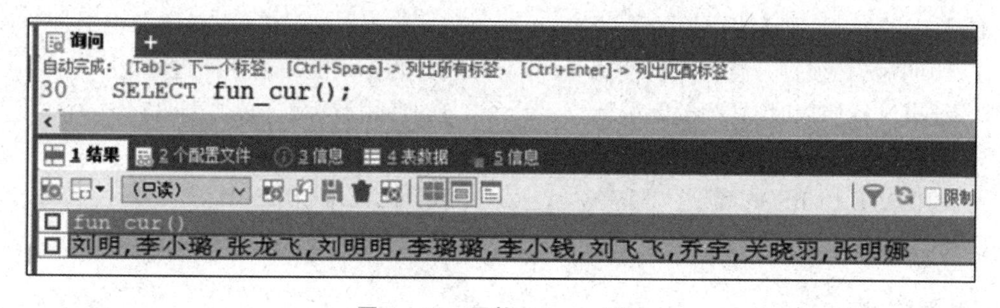

图 5－36　函数 fun_cur 测试

【小结】

本节介绍了事务和游标的基本使用方法。事务必须满足 4 个条件(ACID):原子性(Atomicity,或称不可分割性)、一致性(Consistency)、隔离性(Isolation,又称独立性)、持久性(Durability)。通过任务对事务的控制语句进行实践,介绍了游标的作用和使用方法,游标的使用顺序是声明游标、打开游标、读取数据、关闭游标。

【学有所思】

1. 事务的不同隔离级别对数据表中的记录读、写会产生哪些影响?

____

____

2. 游标的作用是什么？优点有哪些?

____

____

3. 简述游标的使用步骤。

____

____

【课后测试】

1. 如果要回滚一个事务,则要使用(　　)语句。

A. COMMIT TRANSACTION　　B. BEGIN TRANSACTION

C. REVOKE　　D. ROLLBACK TRANSACTION

2. (　　)表示一个新的事务处理块的开始。

A. START TRANSACTION　　B. BEGIN TRANSACTION

C. BEGIN COMMIT　　D. START COMMIT

3. 用于将事务处理写到数据库的命令是(　　)。

A. INSERT　　B. ROLLBACK

C. COMMIT　　D. SAVEPOINT

4. 关于游标,下列说法错误的是(　　)。

A. 声明后,必须打开游标以供使用　　B. 游标只能用于存储过程

C. 结束游标使用时,必须关闭游标　　D. 使用游标前,必须声明它

5. 可以用(　　)来声明游标。

A. CREATE CURSOR　　B. ALTER CURSOR

C. SET CURSOR　　D. DECLARE CURSOR

课后实训

1. 创建数据库 manage,创建数据表 salary,添加数据。

```
CREATE DATABASE manage;
USE manage;
CREATE TABLE salary(
    sid INT primary key auto_increment,
    name VARCHAR(40),
    money FLOAT
```

```
);
INSERT INTO salary(name,money)VALUES('a',10000);
INSERT INTO salary(name, money)VALUES('b', 10000);
```

(1)创建事务及提交:从 a 账户转账 1 000 元到 b 账户,提交,查看表中数据。

(2)创建事务:从 a 账户转账 1 000 元到 b 账户,取消事务,查看表中数据。

(3)查看隔离级别。

2. 在数据库 stu 中新建数据表 student01。

```
CREATE TABLE student01(
    stu_id VARCHAR(10)PRIMARY KEY,
    stu_name VARCHAR(40)
);
```

使用游标将数据表 student 中的 sid、sname 两列数据插入数据表 student01 中。

5.4 存储过程 

存储过程

5.4.1 存储过程的概念

存储过程(Procedure)是一组为了实现某特定功能而编写的 SQL 语句块,经编译后存储在数据库中,存储过程一旦创建成功,用户可通过存储过程的名字来反复调用,可以大大减少数据库开发人员的工作量。

使用存储过程有以下几个优点:

(1)执行效率高:存储过程编译后,存储在数据库服务器端,可以直接调用,从而提高了 SQL 语句的执行效率。

(2)功能强大:存储过程可以用结构化语句编写,可以完成较复杂的判断和运算。

(3)独立性强:应用程序通过存储过程访问数据库,当数据表结构变化时,只需修改存储过程,不需要修改程序源代码。

(4)安全性好:存储过程作为一种数据库对象,系统管理员可设置其访问权限,保证了数据的安全性。

(5)网络流量少:当在客户机上调用该存储过程时,网络中传送的只是该调用语句,而不是这一功能的全部代码,从而大大降低了网络流量。

5.4.2 存储过程的创建案例

1. 创建存储过程的语法格式

语法:

```
CREATE PROCEDURE 存储过程名 ([IN|OUT|INOUT]参数名 类型[宽度],…])
```

```
BEGIN
<存储过程体>
END;
```

说明:

(1)存储过程名应符合 MySQL 的命名规则,避免使用与 MySQL 的内置函数相同的名称。

(2)参数类型:IN、OUT、INOUT。其中,IN 表示该参数可以作为输入参数,需要调用方传入值,不说明参数类型时,默认状态下为 IN 类型;OUT 表示该参数可以作为输出参数或返回值;INOUT 参数既可以作为输入参数,也可以作为输出参数。

2. 调用简单存储过程

存储过程创建完成后,可以在程序、触发器或者其他存储过程中被调用,其语法格式如下:

```
CALL 存储过程名([参数]);
```

3. 查看存储过程

查看存储过程有三种方式:

(1)方法一:

```
SHOW CREATE PROCEDURE 存储过程名;
```

如:

```
SHOW CREATE PROCEDURE proc1;
```

(2)方法二:

```
SHOW PROCEDURE STATUS [LIKE <存储过程模糊名>];
```

如:

```
SHOW PROCEDURE STATUS LIKE 'p%';
```

(3)查看 information_schema 数据库下的 Routines 表。

MySQL 中存储过程的信息存储在 information_schema 数据库下的 Routines 表中,可以通过查询该数据表来查询存储过程的信息,例如:

```
SELECT * FROM information_schema.Routines
WHERE Routine_name = 'proc1';
```

4. 删除存储过程

在命令行中删除存储过程的语法格式如下:

```
DROP PROCEDURE <存储过程名>;
```

【案例 1】 创建一个存储过程,要求将下述数据录入 course 表中,cno,cname,start,credit

字段值分别为:07,Java 程序设计,2,4。

(1)使用存储过程完成插入记录操作,可以不带参数,在数据库 stu 下,选择“存储过程”,右击,创建存储过程,输入存储过程名“proc1”,在接下来的编辑窗口输入如下命令:

```
DELIMITER $$        --修改语句结束符为"$$"
   CREATE PROCEDURE proc1()
   BEGIN
      INSERT INTO course
      VALUES('07','java 程序设计',2,4);
   END $$
   DELIMITER;   --修改语句结束符为“;”
```

视图创建成功后,可查看存储过程:

```
SHOW PROCEDURE STATUS LIKE 'p%';
```

(2)调用存储过程,语法如下:

```
call  proc1();
```

执行结果如图 5-37 所示。

cno	cname	start	credit
07	java程序设计	2	4

图 5-37　调用存储过程 proc1

由于该存储过程往表中插入固定记录,多次执行会发生主键冲突,因此应修改为带输入参数的存储过程。

【案例 2】　创建存储过程,通过存储过程往 score 表中添加记录,新记录值通过代入参数获得。

(1)score 表中的三个字段值通过输入参数获取,输入参数可省略 IN 类型,因此创建存储过程命令如下:

```
DELIMITER $$
CREATE PROCEDURE proc2(sid CHAR(4),cno CHAR(2),grade1 float)
BEGIN
INSERT INTO score(sid,cno,result)
VALUES(sid,cno,grade1);
END $$
DELIMITER;
```

(2)通过调用存储过程插入记录,调用语法如下:

```
CALLproc2('0102','06',90);
CALLproc2('0102','07',87);
SELECT *  FROM score WHERE  sid='0102';
```

执行结果如图 5 - 38 所示。

scid	sid	cno	result
5	0102	01	68
6	0102	03	89
7	0102	02	88
8	0102	04	90
64	0102	06	90
65	0102	07	87

图 5 - 38　调用存储过程 proc2

【案例 3】　创建一个存储过程,输入不同的课程编号(cno),返回表 score 中相应课程 result 列的平均值,要求返回值为 FLOAT 类型。

(1)该存储过程是有参数的存储过程,课程编号(cno)的参数类型为 IN,返回平均值的参数类型为 OUT;存储过程包含的查询语句需要根据课程编号计算其平均值;创建存储过程的命令如下:

```
DELIMITER $$
CREATE PROCEDURE proc3(IN cno1 CHAR(2), OUT avg1 FLOAT)
BEGIN
    SELECT AVG(result)INTO avg1 FROM score
    WHERE cno = cno1;
END $$
DELIMITER;
```

(2)查询"01"号课程平均成绩,调用存储过程语法如下:

```
CALL proc3('01',@avg1);
SELECT @avg1;
```

或者

```
CALL proc3('01',@avg11);
SELECT @avg11;
```

执行结果如图 5 - 39 所示。

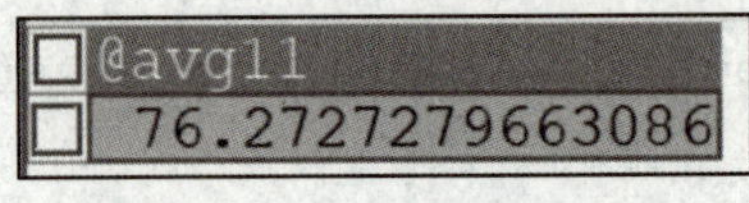

@avg11
76.2727279663086

图 5 - 39　调用存储过程 proc3

此处@ avg1 和@ avg11 为实在参数,与存储过程定义的形式参数 avg1 是不同的。

【案例 4】　创建一个存储过程,要求输入一个正整数,返回其自身的 2 倍。

(1)该存储过程是有参数的,参数类型是输入输出型 INOUT,创建存储过程命令如下:

```
DELIMITER #
CREATE PROCEDURE proc4(INOUT a INT)
BEGIN
    SET a = a * 2;
```

```
END#
DELIMITER;
```

(2)调用：

```
SET @a =3;
CALL proc4(@a);
SELECT @a;
```

执行结果如图5-40所示。

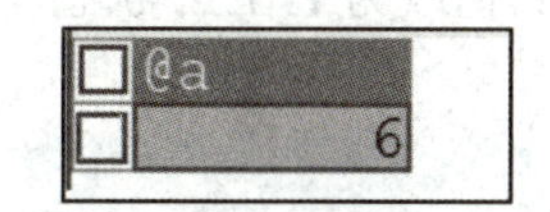

图5-40　调用存储过程proc4

5.4.3　存储过程的错误处理

存储过程执行期间，会出现各种错误和异常，为使存储过程正常执行，需要对错误进行处理。处理错误通常先对某些特定的错误代码、警告或异常进行定义，然后再给这些错误定义相应的操作。

1. 自定义错误名称

```
DECLARE 错误名称 CONDITION FOR SQLSTATE '错误代码值' | 错误代码值;
```

错误代码可查阅相关资料。

例如，对SPATIAL索引，其所有部分必须是NOT NULL，错误代码值为1252，SQLSTATE为42000，错误名称为ER_SPATIAL_CANT_HAVE_NULL。可使用以下两种方式说明：

```
DECLARE ER_SPATIAL_CANT_HAVE_NULL CONDITION FOR SQLSTATE '42000';
```

```
DECLARE ER_SPATIAL_CANT_HAVE_NULL CONDITION FOR 1252;
```

2. 错误处理操作

可使用如下语句定义错误处理操作：

```
DECLARE CONTINUE |EXIT HANDLER FOR 错误处理类型
程序语句段;
```

CONTINUE和EXIT是两种错误处理方式，其中，CONTINUE遇到错误不处理，继续执行；EXIT遇到错误则马上退出。

错误处理类型有6类，分别是：

①SQLSTATE '错误代码值'：同DECLARE … CONDITION FOR语句的SQLSTATE '错误代码值'（五位）。

②错误代码值：同DECLARE … CONDITION FOR语句的错误代码值（四位）。

③使用DECLARE … CONDITION FOR声明的错误名称。

④SQLWARNING:所有以 01 开头的 SQLSTATE 错误。

⑤NOT FOUND:所有以 02 开头的 SQLSTATE 错误。

⑥SQLEXCEPTION:表示除 01 和 02 开头之外的所有 SQLSTATE 错误。

【案例 5】 创建带游标的存储过程,其功能是利用游标逐行浏览返回某个系部的学生学号、姓名、性别。

(1)该存储过程有代入参数,参数作为查询的条件。使用游标的步骤是先定义游标,然后打开游标,接下来取游标数据给变量,最后关闭游标。逐条处理记录的过程中,如果没有满足条件的记录,则结束查询,通过设置一个变量 FOUND,用于记录查询状态,初值为 TRUE,默认查询有结果,如果查询没有结果,将其值改为 FALSE 状态。游标执行的过程通过 FOUND 变量值控制循环执行。变量命令如下:

```
DELIMITER $$
CREATE PROCEDURE PROC5(dname CHAR(10))
 BEGIN
DECLARE sid1 CHAR(4);                      --定义变量,存放记录的学号
DECLARE sname1 VARCHAR(20);                --定义变量,存放记录的姓名
DECLARE sex1 CHAR(2);                      --定义变量,存放记录的性别
DECLARE FOUND BOOLEAN DEFAULT TRUE; -- 初始化游标循环变量,初值为 TRUE
DECLARE s_cursor CURSOR FOR
SELECT sid,sname,sex
FROM student where department = dname; -- 定义游标标量 s_cursor
DECLARE CONTINUE HANDLER FOR NOT FOUND -- 存储过程错误处理
 SET FOUND = FALSE;   --若无数据返回,程序继续,并将变量 FOUND 设为 FALSE
OPEN s_cursor;                             --打开游标
FETCH s_cursor INTO sid1,sname1,sex1; --取游标数据到变量中
WHILE FOUND DO
  SELECT sid1,sname1,sex1;                 --显示变量 sid1,sname1,sex1 的值
  FETCH s_cursor INTO sid1,sname1,sex1;    --取游标数据到变量中
END WHILE;
CLOSE s_cursor;                            --关闭游标
END $$
DELIMITER;
```

(2)通过存储过程查看“信息工程系”学生信息,调用方式如下:

```
CALL proc5('信息工程系');
```

执行结果如图 5-41 所示。

图 5-41 调用存储过程 proc5

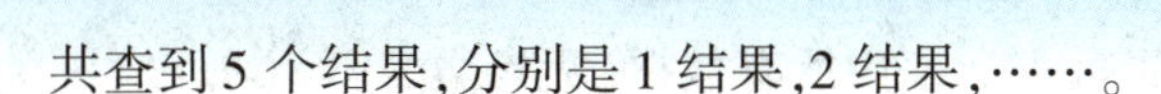

共查到5个结果,分别是1结果,2结果,……。

【小结】

本小节学习了存储过程的概念,以及存储过程的优点,通过案例学习,应掌握存储过程的创建、调用,能根据应用需要设置不同的参数类型,并学会如何定义和处理存储过程在执行过程中的异常情况。

存储过程与函数的区别:

(1)存储过程的关键字为PROCEDURE,函数的关键字为FUNCTION。

(2)存储过程调用使用call,函数调用使用select。

(3)存储过程一般用于执行比较复杂的过程体、更新、创建等语句,返回值可以有多个,而函数一般用于计算或者查询单个值,返回值必须只有一个。

【学有所思】

1. 使用存储过程有哪些优点?存储过程中,不同类型的参数在调用时应注意哪些问题?

____

____

2. 为什么要对存储过程进行异常处理?

____

____

课后实训

1. 以下对存储过程的描述,不正确的是(　　)。

A. 存储过程是一组为了实现某特定功能而预先编写的SQL语句块

B. 存储过程是一种数据库对象,存储在数据库中

C. 存储过程每次执行时,都需要重新编译

D. 存储过程创建成功后,可多次调用

2. 以下存储过程的优点不包含(　　)。

A. 执行效率高　　B. 数据独立性强

C. 降低网络流量　　D. 安全性不高

3. 存储过程的参数类型不包含(　　)。

A. IN　　B. OUT

C. INOUT　　D. INPUT/OUTPUT

4. 调用存储过程pro1的语句是(　　)。

A. USE pro1　　B. SELECT pro1　　C. CALL pro1　　D. DECLARE pro1

5. 以下选项可以用来查看存储过程pro1的状态的是(　　)。

A. SHOW STATUS pro1　　B. SHOW CREATE PROCEDURE pro1

C. SHOW PROCEDURE pro1　　D. SHOW pro1

6. 下载stu. sql文件,导入,在stu数据库中完成下列存储过程的创建。

(1)创建存储过程 p1,查询 stu 数据库 student 表中所有数据(无参数)。

(2)创建存储过程 p2,查询任意学号学生的姓名、课程号和成绩(学号为代入参数)。

(3)创建存储过程 p3,查询任意学号学生的姓名和性别(学号为代入参数),显示格式为:xxx 是 X 生,如'刘明是男生'。

(4)创建存储过程 p4,查询任意学号学生的姓名(学号为代入参数,姓名为代出参数)。

(5)创建存储过程 p5,根据系部名称查询返回该系部的学生人数(系部名称为代入参数,人数使用代出参数)。

(6)创建存储过程 p6,修改 score 表中成绩:三个代入参数(学号,课程名,新分数),将某学号某门课成绩修改为新分数。

(7)创建存储过程 p7,删除 score 表中成绩:删除某学号某门课程成绩(学号和课程号为代入参数)。

(8)创建带游标的存储过程 p8,其功能是利用游标逐行浏览返回某个学号的学生学号、课程号、成绩(学号为代入参数)。

(9)使用游标创建一个存储过程,统计成绩大于 60 分的记录的数量。

5.5 触发器

触发器

5.5.1 触发器概念

触发器(TRIGGER)是一种与表操作有关的数据库对象,当触发器所在表上出现指定事件时,将调用该对象,即表的操作事件触发表上的触发器的执行。

使用触发器能实现以下作用:

(1)审计,可以跟踪用户对数据库的操作。

(2)安全性,可以基于数据库的值使用户具有操作数据库的某种权利。

(3)实现复杂的非标准的数据库相关完整性规则,触发器可以对数据库中相关的表进行级联更新。

(4)同步实时地复制表中的数据。

(5)自动计算数据值,如果数据的值达到了一定的要求,则进行特定的处理。

当然,触发器也存在缺点,例如,触发器的创建增加了维护数据库的难度;数据库的自动处理操作会在应用程序(如 Java 等)方面导致不可控。

5.5.2 创建触发器

1. 创建语法

使用 CREATE TRIGGER 语句创建,语法如下:

```
CREATE TRIGGER 触发器名 触发时刻 触发事件 ON 表名
FOR EACH ROW
```

```
Begin
触发器程序体;
End
```

说明：

（1）触发器名：触发器名在当前数据库中必须具有唯一性，如果是在某个特定数据库中创建，在触发器名前加上数据库的名称。

（2）触发时刻：有 BEFORE 或 AFTER 两个选择，表示触发器在激活它的事件之前触发或之后触发。

（3）触发事件：可以是 INSERT、DELETE 或 UPDATE 操作。

（4）表名：与触发器相关的数据表。

（5）FOR EACH ROW：行级触发器，是指受触发事件每影响一行，都会执行一次触发程序。

（6）触发器程序体：触发器被激活时将要执行的语句。

2. 触发器类型

触发时刻和触发事件结合，共有 6 种触发器，见表 5－10。

表 5－10 触发器类型

类型	说明
BEFORE INSERT	插入数据之前运行程序体
AFTER INSERT	插入数据之后运行程序体
BEFORE DELETE	删除数据之前运行程序体
AFTER DELETE	删除数据之后运行程序体
BEFORE UPDATE	更新数据之前运行程序体
AFTER UPDATE	更新数据之后运行程序体

在一个表上不能同时创建两个相同类型的触发器，因此，在一个表上最多创建 6 个触发器。

3. NEW 变量与 OLD 变量

NEW 变量与 OLD 变量是在定义触发器时才存在的临时变量，NEW 中存放对表执行 INSERT 或 UPDATE 操作后的记录，而 OLD 变量保存的是 UPDATE 或 DELETE 操作前的记录。在触发器程序体中可以使用这两个变量，以“NEW. 字段名”或“OLD. 字段名”的方式访问。

4. 删除触发器

```
DROP TRIGGER [IF EXISTS] 触发器名;
```

5. 查看触发器

```
SHOW TRIGGERS;
```

或者在 information_schema 数据库下查看 triggers 表中数据：

```
USE information_schema;
Select * from triggers;
```

注意：MySQL 触发器中不能直接在客户端界面返回结果，因此不能在触发器操作里使用 SELECT 语句。

【案例 1】 创建一个触发器，当对 score 表执行插入操作后，将执行该操作的用户名录入 logtable 表中。logtable 表包含两个字段，见表 5-11。

表 5-11 logtable 表

列名	数据类型	约束条件
DATELOG	date	NOT NULL
USERNAME	CHAR(20)	NOT NULL

(1)创建 logtable 表。

```
CREATE TABLE logtable
(DATELOG DATE NOT NULL,
USERNAME CHAR(20)NOT NULL);
```

(2)创建触发器：该触发器为 AFTER INSERT 类型，触发器程序体的执行内容是得到当前用户名，插入 logtable 表中，时间可以通过 now()函数返回，当前用户可以通过系统函数 CURRENT_USER()返回。

```
DELIMITER $$
CREATE TRIGGER stu.tr1 AFTER INSERT
    ON stu.score
FOR EACH ROW
BEGIN
   DECLARE a DATE;
   DECLARE user1 VARCHAR(20);
   SELECT NOW()INTO a;
   SELECT CURRENT_USER()INTO user1;
   INSERT  INTO logtable VALUES(a,user1);
END $$
DELIMITER;
```

(3)验证触发器，往 score 表插入一行记录，在 logtable 表中查看插入记录的时间和用户。

```
USE stu;
INSERT INTO score(sid,cno,result)
VALUES('0103','05',80);
SELECT * FROM logtable;
```

执行效果如图 5－42 所示。

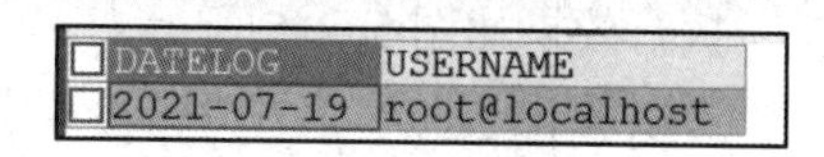

DATELOG	USERNAME
2021-07-19	root@localhost

图 5－42　验证触发器

【案例 2】　创建一个触发器，当对 course 表的 cno 列执行修改后，将 score 表中的 cno 列同时进行修改，以保证数据的一致性。

（1）该触发器为 AFTER UPDATE 类型，需要使用 OLD 与 NEW 变量，触发器程序体的执行内容是根据 OLD 变量定位表 score 中的行，并更新为 NEW 变量。

```
DELIMITER $$
CREATE TRIGGER stu.tr2 AFTER UPDATE
ON stu.course
FOR EACH ROW
BEGIN
   UPDATE score
   SET cno = new.cno
   WHERE cno = old.cno;
END $$
DELIMITER;
```

（2）验证触发器，将 course 表中的课程号“01”修改“11”，观察 score 表中“01”学号是否同步修改。

```
SELECT * FROM score WHERE cno = '01'; -- 先查看 score 表中"01"号课程成绩信息
SELECT * FROM score WHERE cno = '11'; -- 先查看 score 表中"11"号课程成绩信息
```

执行效果如图 5－43 所示。

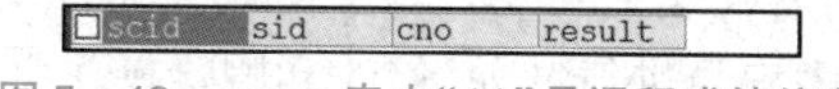

scid	sid	cno	result

图 5－43　score 表中“11”号课程成绩信息

```
UPDATE course                    -- 修改"01"学号为"11"
SET cno = '11'
WHERE cno = '01';
SELECT * FROM score WHERE cno = '01'; -- 查看 score 表中"01"号课程成绩信息
```

执行效果如图 5－44 所示。

scid	sid	cno	result

图 5－44　score 表中“01”号课程成绩信息

```
SELECT * FROM score WHERE cno = '11'; -- 先查看 score 表中"11"号课程成绩信息
```

执行效果如图 5 -45 所示。

scid	sid	cno	result
5	0102	11	68
9	0103	11	90
13	0104	11	98
17	0201	11	90

图 5 -45　score 表中“11”号课程成绩信息

可以看出，score 表中“01”号学号修改为“11”，是 course 表中定义的触发器发挥了作用。这个功能使用外键也能够实现。

【小结】

触发器是一类特殊的存储过程，是由事件触发自动执行的，触发器的触发时机有 AFTER 和 BEFORE，触发事件有 INSERT、UPDATE、DELETE，触发器可以完成一些复杂的约束，熟练掌握触发器，在设计数据库时根据业务需要合理规划、设计触发器，将会大大提高数据库的数据处理能力。

【学有所思】

1. 创建触发器有什么优缺点？

____

____

2. 设计数据库时，应如何规划、设计触发器？

____

____

【课后测试】

1. 选择题

(1)触发器不是响应(　　)语句而自动执行的 MySQL 语句。

A. SELECT　　B. INSERT　　C. DELETE　　D. UPDATE

(2)下列不是触发器的特性的是(　　)。

A. 触发器定义在表上，附着在表上

B. 触发时机只能在对表中记录进行增加、修改和删除操作之后，其他时机则不能

C. 触发频率为针对每一行执行

D. 触发操作可以简单或复杂，当执行复杂操作时，可以使用 BEGIN…END 构成语句块

(3)创建触发器的命令为(　　)。

A. SHOW TABLE　　B. CREATE TABLE

C. SHOW TRIGGER　　D. CREATE TRIGGER

2. 填空题

(1)触发器的触发时机有________和________，触发动作有________、________、________。

(2)根据触发时机和触发事件，共有______种触发器类型，每个表的每种类型的触发器只能有________个。

(3)对于 OLD 和 NEW 变量，当在触发器表执行 INSERT 操作后，新记录除插入触发器表中外，还在________变量中；执行 UPDATE 操作，修改前的记录会在________变量中保存，而修改后的记录除在触发器表中外，还会在________变量中保存；执行 DELETE 操作，触发器表

中删除的记录会在____________变量中保存。

(4)____________,定义行级触发器,触发事件每影响一行,都会执行一次触发操作。

(5)删除触发器的语句:________________________。

课后实训

在 stu 数据库完成触发器创建:

1. 新建用户表 user,表结构为 User(id int,uid char(4),psw char(6)),其中 id 为自动增长字段。

2. 创建触发器,当在 student 表中增加一条新记录时,在 user 表增加一个新用户,uid 值为该学生学号,密码为 888888。验证:往 student 表中插入一条记录,学号为“6666”,姓名为“张大山”,查看 user 表中是否有 id 字段为“6666”的记录。

3. 创建触发器,当修改 student 表中的学号时,score 表中学号同步修改。验证:将 student 学号“0101”改为“0010”,观察 score 表中“0101”记录学号变化。

4. 创建触发器,当删除 student 表中的学生时,score 表中该学生成绩同步删除。验证:删除 student 表中学号为“0010”的记录,观察 score 表中学号为“0010”的记录是否被删除。

【知识拓展】

创建数据库开发岗位职位描述,如图 5-46 所示。

图 5-46 数据库开发岗位职位描述

考评表

项目	标准描述	评价				
		优	良	中	较差	差
知识评价	掌握系统函数和自定义函数的语法和应用	( )	( )	( )	( )	( )
	掌握流程控制语句的语法和应用	( )	( )	( )	( )	( )
	掌握事物与游标的概念和语法	( )	( )	( )	( )	( )
	掌握存储过程的概念和语法	( )	( )	( )	( )	( )
	掌握触发器的概念和语法	( )	( )	( )	( )	( )
能力评价	能够通过自学视频学习存储过程与触发器的基础知识	( )	( )	( )	( )	( )
	能通过网络下载和搜索存储过程与触发器的各项资料	( )	( )	( )	( )	( )
	会主动做课前预习、课后复习	( )	( )	( )	( )	( )
	会咨询老师课前、课中、课后的学习问题	( )	( )	( )	( )	( )
素质评价	创新精神	( )	( )	( )	( )	( )
	协作精神	( )	( )	( )	( )	( )
	自我学习能力	( )	( )	( )	( )	( )
老师点评：						
课后反思：						

单元 6
备份与还原

【学习导读】

本单元主要学习数据的备份与还原。数据备份与还原可以通过命令实现，也可以在可视化工具中通过菜单操作实现；此外，数据的备份与还原不局限于*.sql 类型的数据，诸如 Excel、CSV 等异构类型的数据也可以在可视化工具中实现导入和导出操作。

【学习目标】

1. 掌握数据备份命令 mysqldump 的使用方法；
2. 掌握数据还原命令 mysql 和 source 的使用方法；
3. 掌握 SQLyog 视图界面下异构数据源的导入和导出方法。

【思维导图】

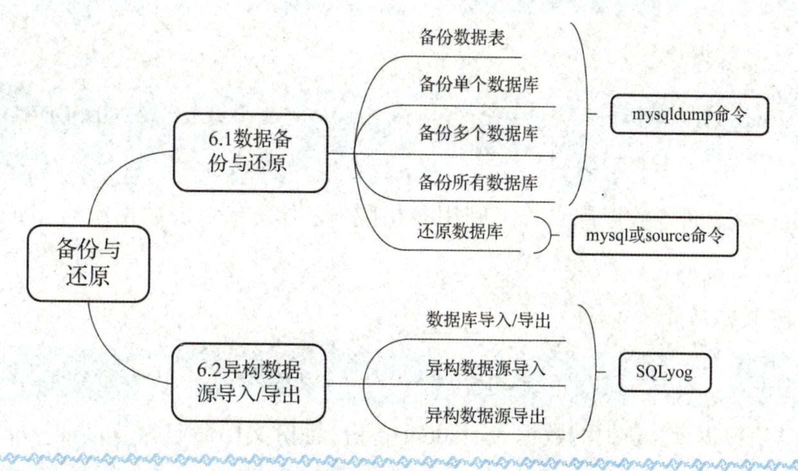

6.1 数据备份与还原

数据库备份与还原

数据库管理员定期对数据库进行备份，如出现意外数据丢失或损坏，可以通过备份数据进行还原，这样可以降低损失，提高效率。

6.1.1 数据备份

数据的备份是数据库管理中常见的操作，主要分为物理备份和逻辑备份。物理备份是指直接复制数据库文件，它适用于一些大型数据库；逻辑备份是对建表、建库、插入等操作所执行的SQL语句进行备份。

本节中的备份指的是逻辑备份，MySQL提供了一个命令用于实现数据的逻辑备份，即mysqldump命令。

它可以对数据表、单个数据库、多个数据库及所有数据库进行备份。注意，该命令的相关操作需要在cmd窗口中执行，并且不需要登录MySQL服务器。

数据备份的基本语法格式如下：

1. 备份数据表

```
mysqldump -uusername -ppassword dbname tbname1 [tbname2 …] > filename.sql
```

dbname表示需要备份的数据库名称。

tbname表示数据库中需要备份的数据表，可以指定多个数据表。

右箭头“>”表明mysqldump将备份数据表的定义和数据写入备份文件。

filename.sql表示备份文件的名称，文件名前面可以加绝对路径，通常将数据库备份成一个后缀名为.sql的文件。

2. 备份单个数据库

```
mysqldump -uusername -ppassword dbname > filename.sql
```

3. 备份多个数据库

```
mysqldump -uusername -ppassword --databases dbname1 [dbname2 dbname3…] > filename.sql
```

--databases后面各数据库名称之间用空格隔开，当只有一个数据库时，databases末尾的字母s要去掉。

4. 备份所有数据库

```
mysqldump -uusername -ppassword --all-databases > filename.sql
```

【案例1】 数据库stu中的数据表student备份，备份文档命名为student_copy.sql。

(1)打开cmd窗口。

(2)输入命令：

```
mysqldump -uroot -p123456 stu student >d:/backup/student/student_copy
```

注意：写完命令后直接按Enter键，出现一条警告，原因是命令中有密码，不安全。这条警告可以忽略，也可以换一种写法：

```
mysqldump -uroot -p stu student >d:/backup/student/student2_copy
```

按 Enter 键，在下一行提示中输入密码 123456，如图 6－1 所示。

```
C:\Users\Lenovo>mysqldump -uroot -p123456 stu student > d:/backup/student/student_copy
mysqldump: [Warning] Using a password on the command line interface can be insecure.

C:\Users\Lenovo>mysqldump -uroot -p stu student > d:/backup/student/student2_copy
Enter password: ******

C:\Users\Lenovo>_
```

图 6－1 备份数据表 student

（3）在 D：\backup\student\中查看备份数据，如图 6－2 所示。

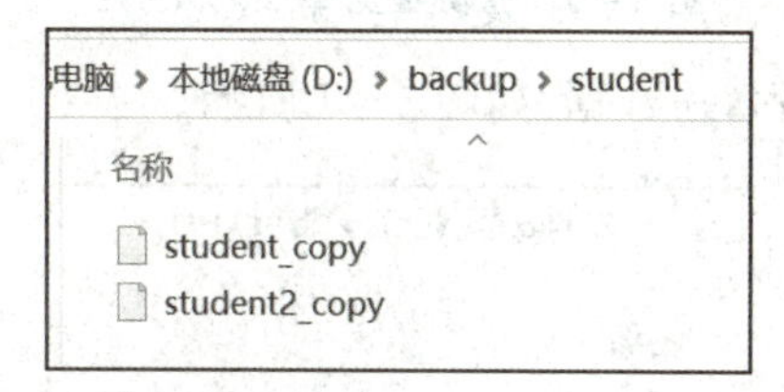

图 6－2 查看 student_copy. sql

【案例 2】 将数据库 stu 备份，备份文档命名为 stu_copy. sql。

（1）打开 cmd 窗口。

（2）输入命令：

```
mysqldump -uroot -p123456 stu >d:/backup/stu_copy.sql
```

执行结果如图 6－3 所示。

```
C:\Users\Lenovo>mysqldump -uroot -p123456 stu>d:/backup/stu_copy.sql
mysqldump: [Warning] Using a password on the command line interface can be insecure.
```

图 6－3 备份数据库 stu

（3）在 D：\backup\中查看备份数据，如图 6－4 所示。

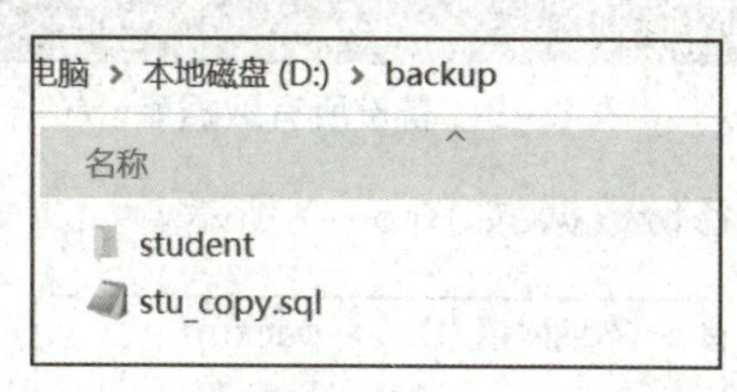

图 6－4 查看 stu_copy. sql

【案例 3】 将数据库 stu 和 sys 备份。

（1）在命令窗口演示之前，先查看数据库中的数据表，如图 6－5 所示，当前有 5 个数据库，现在将 stu 和 sys 数据库进行备份。

（2）打开 cmd 窗口。

（3）输入命令：

```
mysqldump -uroot -p123456 —databases stu sys >d:/backup/stu_sys.sql
```

图 6－5　当前数据库

执行结果如图 6－6 所示。

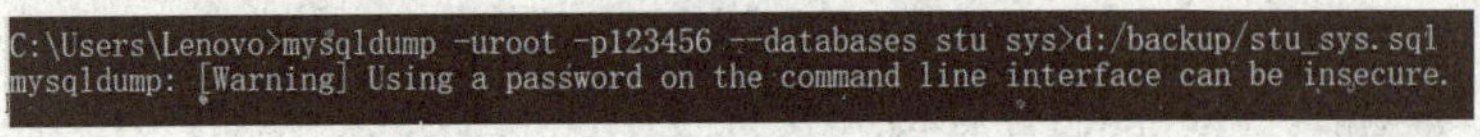

```
C:\Users\Lenovo>mysqldump -uroot -p123456 --databases stu sys>d:/backup/stu_sys.sql
mysqldump: [Warning] Using a password on the command line interface can be insecure.
```

图 6－6　备份数据库 stu 和 sys

(4)在 D:\backup\中查看备份数据,如图 6－7 所示。

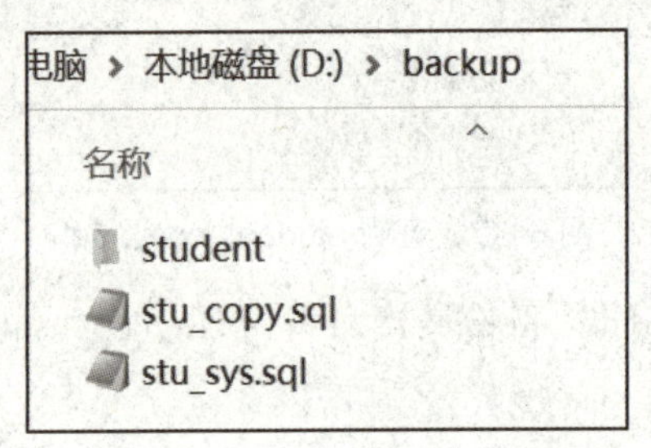

图 6－7　查看 stu_sys. sql

【案例 4】 将所有数据库备份。

(1)打开 cmd 窗口。

(2)输入命令:

```
mysqldump -uroot -p123456 --all-databases stu >d:/backup/all.sql
```

执行结果如图 6－8 所示。

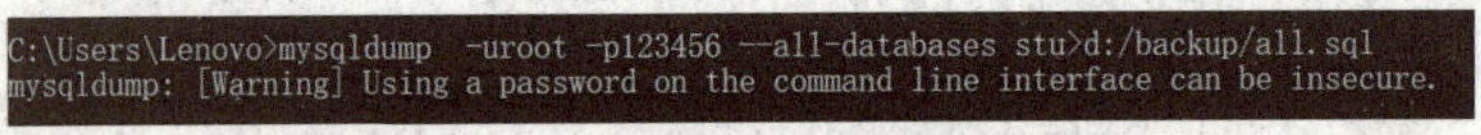

```
C:\Users\Lenovo>mysqldump -uroot -p123456 --all-databases stu>d:/backup/all.sql
mysqldump: [Warning] Using a password on the command line interface can be insecure.
```

图 6－8　备份所有数据库

(3)在 D:\backup\中查看备份数据,如图 6－9 所示。

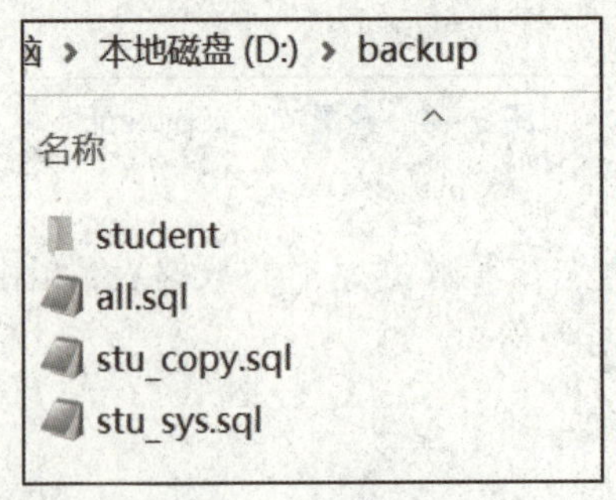

图 6－9　查看 all. sql

6.1.2　数据还原

当数据被误删或者意外丢失时，可以使用 mysql 命令和 source 命令对数据进行还原。数据库的还原是对数据的还原，不是对库的还原。其语法格式如下：

语法 1：

```
mysql -uusername -ppassword [dbname] < filename.sql
```

语法 2：

```
source filename.sql
```

注意：该命令需要登录到数据库中执行。

【案例 5】　删除数据库 stu，再通过备份数据进行还原。

（提示：①删除数据库；②创建数据库；③还原数据库；④查看数据库。）

（1）切换到可视化界面进行删除操作，在确定有备份的情况下，先删除 stu 数据库。

（2）打开 cmd 窗口。

（3）输入 mysql 命令，将备份文件中的数据还原到数据库 stu 中。

```
mysql -uroot -p123456 stu < d:/backup/stu_copy.sql
```

执行结果如图 6－10 所示。

```
C:\Users\Lenovo>mysql -uroot -p123456 stu<d:/backup/stu_copy.sql
mysql: [Warning] Using a password on the command line interface can be insecure.
ERROR 1049 (42000): Unknown database 'stu'
```

图 6－10　还原数据

出现错误，提示 stu 不存在。这是因为数据库不能被还原，还原的是数据库中的数据，所以先创建一个空数据库 stu，如图 6－11 所示，然后再执行 mysql 命令，执行结果如图 6－12 所示。

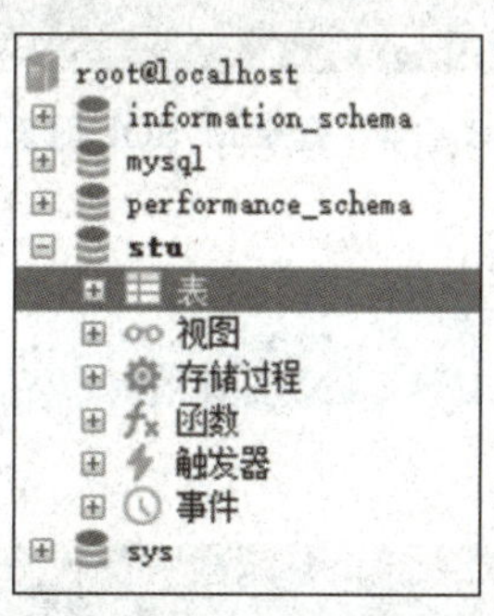

图 6－11　创建空数据库 stu

```
C:\Users\Lenovo>mysql -uroot -p123456 stu<d:/backup/stu_copy.sql
mysql: [Warning] Using a password on the command line interface can be insecure.
ERROR 1049 (42000): Unknown database 'stu'

C:\Users\Lenovo>mysql -uroot -p123456 stu<d:/backup/stu_copy.sql
mysql: [Warning] Using a password on the command line interface can be insecure.

C:\Users\Lenovo>_
```

图 6－12　再次执行 mysql 命令

(4)切换到 SQLyog 刷新一下,查看 stu 中的数据表,如图 6-13 所示,可见数据还原成功。

root@localhost
information_schema
mysql
performance_schema
stu
表
course
score
student
视图
存储过程
函数
触发器
事件
sys

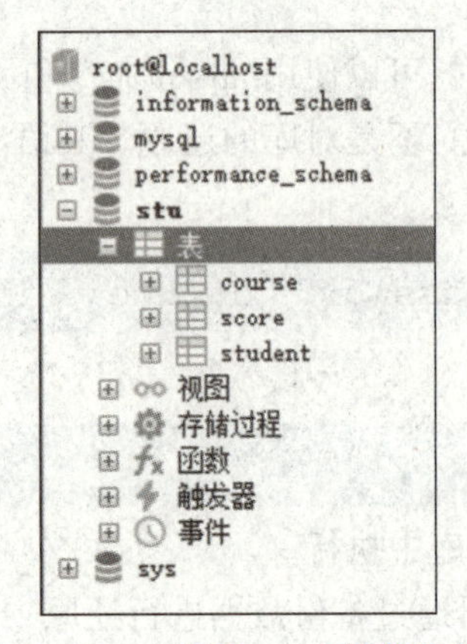

图 6-13　查看 stu 中的数据表

(5)再次删除 stu 数据库,用 source 命令还原数据库。

(6)打开命令窗口,先登录 MySQL 服务器。

```
mysql -uroot -p123456
```

执行结果如图 6-14 所示。

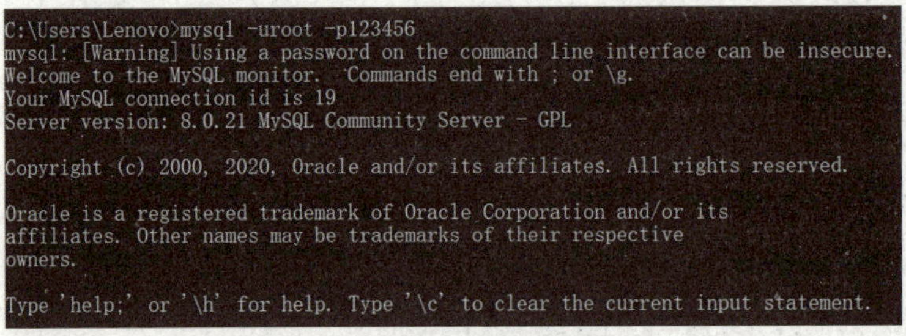

C:\Users\Lenovo>mysql -uroot -p123456
mysql: [Warning] Using a password on the command line interface can be insecure.
Welcome to the MySQL monitor. Commands end with ; or \g.
Your MySQL connection id is 19
Server version: 8.0.21 MySQL Community Server - GPL
Copyright (c) 2000, 2020, Oracle and/or its affiliates. All rights reserved.
Oracle is a registered trademark of Oracle Corporation and/or its
affiliates. Other names may be trademarks of their respective
owners.
Type 'help;' or '\h' for help. Type '\c' to clear the current input statement.

图 6-14　登录 MySQL 服务器

(7)使用 use 命令选择数据库 stu:

```
use stu;
```

执行结果如图 6-15 所示。

mysql> use stu;
Database changed
mysql>

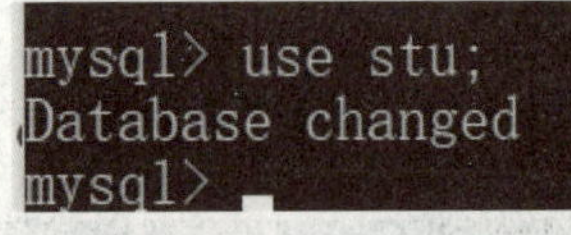

图 6-15　选择数据库 stu

(8)执行 source 命令:

```
source d:/backup/stu_copy.sql
```

执行结果如图 6-16 所示。

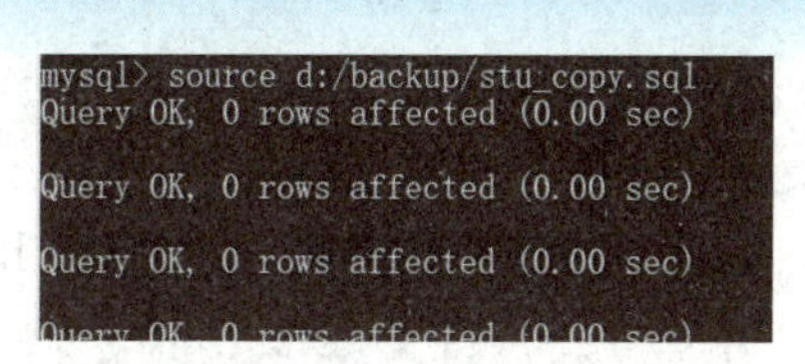

图 6－16 执行 source 命令

(9)打开数据库 stu，可以看到 stu 数据库中的三个数据表再次出现，说明 source 命令同样可以进行数据的还原。

【小结】

本节主要学习了数据库的备份与还原，其中备份用 mysqldump 命令，还原可以用 mysql 命令或者 source 命令，这三个命令是在 cmd 窗口下执行的。

另外，需要注意的是，mysqldump 命令和 mysql 命令执行时，不能登录服务器，而 source 命令必须要登录到 MySQL 服务器中再执行。

【学有所思】

逻辑备份有哪些优缺点？适用于哪些数据库？

____

____

【课后测试】

1. 有关 mysqldump 备份特性中不正确的是(　　)。

A. 是逻辑备份，需将表结构和数据转换成 SQL 语句

B. MySQL 服务必须运行

C. 备份与恢复速度比物理备份快

D. 支持 MySQL 所有存储引擎

2. 备份数据库的命令为(　　)。

A. mysql　　B. mysqldump　　C. mysqlbinlog.　　D. backup

3. 用 mysqldump 命令备份多个数据库，要用选项(　　)。

A. －－many databases　　B. －－many database

C. －－databases　　D. －－database

4. 语句“source d:/bak/sales. sql;”用于(　　)。

A. 备份数据库　　B. 还原数据库　　C. 修改数据库　　D. 添加数据库

5. 关于指令 mysql －u root －p dbname < bak. sql，以下说法正确的是(　　)。

A. dbname 为要还原的数据库名，bak. sql 为包含数据库创建语句的备份脚本

B. dbname 为要备份的数据库名，bak. sql 为不包含数据库创建语句的备份脚本

C. dbname 为要备份的数据库名，bak. sql 为包含数据库创建语句的备份脚本

D. dbname 为要还原的数据库名，bak. sql 为不包含数据库创建语句的备份脚本

课后实训

在 SQLyog 视图界面导入 stu. sql，在 D 盘中创建文件夹 backup，在命令窗口完成下列操作：

1. 使用 mysqldump 命令，将数据库 stu. sql 中的三个数据表分别备份到 D:\backup 中，备份文档命名为 course_copy. sql、score_copy. sql、student_copy. sql。

2. 使用 mysqldump 命令，将数据库 stu. sql 备份到 D:\backup 中，备份文档命名为 stu_copy. sql。

3. 使用 mysqldump 命令，将系统中现有的所有数据库备份到 D:\backup 中。

4. 删除数据库 stu，再通过备份数据进行还原(分别用 mysql 命令和 source 命令)。

6.2 异构数据源导入/导出

异构数据源导入导出

上一节对数据库 stu 的备份与还原是在命令窗口通过语句来完成的，其实在一些可视化界面中也可以简便快捷地实现，本节学习可视化工具 SQLyog 的相关操作。

其实数据的备份与还原就是进行导入和导出操作，而在实际开发时，需要的数据并不一定都存储在 . sql 类型的文件中，还会有 Excel、CSV、Access 等存储类型，在 SQLyog 可视化界面中，还可以实现其他类型数据的导入和导出。

6.2.1 异构数据源导入

本节以 Excel 文件和 CSV 文件为例进行操作演示。

【案例 1】 在 SQLyog 中对数据库 stu 进行导入和导出。

(1)右键单击 stu 数据库，单击“备份/导出”，接着选择“备份数据库，转储到 SQL”，如图 6-17 所示。

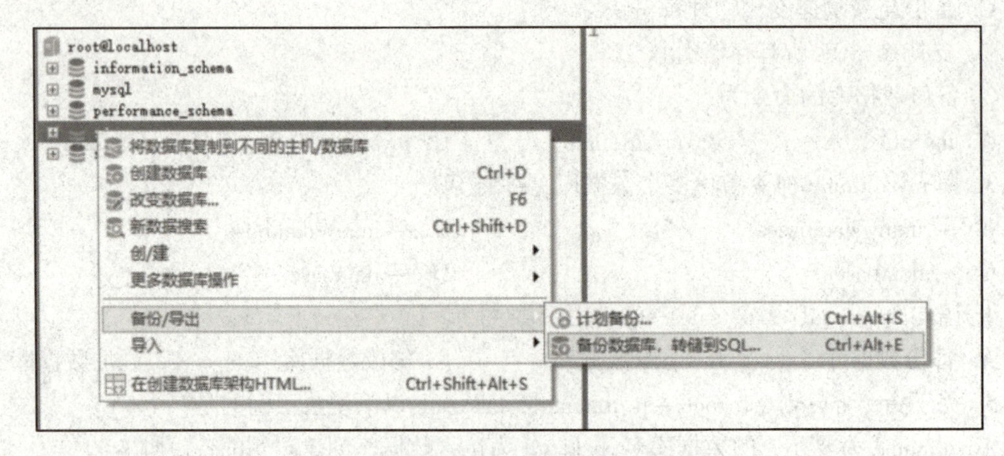

图 6-17 选择“备份数据库，转储到 SQL”

(2)弹出“SQL 转储”对话框，SQL 导出类型选择“结构和数据”，选择导出路径，存储在 backup 文件夹中，单击“导出”按钮，如图 6-18 所示。

图 6－18　“SQL 转储”对话框

(3)删除 stu 数据库,进行导入操作,如图 6－19 所示。

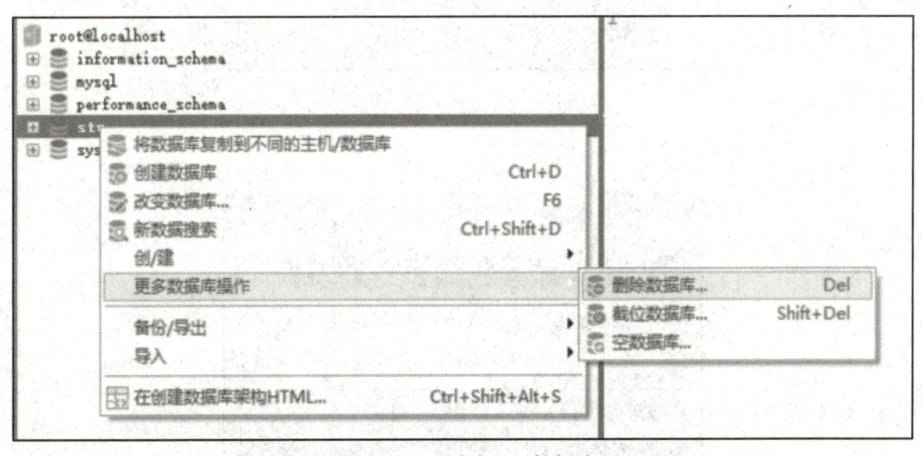

图 6－19　删除 stu 数据库

(4)在左边空白区域单击鼠标右键,选择“执行 SQL 脚本”,如图 6－20 所示。

(5)在弹出的对话框中选择要导入数据库的路径,单击“执行”按钮,如图 6－21 所示。

(6)执行完后,单击“完成”按钮,如图 6－22 所示。

(7)刷新,列表中多了 stu 数据库,打开 stu 数据库,可以看出各个表已经导进来了。

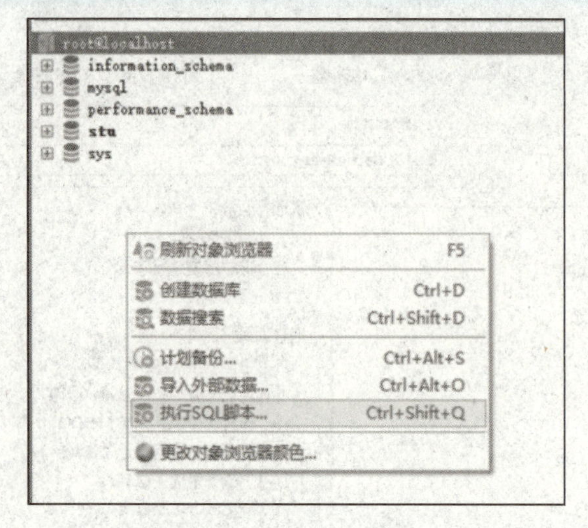

图 6－20　执行 SQL 脚本

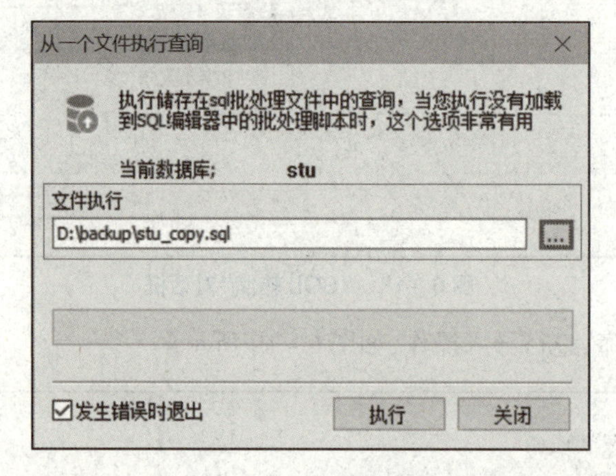

图 6－21　导入数据库

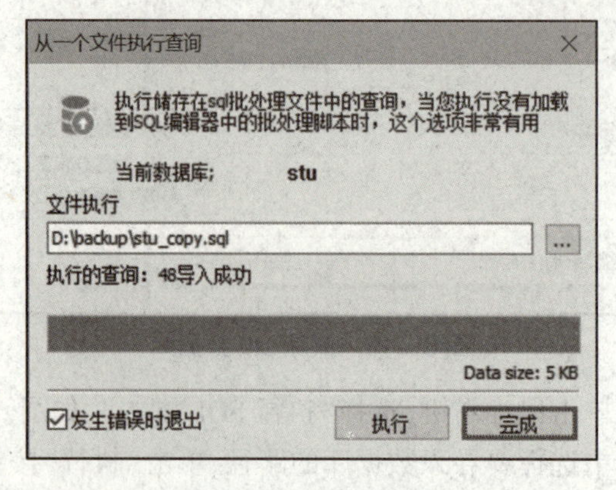

图 6－22　导入完成

6.2.1　异构数据源导出

在异构数据源的导入/导出中，需要特别注意的是数据源格式的选择和数据编码方式的设置。

【案例 2】　将数据库 stu 中的 student 表导出为 CSV 文件。

（1）右键单击要导出的 student 表，选择“备份/导出”，在弹出的子菜单中选择“导出表数据作为”，如图 6－23 所示。

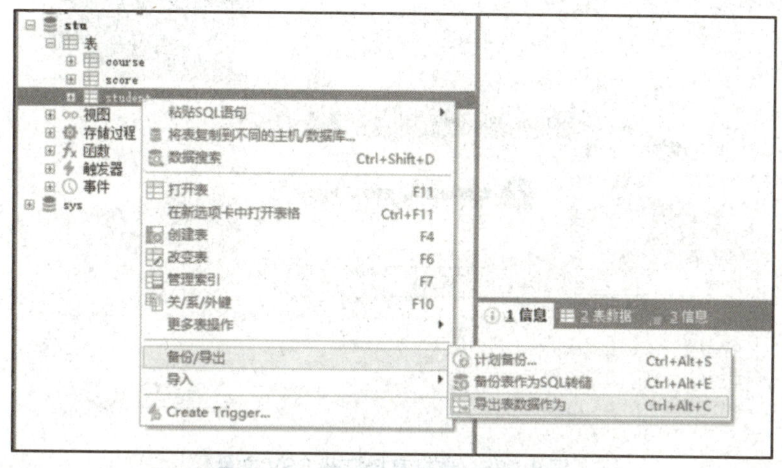

图 6－23　选择“导出表数据作为”

（2）选择导出格式“CSV”及导出地址，如图 6－24 所示。

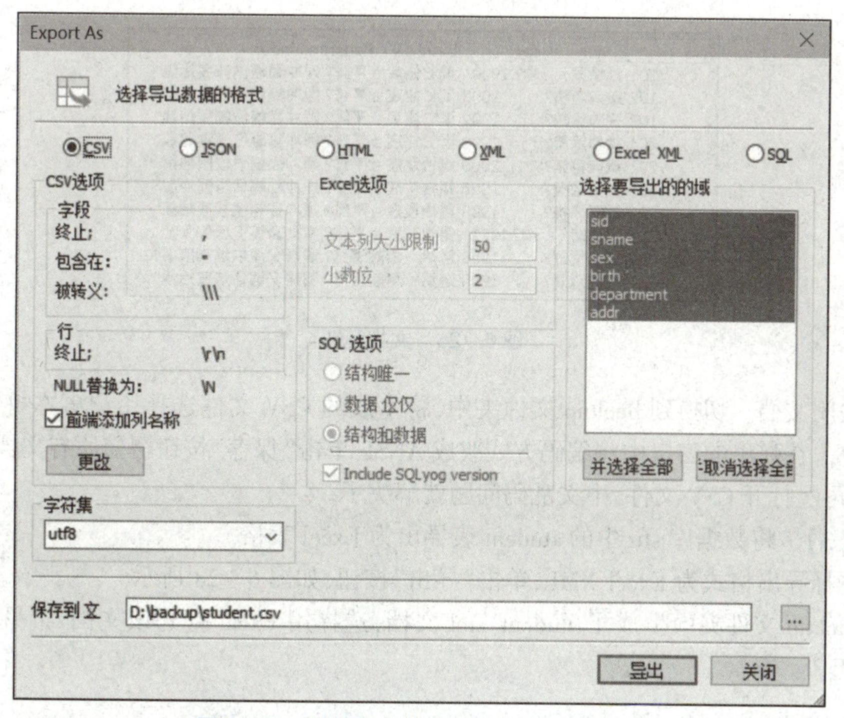

图 6－24　选择导出格式“CSV”及导出地址

注意:要勾选“前端添加列名称”,这样导出的数据第一行会显示字段名。

(3)单击“导出”按钮,如图 6 – 25 所示,选择直接打开 CSV 文件,默认用 Excel 打开。

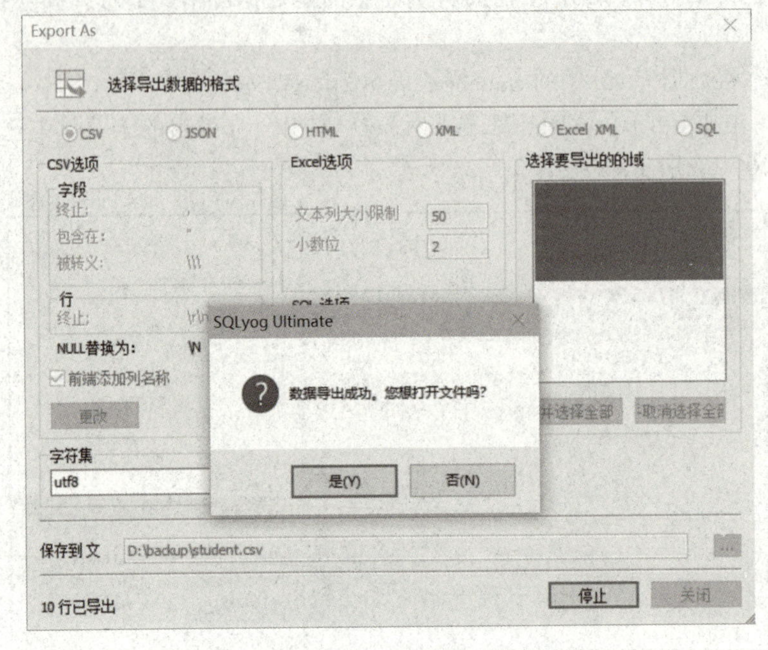

图 6 – 25　选择直接打开 CSV 文件

(4)此时打开的文档出现乱码,如图 6 – 26 所示,这个是编码方式的问题。

sid	sname	sex	birth	departmer	addr
101	鍒樻槑	鐢?,1999"	淇℃伅宸ョ▼绯?,娌冲崡鐪佸儚宸炲競"		
102	鐓庡皬鐠?	1996	淇℃伅宸ョ▼绯?,娌冲崡鐪佹磥闃冲競"		
103	寮犵帀鐐?	1999	淇℃伅宸ョ▼绯?,娌冲寳鐪佹椂宸炲競"		
104	鍒樻槑鏄?	1998	淇℃伅宸ョ▼绯?,娌冲寳鐪佹墿瀹氬競"		
201	鐓庣嫍鐠?	2000	鍖栧叚宸ョ▼绯?,娌冲崡鐪佷俊闃冲競"		
202	鐓庡皬闇?	1996	鍖栧叚宸ョ▼绯?,娌冲崡鐪佸畨闃冲競"		
203	鍒樻　 椋?	1998	鍖栧叚宸ョ▼绯?,娌冲寳鐪佹椂宸炲競"		
204	涔旂畤	濂?,1991"	鍖栧叚宸ョ▼绯?,瀹夊窘鐪佹粊灞卞競"		
301	鍏虫檽缇?	1998	鏈烘　 鐢靛瓙绯?,灞辫タ鐪佽繍鍩庡競"		
302	寮犳槑瀵?	1999	鏈烘　 鐢靛瓙绯?,灞辫タ鐪佸ぇ宸炲幙"		

图 6 – 26　文档乱码

(5)关闭文档。切换到 backup 文件夹中,将生成的 CSV 文件选择用记事本打开,然后选择“另存为,”在弹出的窗口中将编码方式改成 ANSI,单击“保存”按钮覆盖原有文档,如图 6 – 27 所示。再次打开 CSV 文件,中文乱码问题就解决了。

【案例 3】　将数据库 stu 中的 student 表导出为 Excel 表格。

(1)选择导出格式为 Excel XML,单击“导出”按钮,如图 6 – 28 所示。

(2)backup 文件夹中生成了 student. xml 文档,选择用 Excel 打开该文档,再另存为 Excel 工作簿类型。

图 6-27　修改编码方式

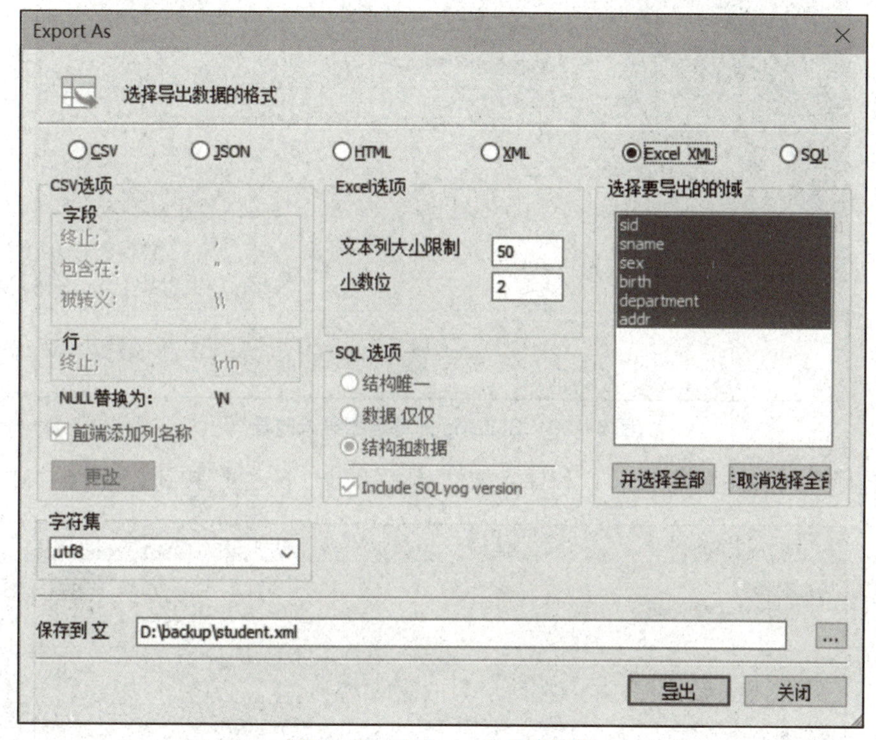

图 6-28　"Export As"对话框

【案例 4】　将 student. xlsx 和 student. csv 导入数据库 test 中。

(1)在 SQLyog 中新建数据库 test。

(2)右键单击数据库 test,选择"导入",接着选择"导入外部数据",如图 6-29 所示。

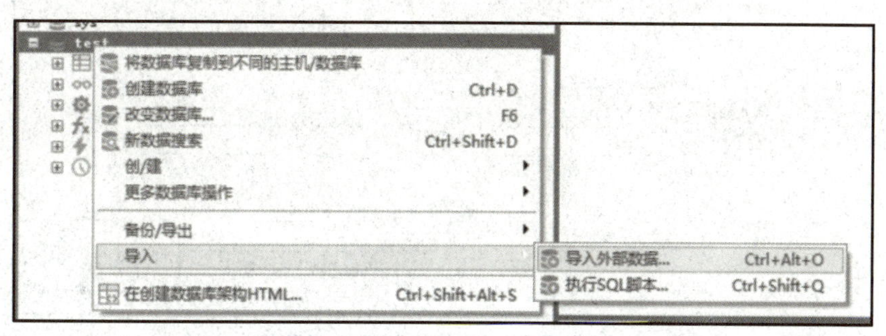

图 6-29　选择"导入外部数据"

(3)单击“下一页”按钮,如图 6－30 所示。

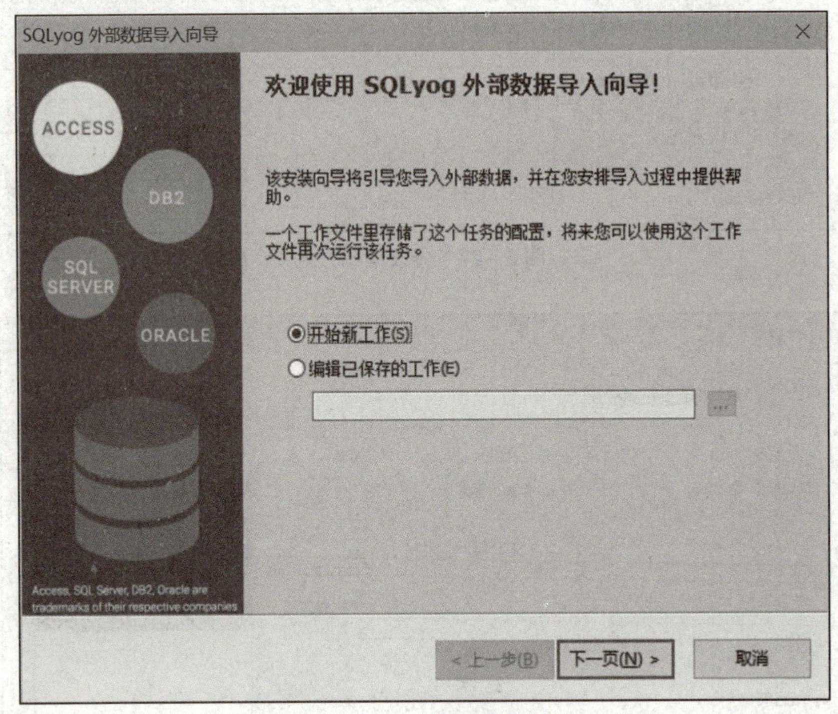

图 6－30　SQLyog 外部数据导入向导

(4)选择导入文件格式“Excel”和导入文件,然后单击“下一页”按钮,如图 6－31 所示。

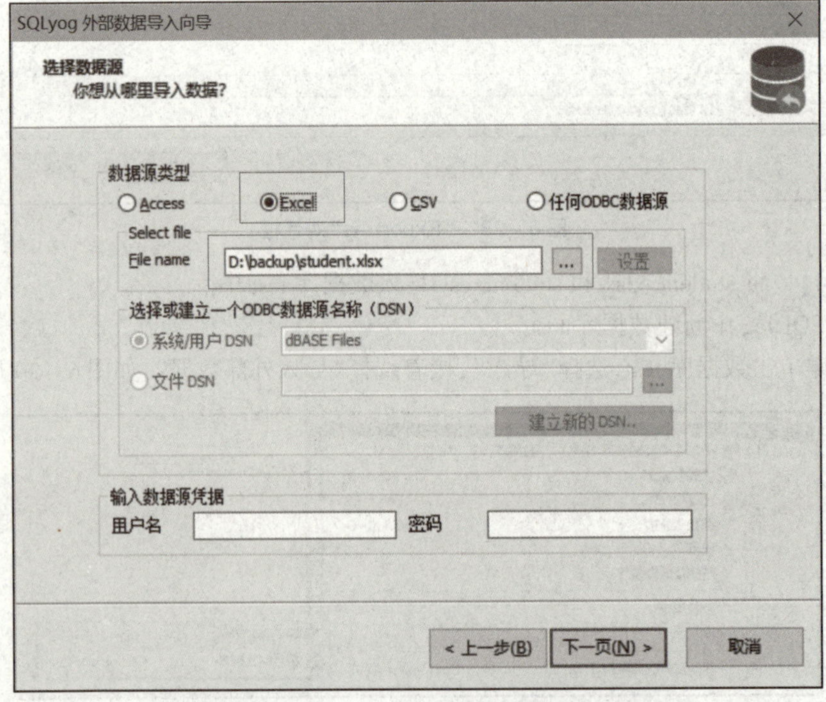

图 6－31　选择导入文件格式“Excel”和导入文件

(5)在最下面的数据库下拉列表中可以选择要插入的位置,单击“下一页”按钮,如图6－32所示。

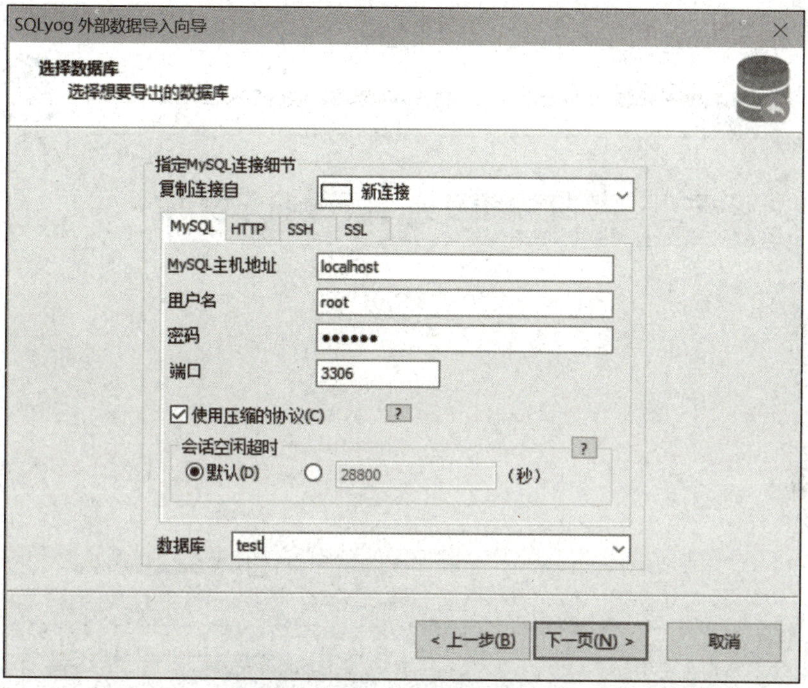

SQLyog 外部数据导入向导

选择数据库

选择想要导出的数据库

指定MySQL连接细节

复制连接自 新连接

MySQL HTTP SSH SSL

MySQL主机地址 localhost

用户名 root

密码 ••••••

端口 3306

☑使用压缩的协议(C)

会话空闲超时

◉默认(D) ○ 28800 (秒)

数据库 test

< 上一步(B) 下一页(N) > 取消

图6－32 指定MySQL连接细节

(6)选择“从数据源拷贝表”,单击“下一页”按钮,如图6－33所示。

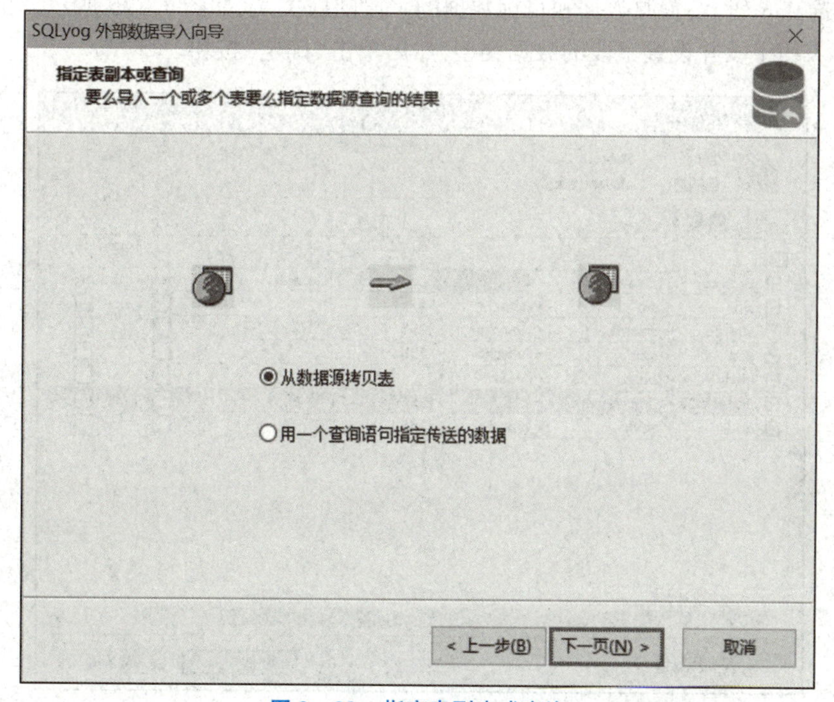

图6－33 指定表副本或查询

(7)选择目标表,在 Destination 列自定义导入后数据表的名字为 student_excel,如图 6-34 所示。

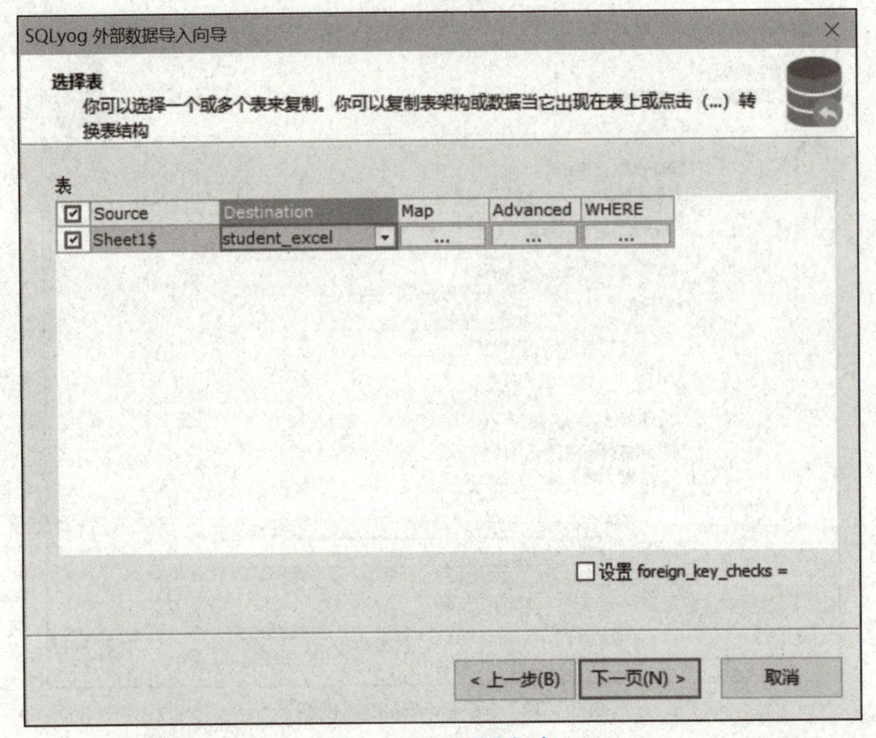

图 6-34　设置目标表

(8)单击 Map 列,设置源数据和目标数据的字段映射关系,如图 6-35 所示。也可以自主选择需要导入的字段并设置字段的数据类型,然后单击“确定”按钮。

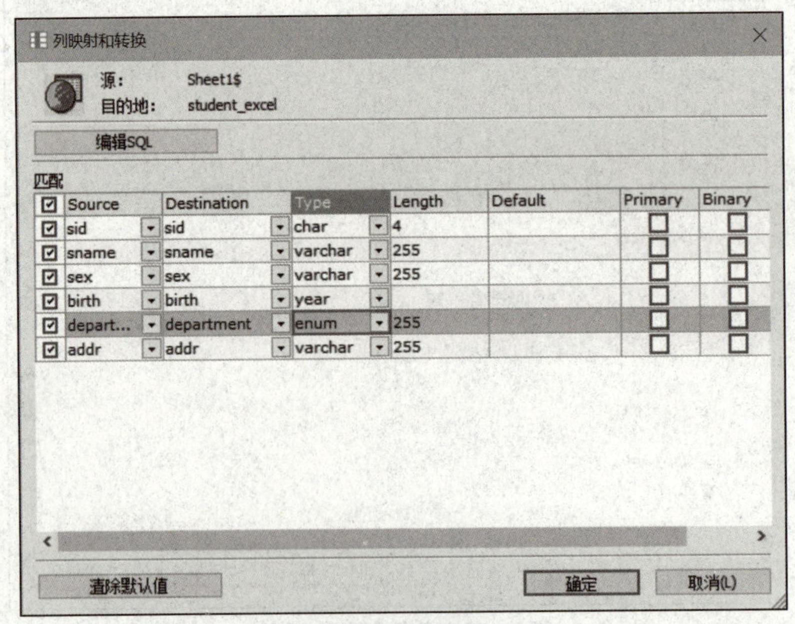

图 6-35　列映射和转换

(9)返回图 6－34 所示界面,单击“下一页”按钮。

(10)进入错误处理界面,如图 6－36 所示,单击“下一页”按钮。

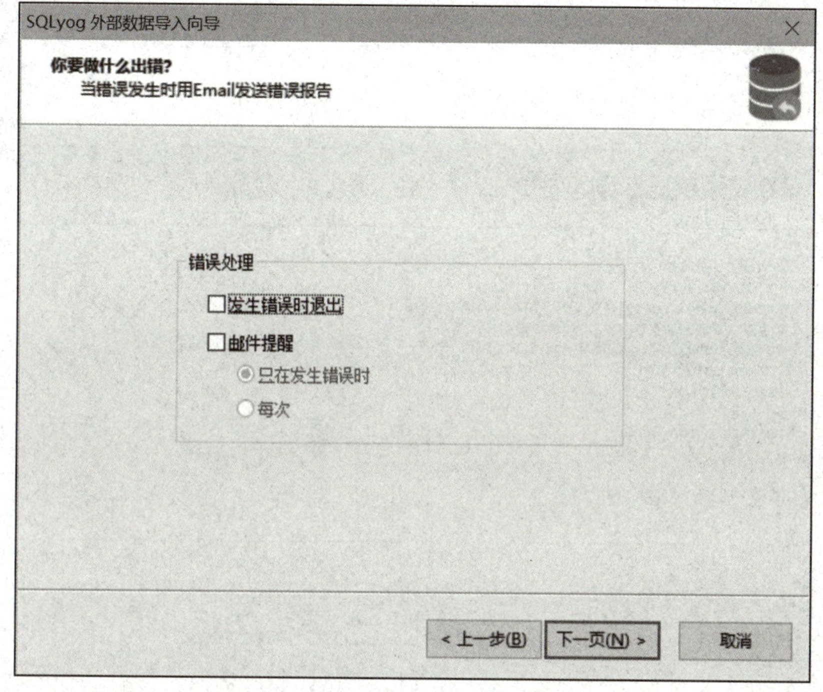

图 6－36 错误处理

(11)继续单击“下一页”按钮,如图 6－37 所示。

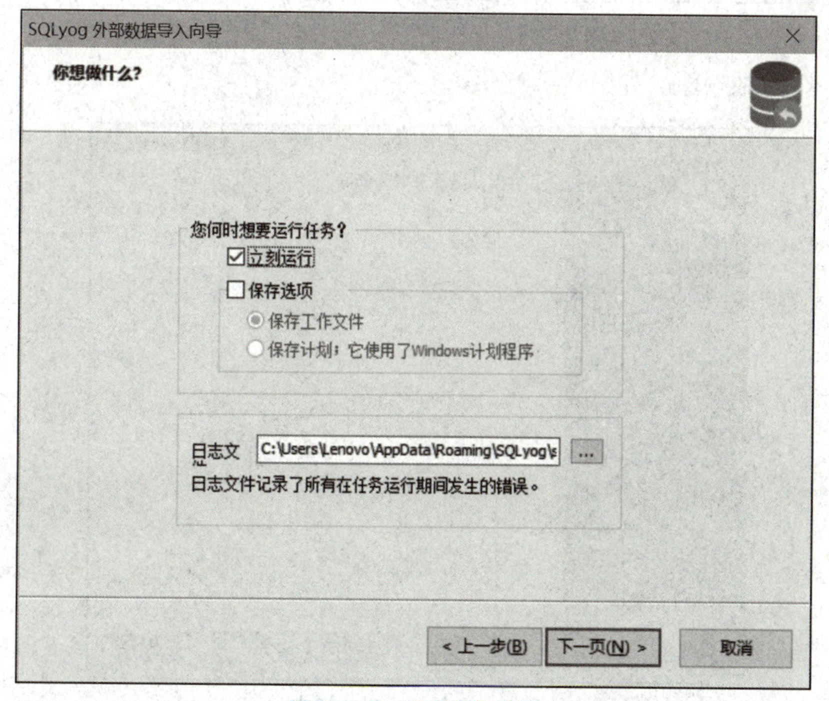

图 6－37 运行任务选项

(12)检查导入过程是否出现错误和警告,如图6-38所示,检查完毕后,单击"下一页"按钮。

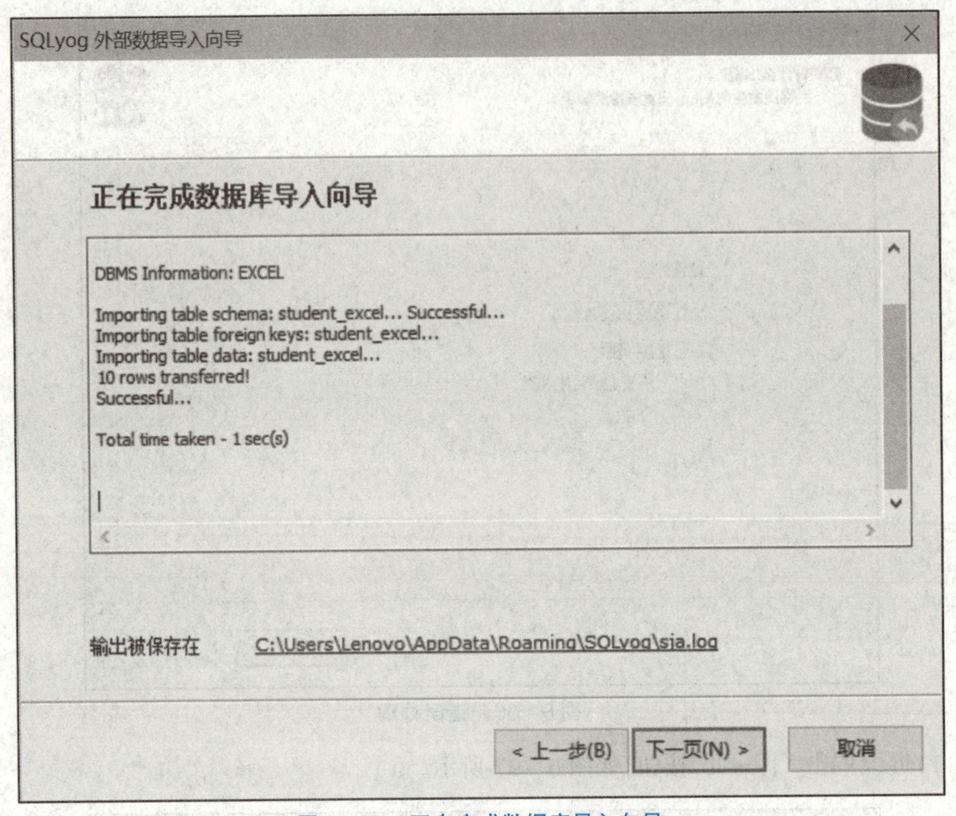

图6-38 正在完成数据库导入向导

(13)单击"完成"按钮,如图6-39所示。

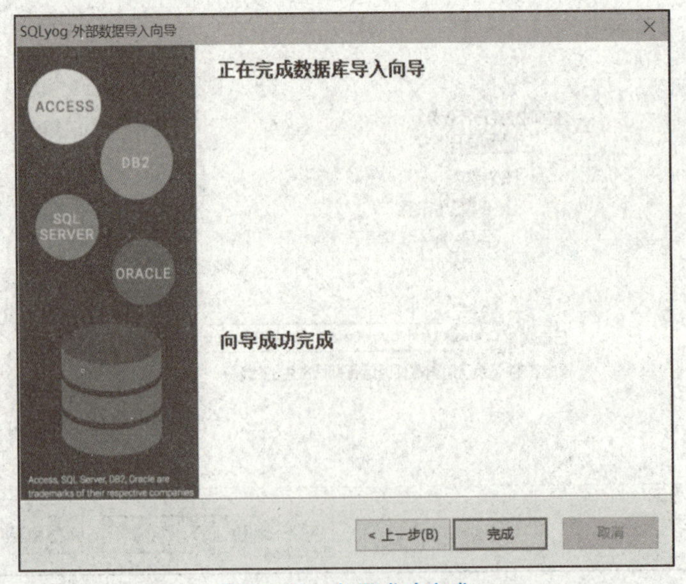

图6-39 向导成功完成

(14)刷新 SQLyog 数据库,数据库 test 中新增了数据表 student_excel,如图 6－40 所示,表明导入 Excel 表格数据成功。

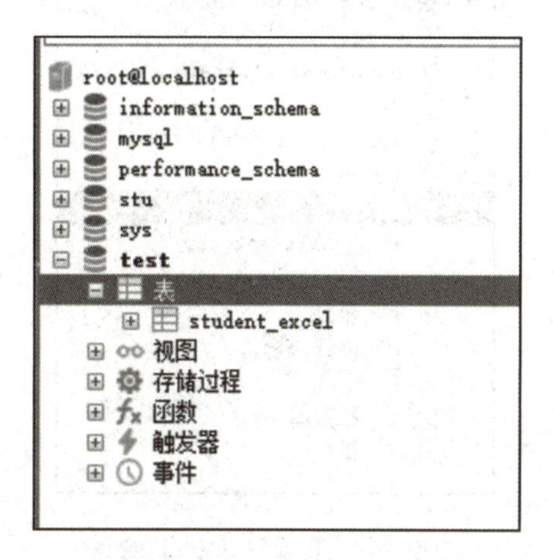

图 6－40　查看导入的 Excel 数据表

(15)接下来导入 CSV 文件。选择 CSV 文件类型,如图 6－41 所示。

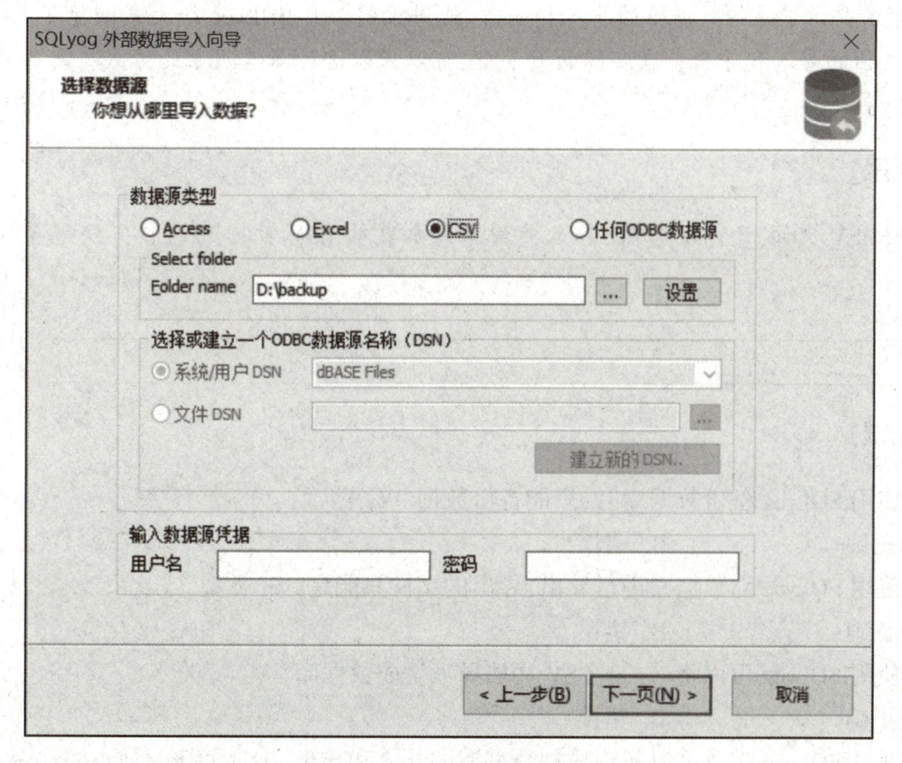

图 6－41　导入 CSV 文件

(16)其他步骤与导出 Excel 文件基本相同,此处省略。

(17)导入后刷新。打开 test 数据库查看数据表,如图 6－42 所示。

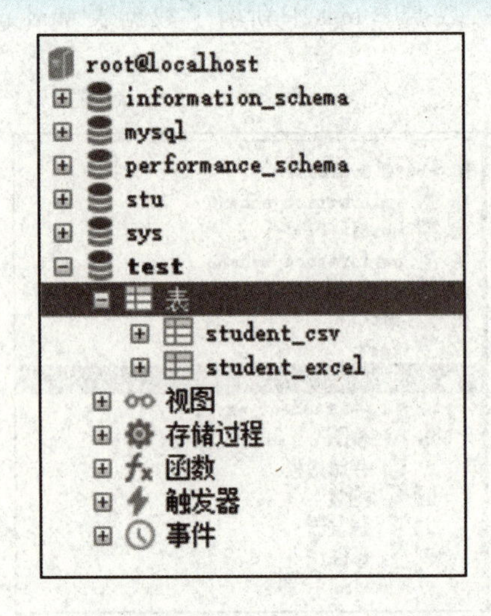

图6－42　查看导入CSV数据

【小结】

本节主要讲了异构数据源的导入和导出,使用视图工具SQLyog给大家演示了Excel文件和CSV文件的导入和导出。在实际的开发中,可以采取这种简单明了的方式进行异构数据源的导入和导出。

【学有所思】

导入CSV文件,还可以选择"导入使用本地加载的CSV数据",这种方法需要提前准备什么?

____

____

【课后测试】

1. 使用SQLyog备份数据库时,只能备份数据。(　　)

A. 正确　　　　B. 错误

2. 使用SQLyog对数据库进行导出,导出的文件只能是.sql类型。(　　)

A. 正确　　　　B. 错误

3. 使用SQLyog可以将Excel、CSV文档导入生成数据库。(　　)

A. 正确　　　　B. 错误

4. 通过SQLyog工具可以实现异构数据源的导入和导出,但这并不是唯一的方法,也可以通过cmd窗口的命令实现。(　　)

A. 正确　　　　B. 错误

5. 异构数据源导出时,不需要考虑数据编码方式。(　　)

A. 正确　　　　B. 错误

在 D 盘中创建文件夹 backup，在 SQLyog 视图界面导入 stu. sql 并完成下列操作：

1. 将 stu 数据库中的 course 数据表导出到 D:\backup 中，命名为 course_copy2. sql。
2. 将文件 course_copy2. sql 导入数据库中。
3. 将 stu 数据库中的 course 数据表导出为 . csv 文件，并保存在 D:\backup。
4. 将 stu 数据库中的 course 数据表导出为 . xlsx 文件，并保存在 D:\backup。
5. 新建数据库 Input，将 D:\backup 中的文件 course. csv 导入数据库 Input。
6. 将 D:\backup 中的文件 course. xlsx 导入数据库 Input。

【知识拓展】

1. 对网络运营者未采取网络数据分类、重要数据备份和加密等措施的行政处罚，见表 6－1。

表 6－1　行政处罚措施

序号	242
执法主体	工业和信息化部、各省（自治区、直辖市）通信管理局
执法事项	对网络运营者未采取网络数据分类、重要数据备份和加密等措施的行政处罚
执法类别	行政处罚
执法依据	《中华人民共和国网络安全法》（2016 年 11 月 7 日第十二届全国人民代表大会常务委员会第二十四次会议通过，主席令第 53 号公布）第二十一条　国家实行网络安全等级保护制度。网络运营者应当按照网络安全等级保护制度的要求，履行下列安全保护义务，保障网络免受干扰、破坏或者未经授权的访问，防止网络数据泄露或者被窃取、篡改：（一）制定内部安全管理制度和操作规程，确定网络安全负责人，落实网络安全保护责任；（二）采取防范计算机病毒和网络攻击、网络侵入等危害网络安全行为的技术措施；（三）采取监测、记录网络运行状态、网络安全事件的技术措施，并按照规定留存相关的网络日志不少于六个月；（四）采取数据分类、重要数据备份和加密等措施；（五）法律、行政法规规定的其他义务。 第五十九条第一款　网络运营者不履行本法第二十一条、第二十五条规定的网络安全保护义务的，由有关主管部门责令改正，给予警告；拒不改正或者导致危害网络安全等后果的，处一万元以上十万元以下罚款，对直接负责的主管人员处五千元以上五万元以下罚款。

2. 数据库运行维护人员职位描述,如图 6－43 所示。

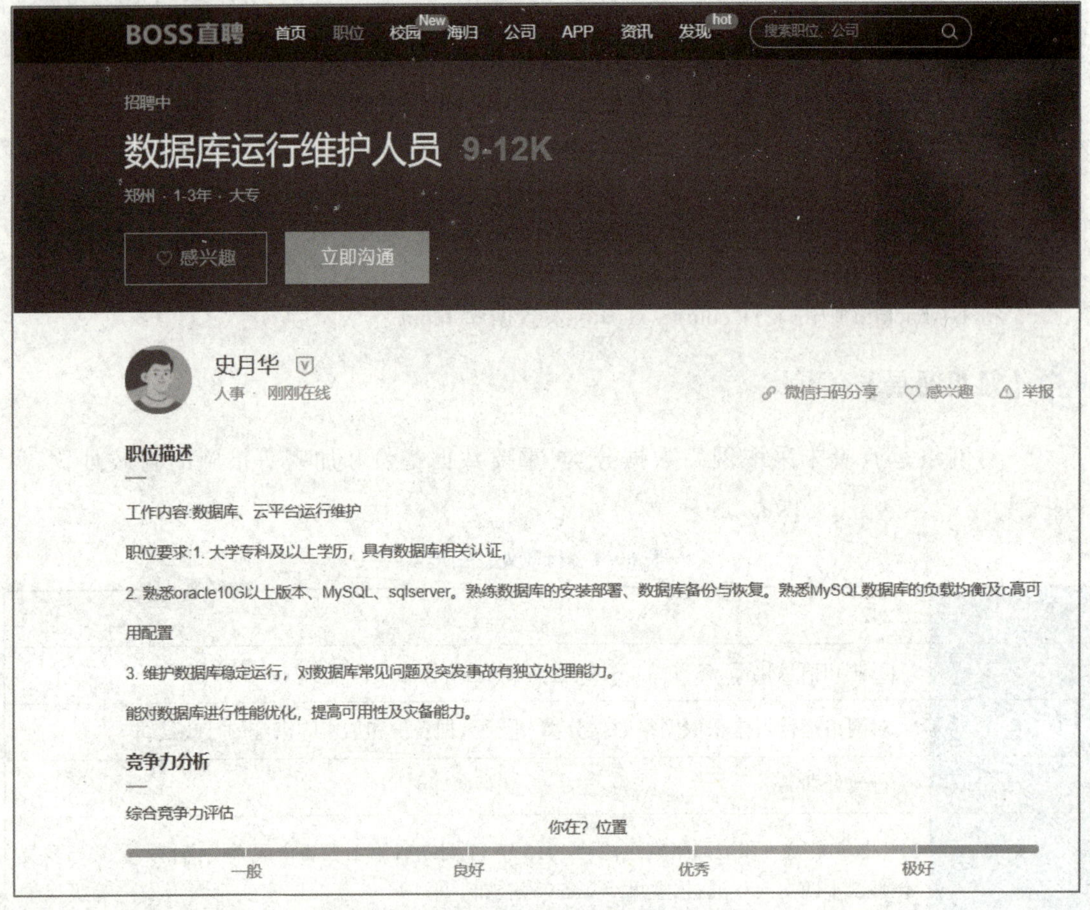

图 6－43　数据库运行维护人员职位描述

考评表

项目	标准描述	评价				
		优	良	中	较差	差
知识评价	掌握数据备份与还原的语法和操作	(　)	(　)	(　)	(　)	(　)
	掌握异构数据源导入/导出的操作	(　)	(　)	(　)	(　)	(　)
能力评价	能够通过自学视频学习数据备份与还原的基础知识	(　)	(　)	(　)	(　)	(　)
	能通过网络下载和搜索数据备份与还原的各项资料	(　)	(　)	(　)	(　)	(　)
	会主动做课前预习,课后复习	(　)	(　)	(　)	(　)	(　)
	会咨询老师课前、课中、课后的学习问题	(　)	(　)	(　)	(　)	(　)

续表

项目	标准描述	评价				
		优	良	中	较差	差
素质评价	创新精神	(　)	(　)	(　)	(　)	(　)
	协作精神	(　)	(　)	(　)	(　)	(　)
	自我学习能力	(　)	(　)	(　)	(　)	(　)

老师点评：

课后反思：

单元7 用户与权限

【学习导读】

MySQL 中数据库的安全是通过用户和权限进行管理的，用户分为管理员用户和普通用户两种，普通用户的管理主要包括创建用户、删除用户和修改用户；权限管理主要包括查看权限、授予权限和撤销权限；在 MySQL 8.0 以上版本中，权限管理增加了用户角色，所以本单元还会重点介绍角色管理的相关操作。

【学习目标】

1. 掌握用户的创建、删除和修改密码的相关命令；
2. 掌握用户查看权限、授予权限和撤销权限的相关命令；
3. 掌握用户角色管理的相关命令；
4. 了解 MySQL 数据库在 Java 开发中的应用。

【思维导图】

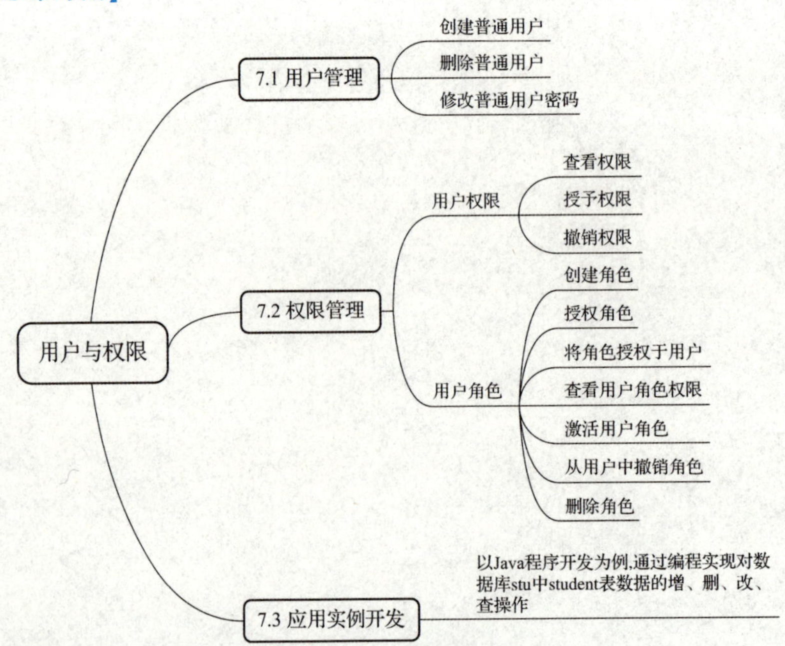

7.1　用户管理

MySQL 中的 root 用户也叫超级管理员，该用户可以对所有数据库进行所有权限的操作，并且可以创建普通用户。超级用户不是必须命名为 root，它只是在安装 MySQL 时系统默认的名字。普通用户相对来说权限就小很多，只具有创建该用户时赋予的权限。

在安装 MySQL 时，系统会自动安装一个名为 MySQL 的数据库，该数据库的表都是权限表。其中，user 表是最重要的一个权限表，它记录了允许连接到服务器的账号信息及一些全局级的权限信息，通过操作该表就可以实现用户管理。

用户管理主要体现在用户的创建、删除和修改密码三个方面。

用户管理

7.1.1　创建普通用户

创建普通用户的语法格式如下：

```
create user 'username'@'hostname'[identified by 'password'];
```

username：创建的普通用户名；

hostname：主机名；

identified by：用于设置用户的密码；

password：用户的密码。

hostname 有三种形式：

①指定 IP 可访问，如 192.168.16.80。

②本地主机可访问，如 localhost。

③任何情况都能访问，使用通配符%。

注意：'root'@'localhost'和'root'@'%'是两个不同的用户。

创建用户使用 create 语句来实现，在创建用户的同时可以设置密码，也可以不设置。

【案例 1】　创建三个普通用户：

①用户名 zhangs，密码 111。

②用户名 lis，密码 222。

③用户名 wangw，密码为空。

(1)用户 root 登录。

```
mysql -uroot -p123456
```

(2)查询用户信息。

```
use mysql;
select host,user,authentication_string from user;
```

执行结果如图 7-1 所示。

```
mysql> use mysql;
Database changed
mysql> select host,user,authentication_string from user;
+-----------+------------------+------------------------------------------------------------------------+
| host      | user             | authentication_string                                                  |
+-----------+------------------+------------------------------------------------------------------------+
| localhost | mysql.infoschema | $A$005$THISISACOMBINATIONOFINVALIDSALTANDPASSWORDTHATMUSTNEVERBRBEUSED |
| localhost | mysql.session    | $A$005$THISISACOMBINATIONOFINVALIDSALTANDPASSWORDTHATMUSTNEVERBRBEUSED |
| localhost | mysql.sys        | $A$005$THISISACOMBINATIONOFINVALIDSALTANDPASSWORDTHATMUSTNEVERBRBEUSED |
| localhost | root             | *6BB4837EB74329105EE4568DDA7DC67ED2CA2AD9                              |
+-----------+------------------+------------------------------------------------------------------------+
4 rows in set (0.00 sec)
```

图7-1 查询用户信息

(3)创建用户。

```
create user 'zhangs'@'localhost' identified by '111';
create user 'lis'@'localhost' identified by '222';
create user 'wangw'@'localhost';
```

执行结果如图7-2所示。

```
mysql> create user 'zhangs'@'localhost' identified by '111';
Query OK, 0 rows affected (0.01 sec)

mysql> create user 'lis'@'localhost' identified by '222';
Query OK, 0 rows affected (0.01 sec)

mysql> create user 'wangw'@'localhost';
Query OK, 0 rows affected (0.01 sec)
```

图7-2 创建用户

(4)再次查询用户信息。

```
select host,user,authentication_string from user;
```

执行结果如图7-3所示。

```
mysql> select host,user,authentication_string from user;
+-----------+------------------+------------------------------------------------------------------------+
| host      | user             | authentication_string                                                  |
+-----------+------------------+------------------------------------------------------------------------+
| localhost | lis              | *899ECD04E40F745BD52A4C552BE4A818AC65FAF8                              |
| localhost | mysql.infoschema | $A$005$THISISACOMBINATIONOFINVALIDSALTANDPASSWORDTHATMUSTNEVERBRBEUSED |
| localhost | mysql.session    | $A$005$THISISACOMBINATIONOFINVALIDSALTANDPASSWORDTHATMUSTNEVERBRBEUSED |
| localhost | mysql.sys        | $A$005$THISISACOMBINATIONOFINVALIDSALTANDPASSWORDTHATMUSTNEVERBRBEUSED |
| localhost | root             | *6BB4837EB74329105EE4568DDA7DC67ED2CA2AD9                              |
| localhost | wangw            |                                                                        |
| localhost | zhangs           | *832EB84CB764129D05D498ED9CA7E5CE9B8F83EB                              |
+-----------+------------------+------------------------------------------------------------------------+
7 rows in set (0.00 sec)
```

图7-3 再次查询用户信息

(5)分别用三个普通用户进行登录验证。

退出root用户：

```
\q
```

用户zhangs登录：

```
mysql -uzhangs -p111
```

退出zhangs用户：

```
\q
```

用户 lis 登录：

```
mysql -ulis -p222
```

退出 lis 用户：

```
\q
```

用户 wangw 登录：

```
mysql -uwangw -p
```

退出 wangw 用户：

```
\q
```

执行结果如图 7 -4 所示。

```
mysql> \q
Bye

C:\Users\Lenovo>mysql -uzhangs -p111
mysql: [Warning] Using a password on the command line interface can be insecure.
Welcome to the MySQL monitor.  Commands end with ; or \g.
Your MySQL connection id is 15
Server version: 8.0.21 MySQL Community Server - GPL

Copyright (c) 2000, 2020, Oracle and/or its affiliates. All rights reserved.

Oracle is a registered trademark of Oracle Corporation and/or its
affiliates. Other names may be trademarks of their respective
owners.

Type 'help;' or '\h' for help. Type '\c' to clear the current input statement.

mysql> \q
Bye

C:\Users\Lenovo>mysql -ulis -p222
mysql: [Warning] Using a password on the command line interface can be insecure.
Welcome to the MySQL monitor.  Commands end with ; or \g.
Your MySQL connection id is 16
Server version: 8.0.21 MySQL Community Server - GPL

Copyright (c) 2000, 2020, Oracle and/or its affiliates. All rights reserved.

Oracle is a registered trademark of Oracle Corporation and/or its
affiliates. Other names may be trademarks of their respective
owners.

Type 'help;' or '\h' for help. Type '\c' to clear the current input statement.

mysql> \q
Bye

C:\Users\Lenovo>mysql -uwangw -p
Enter password:
Welcome to the MySQL monitor.  Commands end with ; or \g.
Your MySQL connection id is 17
Server version: 8.0.21 MySQL Community Server - GPL

Copyright (c) 2000, 2020, Oracle and/or its affiliates. All rights reserved.

Oracle is a registered trademark of Oracle Corporation and/or its
affiliates. Other names may be trademarks of their respective
owners.

Type 'help;' or '\h' for help. Type '\c' to clear the current input statement.
```

图 7 -4 用三个普通用户进行登录验证

7.1.2 删除普通用户

删除用户可以用 DROP 和 DELETE 两种方法：

DROP USER 语句：删除用户及对应的权限，mysql. user 表和 mysql. db 表的相应记录都消失。

DELDTE 语句：对 user 表进行操作，执行完之后，需要使用“FLUSH PRIVILEGES；”语句重新加载用户权限。

删除普通用户语法格式如下：

语法 1：

```
drop user 'username'@'hostname';
```

语法 2：

```
delete from user where host = 'localhost' and user = 'username';
```

【案例 2】 用 DROP USER 语句删除用户 lis，用 DELDTE 语句删除用户 wangw。

（1）用户 root 登录。

```
mysql -uroot -p123456
```

（2）删除用户 lis。

```
drop user 'lis'@'localhost';
```

执行结果如图 7－5 所示。

```
mysql> drop user 'lis'@'localhost';
Query OK, 0 rows affected (0.00 sec)
```

图 7－5　删除用户 lis

（3）进入 MySQL 数据库。

```
use mysql;
```

（4）删除用户 wangw。

```
delete from user where host = 'localhost' and user = 'wangw';
```

执行结果如图 7－6 所示。

```
mysql> delete from user where host='localhost' and user='wangw';
Query OK, 1 row affected (0.01 sec)
```

图 7－6　删除用户 wangw

（5）查询用户信息。

```
select host,user,authentication_string from user;
```

执行结果如图 7－7 所示。

```
mysql> select host,user,authentication_string from user;
+-----------+------------------+------------------------------------------------------------------------+
| host      | user             | authentication_string                                                  |
+-----------+------------------+------------------------------------------------------------------------+
| localhost | mysql.infoschema | $A$005$THISISACOMBINATIONOFINVALIDSALTANDPASSWORDTHATMUSTNEVERBRBEUSED |
| localhost | mysql.session    | $A$005$THISISACOMBINATIONOFINVALIDSALTANDPASSWORDTHATMUSTNEVERBRBEUSED |
| localhost | mysql.sys        | $A$005$THISISACOMBINATIONOFINVALIDSALTANDPASSWORDTHATMUSTNEVERBRBEUSED |
| localhost | root             | *6BB4837EB74329105EE4568DDA7DC67ED2CA2AD9                              |
| localhost | zhangs           | *832EB84CB764129D05D498ED9CA7E5CE9B8F83EB                              |
+-----------+------------------+------------------------------------------------------------------------+
5 rows in set (0.00 sec)
```

图 7－7　查询用户信息

(6)退出 root 用户。

```
\q
```

(7)用户 lis 和 wangw 登录验证。

```
mysql -uwangw -p
\q
mysql -ulis -p222
```

执行结果如图 7-8 所示。

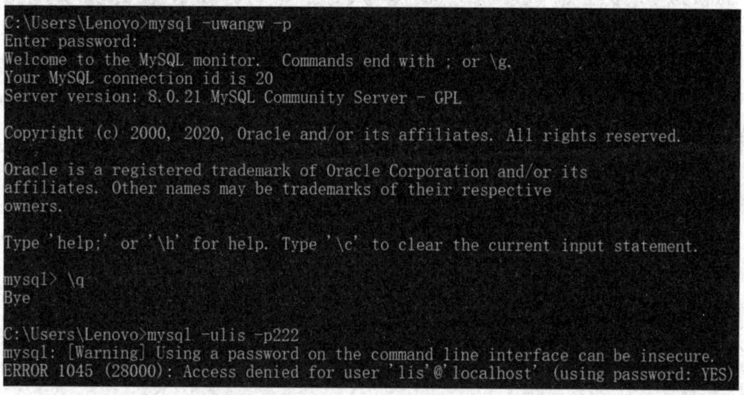

```
C:\Users\Lenovo>mysql -uwangw -p
Enter password:
Welcome to the MySQL monitor.  Commands end with ; or \g.
Your MySQL connection id is 20
Server version: 8.0.21 MySQL Community Server - GPL

Copyright (c) 2000, 2020, Oracle and/or its affiliates. All rights reserved.

Oracle is a registered trademark of Oracle Corporation and/or its
affiliates. Other names may be trademarks of their respective
owners.

Type 'help;' or '\h' for help. Type '\c' to clear the current input statement.

mysql> \q
Bye

C:\Users\Lenovo>mysql -ulis -p222
mysql: [Warning] Using a password on the command line interface can be insecure.
ERROR 1045 (28000): Access denied for user 'lis'@'localhost' (using password: YES)
```

图 7-8 用户 lis 和 wangw 登录验证

从图 7-8 中结果可以看出,用户 lis 登录失败,用户 wangw 仍旧能够登录,其原因是:DROP 命令删除的是表结构,它删除掉的用户,不仅将 user 表中的数据删除,还会删除诸如 db 和其他权限表内的内容;而 DELETE 只删除表中的数据,也就是 user 表中的用户信息,其他表不会删除,后期如果命名一个和已删除用户名相同的名字,其权限就会被继承,因此,在使用 DELETE 语句删除后,要执行重新加载用户权限的命令。

(8)退出 wangw 登录。

```
\q
```

(9)用户 root 登录。

```
mysql -uroot -p123456
```

(10)重新加载用户权限,用户 wangw 再次登录。

```
flush privileges;
\q
mysql -uwangw -p
```

执行结果如图 7-9 所示。

```
C:\Users\Lenovo>mysql -uroot -p123456
mysql: [Warning] Using a password on the command line interface can be insecure.
Welcome to the MySQL monitor.  Commands end with ; or \g.
Your MySQL connection id is 33
Server version: 8.0.21 MySQL Community Server - GPL

Copyright (c) 2000, 2020, Oracle and/or its affiliates. All rights reserved.

Oracle is a registered trademark of Oracle Corporation and/or its
affiliates. Other names may be trademarks of their respective
owners.

Type 'help;' or '\h' for help. Type '\c' to clear the current input statement.

mysql> flush privileges;
Query OK, 0 rows affected (0.01 sec)

mysql> \q
Bye

C:\Users\Lenovo>mysql -uwangw -p
Enter password:
ERROR 1045 (28000): Access denied for user 'wangw'@'localhost' (using password: NO)
```

图 7-9　重新加载用户权限，用户 wangw 再次登录

从运行结果可以看出，重新加载权限后，用户 wangw 就不能再登录了。

7.1.3　修改普通用户密码

可以使用 alter 或者 mysqladmin 修改密码。其语法格式如下：

语法 1：

```
mysqladmin -uusername [-h hostname] -ppassword password new_password
```

注意：执行该命令不需要登录 MySQL 服务器。

username 表示用户名。

hostname 为 localhost 时，可省略不写。

-p 后面的第一个 password 是旧密码，第二个 password 是关键词。

new_password 表示新密码。

语法 2：

```
alter user 'root'@'localhost' identified by 'password';
```

注意：要执行该命令，必须先登录 MySQL 服务器。

password 指的是新密码。

【案例 3】　用 mysqladmin 命令将 root 用户的密码(原密码 123456)修改为 654321，普通用户 zhangs 的密码(原密码 111)修改为 000；用 ALTER USER 命令将 root 用户的密码修改为 123456，普通用户 zhangs 的密码修改为 111。

(1)不登录服务器，用 mysqladmin 命令将 root 用户的密码修改为 654321。

```
mysqladmin -uroot -p123456 password 654321
```

(2)用户 root 登录，验证修改后的密码。

```
mysql -uroot -p654321
```

执行结果如图 7-10 所示。

```
C:\Users\Lenovo>mysqladmin -uroot -p123456 password 654321
mysqladmin: [Warning] Using a password on the command line interface can be insecure.
Warning: Since password will be sent to server in plain text, use ssl connection to ensure password safety.

C:\Users\Lenovo>mysql -uroot -p654321
mysql: [Warning] Using a password on the command line interface can be insecure.
Welcome to the MySQL monitor.  Commands end with ; or \g.
Your MySQL connection id is 36
Server version: 8.0.21 MySQL Community Server - GPL

Copyright (c) 2000, 2020, Oracle and/or its affiliates. All rights reserved.

Oracle is a registered trademark of Oracle Corporation and/or its
affiliates. Other names may be trademarks of their respective
owners.

Type 'help;' or '\h' for help. Type '\c' to clear the current input statement.
```

图7-10 用户root登录,验证修改后的密码

(3)用ALTER USER命令将root用户的密码修改为“123456”。

```
alter user 'root'@'localhost' identified by '123456';
```

(4)退出root用户。

```
\q
```

(5)用户root登录,验证修改后的密码。

```
mysql -uroot -p123456
```

执行结果如图7-11所示。

```
mysql> alter user 'root'@'localhost' identified by '123456';
Query OK, 0 rows affected (0.01 sec)

mysql> \q
Bye

C:\Users\Lenovo>mysql -uroot -p123456
mysql: [Warning] Using a password on the command line interface can be insecure.
Welcome to the MySQL monitor.  Commands end with ; or \g.
Your MySQL connection id is 37
Server version: 8.0.21 MySQL Community Server - GPL

Copyright (c) 2000, 2020, Oracle and/or its affiliates. All rights reserved.

Oracle is a registered trademark of Oracle Corporation and/or its
affiliates. Other names may be trademarks of their respective
owners.

Type 'help;' or '\h' for help. Type '\c' to clear the current input statement.
```

图7-11 用户root登录,验证修改后的密码

(6)退出root用户。

```
\q
```

(7)用mysqladmin命令将普通用户zhangs的密码修改为000。

```
mysqladmin -uzhangs -p111 password 000
```

(8)用户zhangs登录,验证修改后的密码。

```
mysql -uzhangs -p000
```

执行结果如图7-12所示。

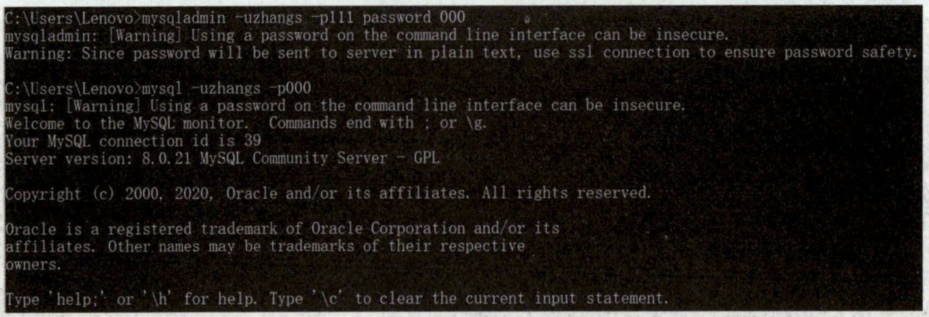

```
C:\Users\Lenovo>mysqladmin -uzhangs -p111 password 000
mysqladmin: [Warning] Using a password on the command line interface can be insecure.
Warning: Since password will be sent to server in plain text, use ssl connection to ensure password safety.

C:\Users\Lenovo>mysql -uzhangs -p000
mysql: [Warning] Using a password on the command line interface can be insecure.
Welcome to the MySQL monitor.  Commands end with ; or \g.
Your MySQL connection id is 39
Server version: 8.0.21 MySQL Community Server - GPL

Copyright (c) 2000, 2020, Oracle and/or its affiliates. All rights reserved.

Oracle is a registered trademark of Oracle Corporation and/or its
affiliates. Other names may be trademarks of their respective
owners.

Type 'help;' or '\h' for help. Type '\c' to clear the current input statement.
```

图 7－12　将用户 zhangs 的密码修改为 000

(9)用 ALTER USER 命令将 zhangs 用户的密码修改为 111。

```
alter user 'zhangs'@'localhost' identified by '111';
```

(10)退出 zhangs 用户。

```
\q
```

(11)用户 zhangs 登录,验证修改后的密码。

```
mysql -uroot -p111
```

执行结果如图 7－13 所示。

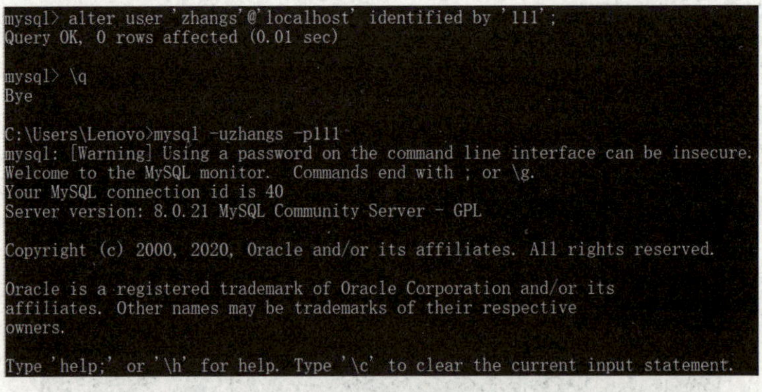

```
mysql> alter user 'zhangs'@'localhost' identified by '111';
Query OK, 0 rows affected (0.01 sec)

mysql> \q
Bye

C:\Users\Lenovo>mysql -uzhangs -p111
mysql: [Warning] Using a password on the command line interface can be insecure.
Welcome to the MySQL monitor.  Commands end with ; or \g.
Your MySQL connection id is 40
Server version: 8.0.21 MySQL Community Server - GPL

Copyright (c) 2000, 2020, Oracle and/or its affiliates. All rights reserved.

Oracle is a registered trademark of Oracle Corporation and/or its
affiliates. Other names may be trademarks of their respective
owners.

Type 'help;' or '\h' for help. Type '\c' to clear the current input statement.
```

图 7－13　验证 zhangs 修改后的密码

(12)退出 zhangs 用户。

```
\q
```

【小结】

本节介绍了超级管理用户和普通用户,分析了 MySQL 数据库中的 user 表,然后对创建普通用户、删除普通用户和修改用户密码进行了详细讲解。

【学有所思】

普通用户如果忘记了密码,可以登录 root 用户设置新密码,那么如果 root 用户忘记了密码,该怎么办呢?

____

____

【课后测试】

1. 使用 cmd 命令窗口启动 MySQL 服务,不需要使用管理员身份。( )

A. 正确   B. 错误

2. 在 MySQL 中,预设的拥有最高权限超级用户的用户名为( )。

A. test   B. Administrator   C. DA   D. root

3. 删除用户账号的命令是( )。

A. DROP USER   B. DROP TABLE USER

C. DELETE USER   D. DELETE FROM USER

4. 创建用户的命令是( )。

A. join user   B. create user   C. create root   D. mysql user

5. 修改自己的 MySQL 服务器密码的命令是( )。

A. mysql   B. grant   C. set password   D. change password

课后实训

打开命令窗口,完成下列操作:

1. 创建用户 user1,密码 111;创建用户 user2,密码 222;创建用户 user3,密码为空。

2. 用 DROP USER 语句删除用户 user2,用 DELETE 语句删除用户 user3。

删除完成后分别进行登录测试。

3. 用 mysqladmin 命令将 root 用户的密码修改为 654321、将普通用户 user1 的密码修改为 000。

4. 用 ALTER USER 语句将 root 用户的密码修改为 123456、将普通用户 user1 的密码修改为 111。

7.2 权限管理

权限管理

数据库有个典型的特点,就是数据共享,比如银行存储的数据、客户档案信息等,那么这些数据可以无条件共享和增、删、改、查吗?显然是不可以的,为了数据的安全,MySQL 对数据库进行了一些系列的权限管理。

MySQL 服务器通过权限表来控制用户对数据库的访问,权限表存放在 MySQL 数据库中,由 mysql_install_db 脚本初始化,其中 user 表是最重要的一个权限表,它记录了允许连接到服务器的账号信息,里面的权限是全局性的。

7.2.1 用户权限管理

数据库的作用范围权限主要可以分为以下六大类:

- 全局权限:mysql. user 表。
- 数据库权限:mysql. db 表。
- 表权限:mysql. tables_priv 表。
- 列权限:mysql. columns_priv 表。
- 存储过程权限:mysql. procs_priv procedure 表。
- 代理用户权限:mysql. proxies_priv 表。

用户权限管理主要体现在查看权限、授予权限和撤销权限。

1. 查看权限

语法:

```
SHOW GRANTS FOR 'username'@'hostname';
```

如查看的是当前用户的权限,则直接用"SHOW GRANTS"。

2. 授予权限

语法:

```
GRANT 权限列表 ON dbname.tablename TO 'username'@'hostname'[IDENTI-
FIED BY 'password'][WITH GRANT OPTION];
```

权限列表可以是 all,表示所有权限,也可以是 select、update 等权限。多个权限的名词之间用逗号分开。

dbname 表示数据库名。

tablename 指定表名。

identified by 指定用户的登录密码,该项可以省略。

WITH GRANT OPTION 表示该用户可以将自己拥有的权限授权给别人。

注意:可以使用 GRANT 重复给用户添加权限,使权限叠加。比如先给用户添加一个 select 权限,然后又给用户添加一个 insert 权限,那么该用户就同时拥有了 select 和 insert 权限。

3. 撤销权限

语法:

```
REVOKE 权限列表 ON dbname.tablename FROM 'username'@'hostname'[,user-
name'@'hostname,…];
```

【案例1】 分别查询用户 root 和 zhangs 的权限。

```
SHOW GRANTS;
```

执行结果如图 7-14 所示。

Grants for root@localhost
GRANT SELECT, INSERT, UPDATE, DELETE, CREATE, DROP, RELOAD, SHUTDOWN, PROCESS, FILE, RE
GRANT APPLICATION_PASSWORD_ADMIN,AUDIT_ADMIN,BACKUP_ADMIN,BINLOG_ADMIN,BINLOG_ENCRYPTIC
GRANT PROXY ON ''@'' TO 'root'@'localhost' WITH GRANT OPTION

图 7-14 查询用户 root 权限

```
SHOW GRANTS FOR 'zhangs'@'localhost';
```

执行结果如图7－15所示。

```
Grants for zhangs@localhost
GRANT USAGE ON *.* TO `zhangs`@`localhost`
```

图7－15　查询用户 zhangs 权限

【案例2】　按照以下顺序依次给用户 zhangs 授权。每次执行授权后查看权限。

（1）授予 SELECT 权限。

```
GRANT SELECT ON *.* TO 'zhangs'@'localhost';
SHOW GRANTS FOR 'zhangs'@'localhost';
```

执行结果如图7－16所示。

```
Grants for zhangs@localhost
GRANT SELECT ON *.* TO `zhangs`@`localhost`
```

图7－16　授予 SELECT 权限并查看权限

（2）授予 INSERT 权限。

```
GRANT INSERT ON *.* TO 'zhangs'@'localhost';
SHOW GRANTS FOR 'zhangs'@'localhost';
```

执行结果如图7－17所示。

```
Grants for zhangs@localhost
GRANT SELECT, INSERT ON *.* TO `zhangs`@`localhost`
```

图7－17　授予 INSERT 权限并查看权限

（3）授予所有权限。

```
GRANT ALL ON *.* TO 'zhangs'@'localhost';
SHOW GRANTS FOR 'zhangs'@'localhost';
```

执行结果如图7－18所示。

```
Grants for zhangs@localhost
GRANT SELECT, INSERT, UPDATE, DELETE, CREATE, DROP, RELOAD, SHUTDO
GRANT APPLICATION_PASSWORD_ADMIN,AUDIT_ADMIN,BACKUP_ADMIN,BINLOG_A
```

图7－18　授予所有权限并查看权限

【案例3】　撤销用户 zhangs 的 SELECT 和 INSERT 权限。

```
REVOKE SELECT,INSERT ON *.* FROM 'zhangs'@'localhost';
SHOW GRANTS FOR 'zhangs'@'localhost';
```

执行结果如图7－19所示。

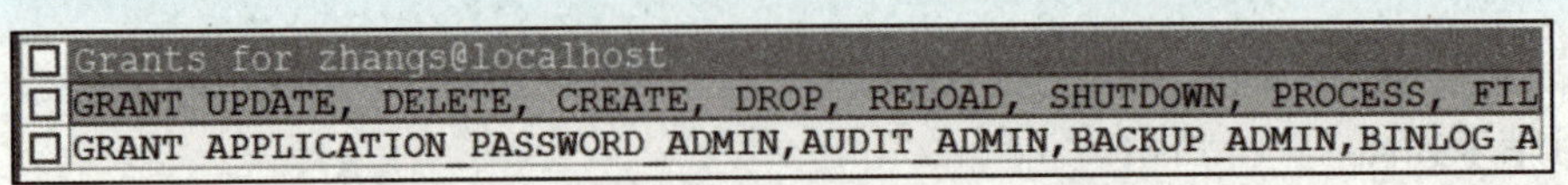

```
Grants for zhangs@localhost
GRANT UPDATE, DELETE, CREATE, DROP, RELOAD, SHUTDOWN, PROCESS, FIL
GRANT APPLICATION_PASSWORD_ADMIN,AUDIT_ADMIN,BACKUP_ADMIN,BINLOG_A
```

图7-19　撤销用户 zhangs 的 SELECT 和 INSERT 权限

7.2.2　用户角色管理

MySQL 8.0 新增了角色(role)的概念,使账号权限的管理更加灵活方便。所谓角色,就是一些权限的集合,它可以为一组具有相同权限的用户创建一个角色。实际开发中,授权权限的往往是某一批账户,因为账号会绑定 IP,不同的 IP 虽然账号名相同,但是被视为不同账号,当需要对这些账号减少或增加权限时,只需要修改权限集合(role)即可,不用单个账号多次修改,从而大大提高了开发的效率。

用户角色管理语法格式如下:

1. 创建角色

语法:

```
CREATE ROLE 'rolename'@'hostname';
```

2. 授权角色

语法:

```
GRANT 权限列表 ON dbname.tablename TO 'rolename'@'hostname';
```

3. 将角色授权于用户

语法:

```
GRANR 'rolename'@'hostname' TO 'username'@'hostname';
```

4. 查看用户角色权限

语法:

```
SHOW GRANTS FOR 'username'@'hostname' USING 'rolename'@'hostname';
```

5. 激活用户角色

语法:

```
SET DEFAULT ROLE ALL TO 'username'@'hostname';
```

MySQL 8.0 可以使角色在账号登录后自动被激活:

```
SET GLOBAL activate_all_roles_on_login = ON;
```

6. 从用户中撤销角色

语法:

```
REVOKE 'rolename'@'hostname' FROM 'username'@'hostname';
```

7. 删除角色

语法：

```
DROP ROLE 'rolename'@'hostname',[rolename'@'hostname',…]
```

【案例4】 请按照下列要求写出正确的SQL语句：

(1)创建用户user1及其密码123、角色role_rw。

```
CREATE USER 'user1'@'localhost' IDENTIFIED BY '123';
```

执行结果如图7-20所示。

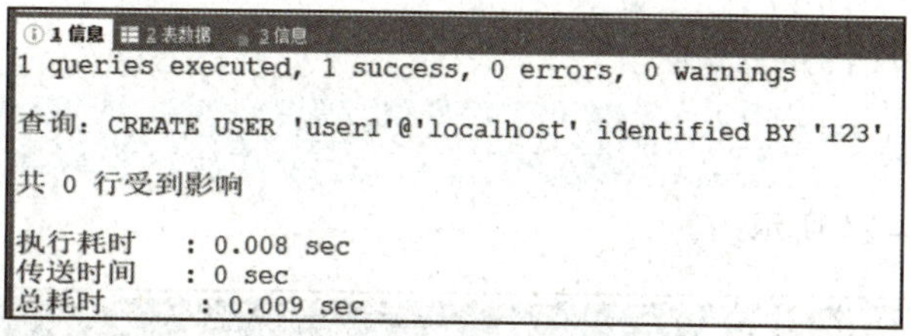

```
1 queries executed, 1 success, 0 errors, 0 warnings

查询：CREATE USER 'user1'@'localhost' identified BY '123'

共 0 行受到影响

执行耗时   : 0.008 sec
传送时间   : 0 sec
总耗时     : 0.009 sec
```

图7-20 创建用户user1及其密码123

```
CREATE role 'role_rw'@'localhost';
```

执行结果如图7-21所示。

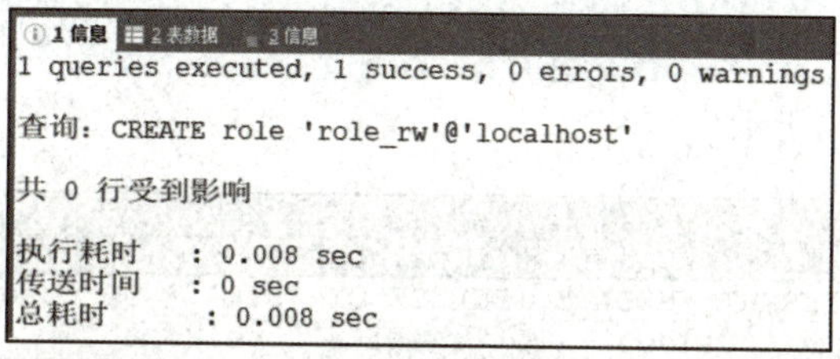

```
1 queries executed, 1 success, 0 errors, 0 warnings

查询：CREATE role 'role_rw'@'localhost'

共 0 行受到影响

执行耗时   : 0.008 sec
传送时间   : 0 sec
总耗时     : 0.008 sec
```

图7-21 创建角色role_rw

(2)给角色role_rw授权数据库stu的SELECT、INSERT、UPDATE、DELETE权限。

```
GRANT SELECT,INSERT,UPDATE,DELETE ON stu.* TO 'role_rw'@'local-
host';
```

执行结果如图7-22所示。

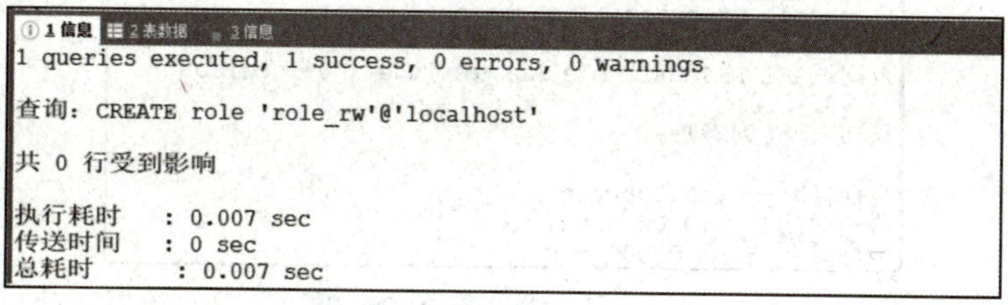

```
1 queries executed, 1 success, 0 errors, 0 warnings

查询：CREATE role 'role_rw'@'localhost'

共 0 行受到影响

执行耗时   : 0.007 sec
传送时间   : 0 sec
总耗时     : 0.007 sec
```

图7-22 给角色role_rw授权

(3)将角色role_rw授权给用户user1。

```
GRANT 'role_rw'@'localhost' TO 'user1'@'localhost';
```

执行结果如图 7-23 所示。

```
1 queries executed, 1 success, 0 errors, 0 warnings

查询：GRANT 'role_rw'@'localhost' TO 'user1'@'localhost'

共 0 行受到影响

执行耗时   : 0.007 sec
传送时间   : 0.002 sec
总耗时     : 0.010 sec
```

图 7-23　将角色 role_rw 授权给用户 user1

(4)查看用户 user1 的角色权限。

```
SHOW GRANTS FOR 'user1'@'localhost';
```

执行结果如图 7-24 所示。

Grants for user1@localhost
GRANT USAGE ON *.* TO \`user1\`@\`localhost\`
GRANT \`role_rw\`@\`localhost\` TO \`user1\`@\`localhost\`

图 7-24　查看用户 user1 的权限

```
SHOW GRANTS FOR 'user1'@'localhost' USING 'role_rw'@'localhost';
```

执行结果如图 7-25 所示。

Grants for user1@localhost
GRANT USAGE ON *.* TO \`user1\`@\`localhost\`
GRANT SELECT, INSERT, UPDATE, DELETE ON \`stu\`.* TO \`user1\`@\`localhost\`
GRANT \`role_rw\`@\`localhost\` TO \`user1\`@\`localhost\`

图 7-25　查看用户 user1 的角色权限

(5)激活角色 role_rw。

```
SET DEFAULT role ALL TO 'user1'@'localhost';
```

执行结果如图 7-26 所示。

```
1 queries executed, 1 success, 0 errors, 0 warnings

查询：SET DEFAULT role ALL TO 'user1'@'localhost'

共 0 行受到影响

执行耗时   : 0.008 sec
传送时间   : 0.001 sec
总耗时     : 0.009 sec
```

图 7-26　激活角色 role_rw

(6)撤销用户 user1 的角色。

```
REVOKE 'role_rw'@'localhost' FROM 'user1'@'localhost';
```

执行结果如图7－27所示。

```
1 queries executed, 1 success, 0 errors, 0 warnings

查询：REVOKE 'role_rw'@'localhost' from 'user1'@'localhost'

共 0 行受到影响

执行耗时    : 0.007 sec
传送时间    : 0.001 sec
总耗时      : 0.009 sec
```

图7－27 撤销用户user1的角色

```
SHOW GRANTS FOR 'user1'@'localhost';
```

执行结果如图7－28所示。

```
Grants for user1@localhost
GRANT USAGE ON *.* TO `user1`@`localhost`
```

图7－28 查看user1的权限

(7)删除角色role_rw。

```
DROP role 'role_rw'@'localhost';
```

执行结果如图7－29所示。

```
1 queries executed, 1 success, 0 errors, 0 warnings

查询：DROP role 'role_rw'@'localhost'

共 0 行受到影响

执行耗时    : 0.009 sec
传送时间    : 0 sec
总耗时      : 0.009 sec
```

图7－29 删除角色role_rw

【小结】

本节主要介绍了用户权限的分类，用户权限的查看、授予和撤销及角色管理，MySQL 8.0相对于以前的版本有了很大变化，角色管理就是一个新增知识，我们需要不断学习和测试，对新知识要有强烈的求知探索精神，才能更好地运维MySQL数据库。

【学有所思】

当一个角色只授权给一个用户时，是否可以把这个用户当作角色授权给其他用户？

【课后测试】

1. 在 MySQL 中,一个新用户默认就有查看的权限。(　　)

A. 正确　　B. 错误

2. 给名字是 zhangsan 的用户分配对数据库 studb 中的 stuinfo 表的查询和插入数据权限的语句是(　　)。

A. grant select,insert on studb. stuinfo for 'zhangsan'@'localhost'

B. grant select,insert on studb. stuinfo to 'zhangsan'@'localhost'

C. grant 'zhangsan'@'localhost' to select,insert for studb. stuinfo

D. grant 'zhangsan'@'localhost' to studb. stuinfo on select,insert

3. 只要对权限做了更改,就可以使用 FLUSH PRIVILEGES 命令来刷新权限。(　　)

A. 正确　　B. 错误

4. 角色管理是 MySQL 8.0 的新增功能。(　　)

A. 正确　　B. 错误

5. 用户和角色是(　　)关系。

A. 多对多　　B. 一对一　　C. 一对多　　D. 没关系

课后实训

打开 SQLyog,完成下列操作:

1. 查看 root 用户的权限。
2. 创建普通用户 user,密码为 123。
3. 查看 user 用户的权限。
4. 给 user 用户授予 SELECT 权限并查看其权限。
5. 给 user 用户授予 UPDATE 权限并查看其权限。
6. 给 user 用户授予所有权限并查看其权限。
7. 撤销 user 用户的 UPDATE 权限并查看其权限。
8. 创建用户 admin,密码 123。
9. 创建角色 role_rw。
10. 给角色 role_rw 授权数据库 stu 的 SELECT、INSERT、UPDATE、DELETE 权限。
11. 将角色 role_rw 授权给用户 admin。
12. 查看用户 admin 的角色权限。
13. 激活角色 role_rw。
14. 撤销用户 admin 的角色。
15. 删除角色 role_rw。

应用实例开发

7.3 应用实例开发

MySQL 的优点是免费、方便、快捷。它广泛应用于中小型企业项目中,在教学项目中也是

以连接 MySQL 数据库为主。

7.3.1 应用实例开发环境

编程语言：Java。

连接数据库：MySQL 8.0。

使用平台：Eclipse、SQLyog。

本节将以 Java 程序开发为例，通过编程实现对数据库 stu 中 course 表数据的增、删、改、查操作。

7.3.2 应用实例开发操作

在 Java 程序设计中，需要注意实体类与数据表之间的对应关系。

【案例】 编写程序实现对数据库 stu 数据表 course 中数据的增、删、改、查操作。

（1）在 SQLyog 中导入数据库 stu。

右键单击左侧资源管理器空白处，选择“执行 SQL 脚本”，如图 7－30 所示。

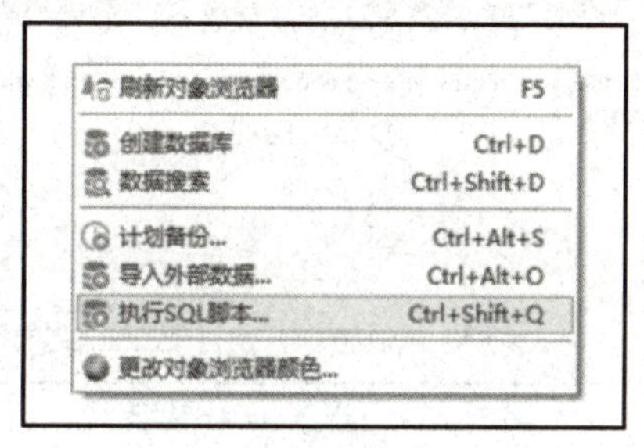

图 7－30 选择“执行 SQL 脚本”

在弹出的对话框中选择 stu. sql 的路径，如图 7－31 所示。

刷新，查看导入数据库，如图 7－32 所示。

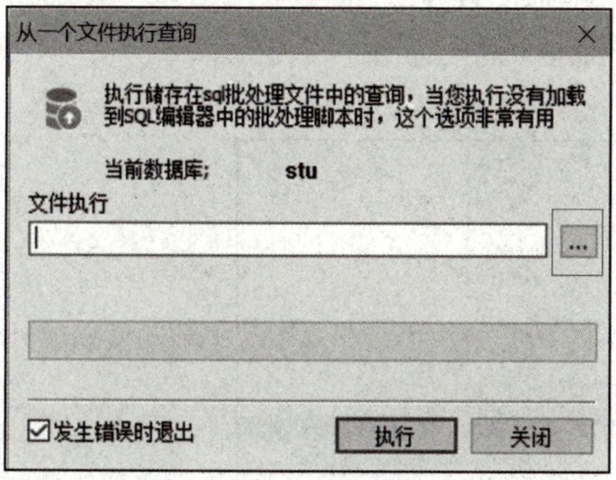

图 7－31 导入数据库 stu

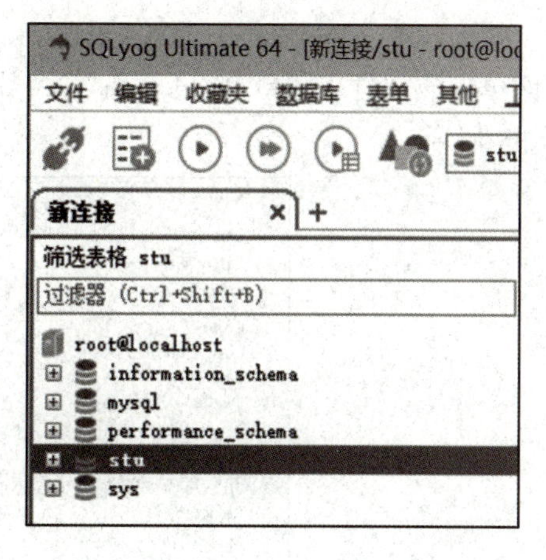

图 7－32 查看导入的数据库 stu

（2）新建 Java 项目，命名为 MySQLDemo。

打开 Ecplise，新建 JavaProject，如图 7－33 所示。

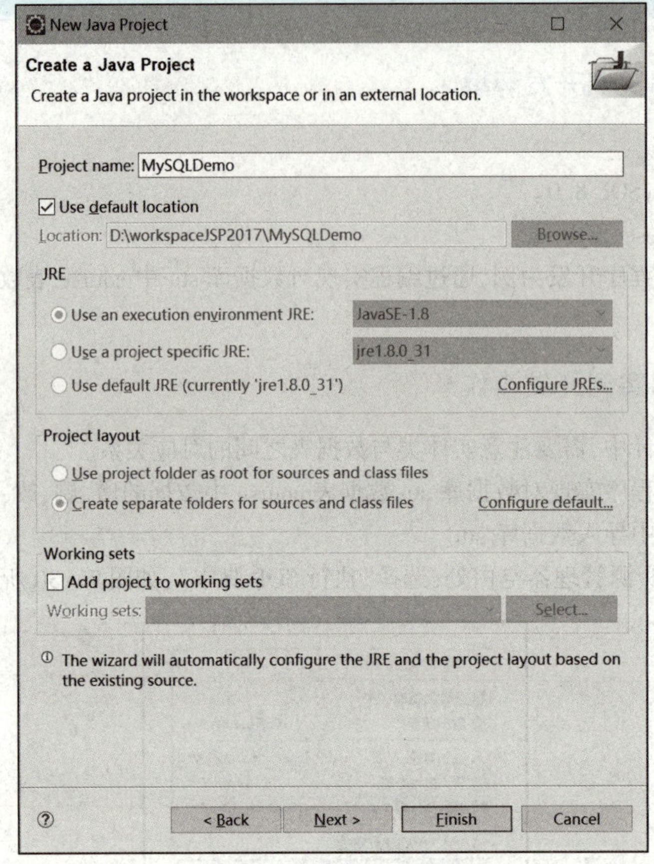

图 7－33　新建 Java 项目

（3）在 Java 项目中导入数据库驱动（导入 MySQL 对应版本号的 JAR 包）。

在项目中新建 lib 目录，如图 7－34 所示。

图 7－34　新建 lib 目录

将 mysql－connector－java－8.0.21.jar 复制到 lib 目录下，右键单击该文件，选择“Build Path”→“Add to Build Path”，如图 7－35 所示。

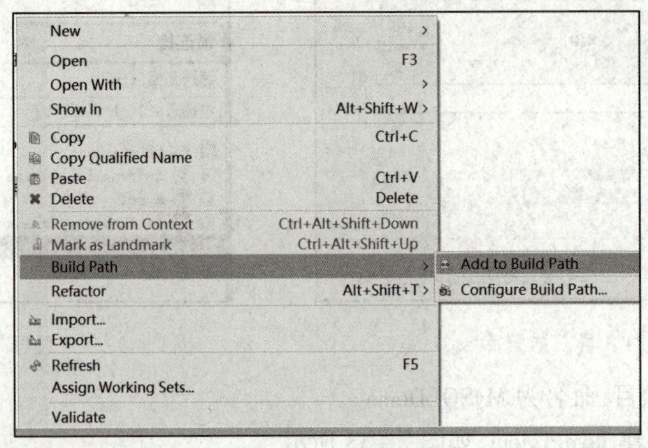

图 7－35　构建路径

(4)连接数据库。

DBUtil. java:对数据库进行连接。

DBUtil. java 文件:

```
import java.sql.*;
public class DBUtil{
    private static String jdbcName = "com.mysql.cj.jdbc.Driver";
    private static String dbUrl = "jdbc:mysql://localhost:3306/
stu?useSSL=false&serverTimezone=UTC";
    private static String dbUserName = "root";
    private static String dbPassWord = "123456";
    //获取连接对象
    public static Connection getConn()throws ClassNotFoundExcep-
tion,SQLException{
        Class.forName(jdbcName);
        Connection conn = DriverManager.getConnection(dbUrl,
dbUserName,dbPassWord);
        return conn;
    }
    //释放资源
    public static void release(Statement stmt, Connection conn){
        if(stmt!=null){
            try{
                stmt.close();
            }catch(SQLException e){
                e.printStackTrace();
            }
            stmt=null;
        }
        if(conn!=null){
            try{
                conn.close();
            }catch(SQLException e){
                e.printStackTrace();
            }
            conn=null;
        }
    }
```

```
        public static void release(ResultSet rs, Statement stmt, Con-
nection conn){
            if(rs! =null){
                try{
                    rs.close();
                }catch(SQLException e){
                    e.printStackTrace();
                }
                rs =null;
            }
            release(rs,stmt, conn);
        }

    }
```

(5)对数据表进行操作。

Course. java:数据表 course 对应的实体类。

Course. java 文件:

```
public class Course{
    private String cno;
    private String cname;
    private Integer start;
    private Float credit;
    public String getCno(){
        return cno;
    }
    public void setCno(String cno){
        this.cno = cno;
    }
    public String getCname(){
        return cname;
    }
    public void setCname(String cname){
        this.cname = cname;
    }
    public Integer getStart(){
        return start;
```

```
        }
        public void setStart(Integer start){
            this.start = start;
        }
        public Float getCredit(){
            return credit;
        }
        public void setCredit(Float credit){
            this.credit = credit;
        }
        public Course(){}
        public Course(String cno,String cname,Integer start,Float d){
            this.cno = cno;
            this.cname = cname;
            this.start = start;
            this.credit = d;
        }
    }
```

CourseDao. java:包含增、删、改、查操作的方法。

CourseDao. java 文件:

```
    import java.sql. * ;
    public class CourseDao{
        //查询表格中所有数据
            public static void select()throws Exception{
                Connection conn = DBUtil.getConn();
                String sql = "select  *  from course";
                PreparedStatement pstmt = (PreparedStatement)conn.
prepareStatement(sql);
                ResultSet rSet = pstmt.executeQuery();
                while(rSet.next()){ //输出查询结果
                    String cno = rSet.getString("cno");
                    String cname = rSet.getString("cname");
                    Integer start = rSet.getInt("start");
                    Float credit = rSet.getFloat("credit");
                    System.out.println(cno + "   " + cname + "   " +
start + "   " + credit);
```

```
                }
                DBUtil.release(pstmt,conn);
            }
            //添加
            public static void add(Course course)throws Exception{
                Connection conn = DBUtil.getConn();
                String sql = "insert into course values(?,?,?,?)";
                PreparedStatement pstmt = (PreparedStatement)conn.
prepareStatement(sql);
                pstmt.setString(1, course.getCno());
                pstmt.setString(2, course.getCname());
                pstmt.setInt(3, course.getStart());
                pstmt.setFloat(4, course.getCredit());
                int i = pstmt.executeUpdate();
                if(i > 0)
                        select();//执行查询表格操作
                else
                        System.out.println("添加失败");
                DBUtil.release(pstmt,conn);
            }
            //修改
            public static void update(Course course)throws Exception
{
                Connection conn = DBUtil.getConn();
                String sql = "update course set cname = ?, start = ?,
credit = ? where cno = ?";
                PreparedStatement pstmt = (PreparedStatement)conn.
prepareStatement(sql);
                pstmt.setString(1, course.getCname());
                pstmt.setInt(2, course.getStart());
                pstmt.setFloat(3, course.getCredit());
                pstmt.setString(4, course.getCno());
                int i = pstmt.executeUpdate();
                if(i > 0)
                        select();//执行查询表格操作
                else
                        System.out.println("修改失败");
```

```
            DBUtil.release(pstmt, conn);
        }
        //删除
        public static void delete(String cno)throws Exception{
            Connection conn = DBUtil.getConn();
            String sql = "delete from course where cno = ?";
            PreparedStatement pstmt = (PreparedStatement) conn.
prepareStatement(sql);
            pstmt.setString(1, cno);
            int i = pstmt.executeUpdate();
            if(i > 0)
                select(); //执行查询表格操作
            else
                System.out.println("删除失败");
            DBUtil.release(pstmt, conn);
        }
}
```

(6)测试。

Test. java:测试类。

Test. java 文件:

```
import org.junit.Test;
public class MySQLTest{
    @Test
    public void t01()throws Exception{
        //数据查询
        CourseDao.select();
    }
    @Test
    public void t02()throws Exception{
        //数据添加
        Course course = new Course("07","JavaWeb",2,4.0f);
        System.out.println(" ************ 添加 ********** ");
        CourseDao.add(course);
    }
    @Test
    public void t03()throws Exception{
```

```
        //数据修改
        Course  course = new Course("07","JSP",2,4.0f);
        System.out.println(" ************ 修改 ********** ");
        CourseDao.update(course);
    }
    @Test
    public void t04()throws Exception{
        //数据删除
        System.out.println(" ************ 删除 ********** ");
        CourseDao.delete("07");
    }
}
```

(7)运行结果。

测试单元 t01(),如图 7-36 所示。

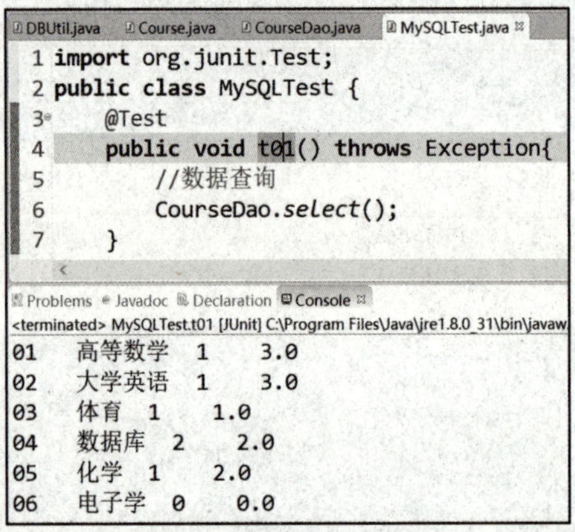

```
DBUtil.java  Course.java  CourseDao.java  MySQLTest.java
1 import org.junit.Test;
2 public class MySQLTest {
3     @Test
4     public void t01() throws Exception{
5         //数据查询
6         CourseDao.select();
7     }

Problems  Javadoc  Declaration  Console
<terminated> MySQLTest.t01 [JUnit] C:\Program Files\Java\jre1.8.0_31\bin\javaw.
01    高等数学  1     3.0
02    大学英语  1     3.0
03    体育   1     1.0
04    数据库   2     2.0
05    化学   1     2.0
06    电子学  0     0.0
```

图 7-36　执行测试单元 t01()

测试单元 t02(),如图 7-37 所示。

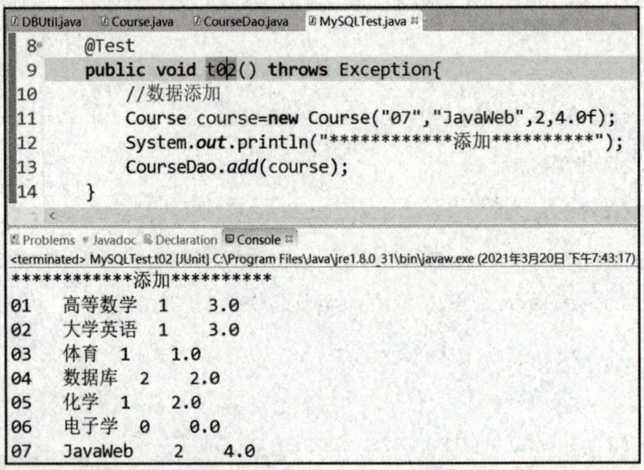

```
DBUtil.java  Course.java  CourseDao.java  MySQLTest.java
 8    @Test
 9    public void t02() throws Exception{
10        //数据添加
11        Course course=new Course("07","JavaWeb",2,4.0f);
12        System.out.println("************添加**********");
13        CourseDao.add(course);
14    }

Problems  Javadoc  Declaration  Console
<terminated> MySQLTest.t02 [JUnit] C:\Program Files\Java\jre1.8.0_31\bin\javaw.exe (2021年3月20日 下午7:43:17)
************添加**********
01    高等数学  1     3.0
02    大学英语  1     3.0
03    体育   1     1.0
04    数据库   2     2.0
05    化学   1     2.0
06    电子学  0     0.0
07    JavaWeb    2     4.0
```

图 7-37　执行测试单元 t02()

测试单元 t03( ),如图 7－38 所示。

```
DBUtil.java  Course.java  CourseDao.java  MySQLTest.java
15     @Test
16     public void t03() throws Exception{
17         //数据修改
18         Course  course=new Course("07","JSP",2,4.0f);
19         System.out.println("************修改**********");
20         CourseDao.update(course);
21     }

Problems  Javadoc  Declaration  Console
<terminated> MySQLTest.t03 [JUnit] C:\Program Files\Java\jre1.8.0_31\bin\javaw.exe (2021年3月20日 下午7:44:11)
************修改**********
01    高等数学   1    3.0
02    大学英语   1    3.0
03    体育   1    1.0
04    数据库   2    2.0
05    化学   1    2.0
06    电子学   0    0.0
07    JSP    2    4.0
```

图 7－38　执行测试单元 t03( )

测试单元 t04( ),如图 7－39 所示。

```
DBUtil.java  Course.java  CourseDao.java  MySQLTest.java
22     @Test
23     public void t04() throws Exception{
24         //数据删除
25         System.out.println("************删除**********");
26         CourseDao.delete("07");
27     }
28 }

Problems  Javadoc  Declaration  Console
<terminated> MySQLTest.t04 [JUnit] C:\Program Files\Java\jre1.8.0_31\bin\javaw.exe (2021年3月20日 下午7:44:54)
************删除**********
01    高等数学   1    3.0
02    大学英语   1    3.0
03    体育   1    1.0
04    数据库   2    2.0
05    化学   1    2.0
06    电子学   0    0.0
```

图 7－39　执行测试单元 t04( )

【任务小结】

本节用一个项目实例对 MySQL 数据库应用进行讲解,在 Java 连接 MySQL 时,主要强调以下三个方面:

1. JDBC 连接数据库需要驱动,JAR 包的版本号与 MySQL 的一致。
2. 在创建数据库连接对象时,用到的四个参数值不要写错。
3. 对数据库进行操作的 SQL 语句都是以字符串的形式传参的,在书写代码的过程中要确保正确。

【学有所思】

在 Java 程序中打印输出查询结果往往会出现中文乱码,该怎么解决?

____

____

【课后测试】

1. 一个 Java 对象可以对应一个数据库。(　　)

A. 正确　　　　　　B. 错误

2. 一个 Java 对象可以对应数据库中的一张表。(　　)

A. 正确　　　　　　B. 错误

3. 通常情况下,希望将封装到 Java 对象的数据保存到数据库中。(　　)

A. 正确　　　　　　B. 错误

4. Java 类与表的关系说法正确的是(　　)。

A. 类与表只能是一对一的关系　　　　B. 类与表只能是一对多的关系

C. 类与表可以是一对多的关系　　　　D. 类与表不能是一对多的关系

课后实训

导入 stu. sql,在 Ecplise 中完成下列操作:

1. 新建 Java 项目“MySQLTest”。

2. 在 MySQLDemo 中导入连接 MySQL 所需的 JAR 包 mysql - connector - java - 8. 0. 21. jar。

3. 编写 Java 程序实现对数据库 stu 中的数据表 score 进行增、删、改、查操作,并在控制台显示结果。

提示:请参考本节案例中的操作和代码。

【知识拓展】

工业和信息化部严厉查处“3. 15”晚会曝光的“诱导老年人下载 APP”“APP 违规收集老年人个人信息”等违规行为

工业和信息化部高度重视 APP 用户权益保护工作,连续两年开展 APP 侵害用户权益专项整治行动,重点整治包括 APP 违规收集使用个人信息、欺骗误导用户下载在内的四方面十大类问题。截至 2021 年 3 月,共完成 73 万款 APP 的技术检测工作,连续发布 12 批次对外通报,责令整改 3 046 款违规 APP,下架 179 款拒不整改的 APP,治理工作取得了积极成效。

针对 2021 年中央广播电视总台“3. 15”晚会曝光的内存优化大师、智能清理大师、超强清理大师、手机管家 Pro 四款 APP,工业和信息化部第一时间组织开展技术检测,查实其存在欺骗误导用户下载、违规处理个人信息等问题,已要求主要应用商店予以下架,并组织北京、天津、上海、广东四省市通信管理局对涉事企业主体进行调查处理。前期专项整治行动中,工业和信息化部针对存在欺骗误导用户下载问题的 APP,责令整改 300 款、公开通报 37 款、下架 3 款;针对存在违规处理个人信息问题的手机管家、内存优化、垃圾清理类 APP,责令整改 75 款、公开通报 20 款、下架 1 款。

同时,工业和信息化部高度重视互联网应用适老化工作,根据国务院《关于切实解决老年人智能技术困难实施方案》相关要求,已于 2021 年 1 月启动“互联网应用适老化及无障碍改造专项行动”,首批指导 158 家老年人常用的网站和 APP 完成改造,针对“强制广告多、容易误导老年人"问题，要求改造后的 APP 版本不再设有广告插件。

下一步，工业和信息化部将始终践行以人民为中心的发展思想，进一步构建覆盖基础电信企业、各类电信业务经营者、互联网服务提供者的全行业服务监管体系，加强互联网行业监管，推动企业持续创新和改善服务质量，切实保障用户合法权益。一是加强专项整治，突出整治群众反映强烈的问题，严厉查处各类违法违规行为，加大曝光和处置力度。二是完善制度标准，会同相关部门尽快出台《移动互联网应用程序个人信息保护管理暂行规定》，进一步完善个人信息保护标准体系，推动出台相关行业标准、国家标准。三是加强技术手段建设，运用人工智能、大数据等新技术新手段，大幅提升全国 APP 技术检测平台自动化检测覆盖范围和检测深度。四是加强行业自律，督促企业进一步强化个人信息保护红线意识，将用户权益保护作为企业发展的生命线，为广大用户营造更安全、更健康、更干净的 APP 应用环境。同时，我们将持续抓好互联网应用适老化改造落实，帮助老年人更快捷、更安全地享受智能服务。

考评表

项目	标准描述	评价				
		优	良	中	较差	差
知识评价	掌握用户管理基本语法和操作	(　)	(　)	(　)	(　)	(　)
	掌握权限管理基本语法和操作	(　)	(　)	(　)	(　)	(　)
	了解简单开发应用	(　)	(　)	(　)	(　)	(　)
能力评价	能够通过自学视频学习用户与权限的基础知识	(　)	(　)	(　)	(　)	(　)
	能通过网络下载和搜索用户与权限的各项资料	(　)	(　)	(　)	(　)	(　)
	会主动做课前预习，课后复习	(　)	(　)	(　)	(　)	(　)
	会咨询老师解答课前、课中、课后的学习问题	(　)	(　)	(　)	(　)	(　)
素质评价	创新精神	(　)	(　)	(　)	(　)	(　)
	协作精神	(　)	(　)	(　)	(　)	(　)
	自我学习能力	(　)	(　)	(　)	(　)	(　)
老师点评：						
课后反思：